최종 이론은 없다

최종 이론은 없다

― 거꾸로 보는 현대 물리학

마르셀로 글레이서

조현욱 옮김

까치

A TEAR AT THE EDGE OF CREATION

by Marcelo Gleiser Ph.D © 2010

역자 조현욱(趙顯旭)
1957년 부산에서 태어나서 서울대학교 정치학과를 졸업하고 같은 대학원
을 수료했다. 1985-2009년 중앙일보 기자로서 국제부장, 문화부장, 논설
위원을 역임했다. 2009년 한국외국어대학교 언론정보학부 초빙교수를 지
냈다. 『메모리 바이블』, 『동시성의 과학, 싱크』, 『이성적 낙관주의자』 등을
옮겼다.

편집 _ 교정 이인순(李仁順)

최종 이론은 없다 — 거꾸로 보는 현대 물리학

저자 / 마르셀로 글레이서
역자 / 조현욱
발행처 / 까치글방
발행인 / 박종만
주소 / 서울시 마포구 월드컵로 31(합정동 426-7)
전화 / 02 · 735 · 8998, 736 · 7768
팩시밀리 / 02 · 723 · 4591
홈페이지 / www.kachibooks.co.kr
전자우편 / kachisa@unitel.co.kr
등록번호 / 1-528
등록일 / 1977. 8. 5
초판 1쇄 발행일 / 2010. 11. 10
    3쇄 발행일 / 2014. 5. 15

값 / 뒤표지에 쓰여 있음

ISBN 978-89-7291-495-2 03400

칼 세이건(1934–1996)을 기리며

당신의 빈자리가 너무나 큽니다

우주는 비대칭이다. 그리고 나는 우리에게 알려진 바의 생명이 이 비대칭의 직접적인 결과이거나 간접적인 결과라는 사실을 믿게 되었다.

— 루이 파스퇴르

모든 중요한 물리 법칙이 우리 세대가 그 문제를 숙고하기 시작한 바로 그때 마침 발견되었다고 보는 것은 어처구니없이 편협한 생각이다. 21세기의 물리학이 따로 있을 것이고, 22세기의 물리학, 심지어 4000년대의 물리학이 따로 있을 것이다.

— 칼 세이건, 『콘택트(*Contact*)』 중에서

세계를 이해하는 수단으로서 순수한 생각이 실제 현상과의 창의적인 관계 맺음을 대체하지는 않았다. 20년 전에도 그러했고 지금까지도 그러했으며 가까운 장래까지는 그러할 것이다.

— 프랭크 윌첵, 2005년 9월 케임브리지 대학교에서 열린
"최종 이론에 대한 기대" 학술 회의 요약 토론에서

나는 끈 이론가들을 말리고 싶은 생각은 없다. 그러나 세계는 우리가 늘 알던 그대로 일지 모른다. 그것은 표준모형과 일반상대성 이론의 세계이다.

— 스티븐 와인버그, 『유럽 입자물리연구소 회보』, 2009년 9월호

차례

서문   13

제1부 전일성(全一性)

 1 창세기!   23
 2 어둠에 대한 두려움   31
 3 이행   35
 4 믿음   40
 5 전일성 : 시작   45
 6 피타고라스 학파의 신화   47
 7 플라톤의 꿈을 실현하기   51
 8 태양이라는 신   56
 9 우주의 열쇠를 마음속에 가지는 것……   61
 10 케플러의 실수   64

제2부 시간의 비대칭성

 11 확인된 빅뱅   71
 12 모래 한 알갱이 속의 세계   73
 13 빛은 신비하게 행동한다   75
 14 전자기의 불완전성   80
 15 원자의 탄생   84
 16 창조 신화에서 양자까지 : 간략한 역사   89
 17 믿음의 도약   96
 18 지르박 춤을 추는 우주   100
 19 우리가 보는 우주   106

20 비틀거리는 빅뱅 모델   112

21 우주의 시작으로 돌아가서   114

22 색다른 원시 물질   118

23 좁고 기묘한 구역   123

24 암흑이 깔린다   128

25 암흑의 지배   133

제3부 물질의 비대칭성

26 대칭성과 아름다움   141

27 대칭성에 대한 좀더 자세한 탐구   146

28 에너지는 흐르고 물질은 춤춘다   150

29 아름다운 대칭성이 깨지다   155

30 물질세계   160

31 틈새의 과학   167

32 물질의 대칭성과 비대칭성   176

33 우주 내의 물질의 기원   184

34 상전이하는 우주   190

35 통일 이론 : 비판   198

제4부 생명의 비대칭성

36 생명!   207

37 생명의 불꽃   212

38 무생명에서 생명으로 : 첫 단계   219

39 최초의 생명 : "언제"의 문제   222

40 최초의 생명 : "어디서"의 문제   227

41 최초의 생명 : "어떻게"의 문제   235

42 최초의 생명 : 건축용 벽돌   241

43 생명력을 죽인 남자   247

44 우주는 비대칭이다!   250
45 생명의 편향성   255
46 시작은 그토록 비대칭적이었는데……   261
47 우리는 모두 돌연변이이다   270

제5부 존재의 비대칭성

48 어둠에 대한 두려움 II   281
49 우주는 의식이 있는 존재인가?   283
50 의미와 경외감   291
51 대칭과 통일을 넘어서서   294
52 마릴린 먼로의 점 그리고 생명에 "꼭 맞는" 우주라는 오류   299
53 희귀한 지구, 희귀한 생명?   308
54 우리와 그들   316
55 우주적 고독   323
56 인류의 새로운 사명   325

맺는 말 : 환희의 정원   331
주   334
참고 문헌   344
감사의 말   349
역자 후기   350
인명 색인   353

서문

우주에서 우리의 위치나 속도, 가속도가 특별할 것이 없으며, 우리의 기원이 여타 동식물과 다른 것이 아니라면, 적어도 우리는 아마도 우주 전체에서 가장 현명한 존재일 것이다. 그리고 그것이 우리의 독특함이다.

— 칼 세이건(1985)

모든 철학의 기반은 단 두 가지, 호기심과 나쁜 시력이다……. 문제는 우리가 스스로 볼 수 있는 것보다 더 많은 것을 알고 싶어한다는 점이다.

— 베르나르 르 보비에 드 퐁트넬(1686)

때로 높은 벽을 무너뜨려야 새로운 경치를 볼 수 있는 경우가 있다. 지난 수천 년간 샤먼과 철학자, 신자와 비신자, 예술가와 과학자들은 실재(實在)에 대한 궁극적 설명을 추구하며 우리의 존재 의미를 이해하려고 노력해왔다. 의미를 추구하는 이 같은 도정의 중심에는 전일성(全一性, Oneness)이라는 인식이 존재한다. 존재하는 모든 것은 어떻게든 서로 연결되어 있다는 인식 말이다. 많은 종교가 시간과 공간의 속박을 초월하는 신성(神性)을 필요로 한다. 세계를 설계하고 인류의 운명을 크게든 작게든 좌지우지하는 절대적 권능을 가진 존재가 그것이다. 매일 수십억 명의 사람들이 자신들이 믿는 신성한 전일성의 화신(化身)에게 기도하기 위해서 사찰과 교회와 모스크와 시나고그

13

(유대교 회당)에 간다. 예배 장소에서 그다지 멀지 않은 곳에 있는 연구실과 대학의 과학자들은 자연세계에 대한 설명을 하나로 통합하려고 노력 중이다. 그 근저에 자리잡고 있는 인식은 신자들의 그것과 놀랄 만큼 유사하다. 즉 자연의 겉으로 보이는 복잡성의 근저에는 더 단순한 실체가 존재하며, 여기서는 모든 것이 어떻게든 서로 연결되어 있다는 것이다. 나는 이 책에서 주장하려고 한다. 물질세계의 모든 비밀 ― 자연의 숨겨진 코드(hidden code of Nature) ― 을 통일하는 물리 이론에 대한 믿음은 전일성에 대한 종교적 믿음의 과학적 등가물이라고 말이다. 우리는 이를 "일신론적 과학(monotheistic science)"이라고 부를 수 있을 것이다. 모든 시대를 통틀어 가장 위대한 과학자들에 해당하는 케플러, 뉴턴, 패러데이, 아인슈타인, 하이젠베르크, 슈뢰딩거는 이 같은 코드가 찾기는 어렵지만 존재한다고 믿었고 실제로 찾아 헤맸다. 오늘날 이론물리학자들 중에서 물질의 구성과 우주의 기원에 관련된 질문들을 이해하려고 애쓰는 부류들은 이 코드를 "만물의 이론(Theory of Everything)" 혹은 "최종 이론(Final Theory)"이라고 부른다. 이 같은 탐색은 정당화될 수 있는 것일까? 혹시 근본적으로 오도된 탐색은 아닐까?

15년 전의 나였다면 내가 이런 책을 쓰게 되리라고는 상상도 하지 못했을 것이다. 나는 통일 이론(unification theory)에 대한 진정한 신봉자였고, 모든 것은 하나라는 신념을 반영하는 자연의 이론을 찾아서 박사학위 준비 기간을 비롯해 아주 오랜 시간을 보냈다. 그때 당시, 그런 이론들 중에서 가장 인기 있는 후보는 초끈 이론(superstring theory)이었다(현재도 그렇다). 물질의 근본적 실체는 전자와 같은 점 입자가 아니라 9개의 공간 차원에서 꿈틀거리는 극미한 끈이라는 가설적 이론이다. 이 이론의 수학적 우아함은 매혹적이었고 대통일(大統一)이라는 유서 깊은 꿈을 실현해주겠다는 약속도 그러했다. 이론물리학계의 뛰어난 인물들 다수가 이 이론과 그 라이벌에 해당하는 이론들을 발전시키기 위해서 노력하는 중이다.

모든 통일 이론의 주춧돌을 이루는 인식이 있다. 자연을 깊이 있게 묘사한 설명에는 더 높은 차원의 수학적 대칭성이 포함되어 있어야 한다는 것이다. 피타고라스와 플라톤의 가르침을 반영하는 이 같은 인식 속에는 묵시적인 미학적 판단이 들어 있다. 그러한 통일 이론이 더 아름다우며, 1819년에 시인 존 키츠가 썼듯이 "아름다운 것이 진리"라는 판단이다. 그럼에도 불구하고 통일이 존재한다는 증거나, 심지어 그러한 생각을 검증할 수 있는 방법이 있다는 증거는 아무리 찾아보아도 거의 발견할 수 없다. 물론 대칭성은 여전히 물리학의 핵심 도구이다. 그러나 지난 50년간 실험물리학의 발견이 되풀이해서 보여주는 것은 더 높은 차원의 대칭성에 대한 우리의 기대가 실제라기보다는 기대에 가깝다는 사실이다.

　　이를 깨닫게 되자 처음에는 매우 고통스러웠다. 하지만 결국 나의 연구는 새로운 방향으로 나아가게 되었다. 나는 자연의 가장 기본적인 측면들을 가장 잘 설명하는 것이 대칭성(symmetry)이라기보다 비대칭성(asymmetry)이라는 사실을 인식하게 되었다. 대칭성도 나름의 매력이 있을 수 있지만 그 속성상 정체할 수밖에 없다. 무엇인가가 변화하려면 그 이면에는 반드시 모종의 불균형이 있어야 한다. 내가 이 책에서 설명하듯이, 물질의 기원에서 생명의 기원에 이르는 모든 구조의 출현은 기본적으로 비대칭성의 존재에 좌우된다.

　　나의 생각은 다른 종류의 미학, 완전성보다는 불완전성에 기반한 미학으로 서서히 수렴해갔다. 나는 마릴린 먼로의 얼굴에 있던 점이 그랬듯이, 비대칭성은 불완전하다는 바로 그 이유에서 아름답다는 것을 알게 되었다. 100여 년 전에 시작된 현대 미술과 음악 분야의 혁명은 주로 이 같은 새로운 미학의 발로이다. 이제 과학은 완전한 것이 아름답고 "아름다운 것이 진리"라는 구시대의 미학을 놓아버릴 때가 되었다. 과학에 대한 이 같은 입장은 시사하는 바가 매우 넓고 크다. 우리가 여기에 존재하는 이유가 자연이 불완전하기 때문이라면 우주에는 생명이 얼마나 흔할까? 우리는 동일한 조건이 주어졌을 때 우주의 다른 곳에서도 생명이 출현할 것이라고 장담할 수 있을까? 지적 생명체는 어떨까? 우주에는 또다른 생각하는 존재가 있을까? 뜻밖에 나의 과학적 탐구는 내가 인간이라는 사실의 의미를 새로이 이해하게 만들었다. 과학이 실존주의적으로 변화한 것이다.

전일성에 대한 오랜 추구의 배후에는 생명이 우연일 수는 없다는 믿음이 자리잡고 있다. 우리의 존재는 사전에 계획된 것이어야 의미가 있다. 많은 종교가 고백하듯이, 우리가 신들에 의해서 창조되었든 아니면 생명 출현에 맞게 설계된 우주의 산물이든, 우리가 여기에 존재하는 데에는 반드시 의미가 있어야 한다. 그렇지 않다면 우리에게는 우울한 대안만 남게 된다. 목적이 없는 우주에 존재하는 생명은 무의미할 것이다. 우리가 여기에 존재하는 것이 단지 일련의 우연한 사건의 결과라는 인식은 많은 사람들을 매우 불쾌하게 만든다. 그것이 사실이라면 우리가 이렇게 많은 것을 이해할 능력을 갖춘 이유가 무엇일까? 사랑하고 고통받고 표현 불가능한 아름다움을 가진 작품을 창조할 능력을 갖춘 이유가 무엇일까? 만일 그 결과가 멸망뿐이라면, 극소수의 예외를 제외하고는 몇 세대 지나지 않아서 잊혀지는 것뿐이라면 말이다. 우리가 시간의 흐름을 느끼는 이유는 무엇일까? 만일 우리가 시간의 흐름을 어떻게든 완전히 이해할 수 없을 것이라면 말이다. 그런 것이 진상(眞相)일 리가 없다. 우리는 신과 같은 존재이거나 혹은 어떤 우주적 마스터 플랜의 일부여야만 한다.

그런데 만일 우리가 드물고 귀중한 우연의 결과로 생명을 얻고 자기 인식 능력을 갖추게 된 원자의 집합일 뿐이라면 어떻게 할까? 창조의 원대한 계획의 일부가 아니라는 이유로 인간을 하찮게 보아야 할까? 만일 자연의 숨겨진 코드, 모든 것을 설명하는 일련의 근본 법칙이 존재하지 않는다면 우리는 우주를 하찮게 보아야 할까? 나는 그래서는 안 된다고 주장하려고 한다. 오히려 그 반대이다. 현대 과학의 계시는 사실 창조의 원대한 계획 같은 것은 존재하지 않는다는 견해를 정당화하면서 동시에 인간을 가장 중심적 위치에 놓고 있다. 우리는 이를 새로운 "인간 중심주의(humancentrism)"의 여명이라고 부를 수 있을 것이다. 그리스 철학자 프로타고라스가 기원전 450년에 제시한 것처럼 "만물의 척도(the measure of all things)"는 아닐지 몰라도, 우리는 측정을 할 능력이 있는 존재이다. 우리가 누구인가에 대해서 그리고 우리 주위의 세계에 대해서 계속 알고 싶어하는 한, 우리의 존재는 의미가 있을 것이다.

이 논점을 좀더 자세히 살펴보자. 근대 과학이 출범한 지 불과 400년 만에 우리는 놀랄 만큼 방대한 지식을 창조했다. 원자핵(atomic nuclei)의 내부 범위에서부터 수십억 광년 떨어진 은하들(galaxies)에 이르기까지 모든 것들을 포괄하는 지식이다. 우리는 감탄할 만한 장치들을 사용해서 극미(極微)와 극대(極大)의 영역을 모두 들여다보았고, 그 결과 뜻밖의 풍요로움을 갖춘 영역들이 겉으로 보이는 영역들 속에 숨어 있음을 밝혀냈다. 이 같은 지식에 이르는 모든 단계에서 자연은 우리를 놀라게 하고 매혹시켰으며 앞으로도 계속 그러할 것이다. 우주는 뜨거운 원시 수프(primodial soup)에서 시작해서 점점 더 복잡한 물질 구조를 만들며 진화했다. 우리는 다양한 정보를 끌어모아 이 같은 진화가 어떻게 이루어졌는지를 서술할 수 있었으며, 그 과정에서 도처에 나타나는 형태들의 끝없는 다양성에 경탄을 금치 못했다. 그중에서도 가장 불가사의한 것은 생명의 탄생과 융성이다. 어떻게 무생물이 생명을 얻게 되었으며, 어떻게 살아 있는 분자 덩어리들이 바위투성이 행성을 생명 활동의 도가니로 바꾸었을까? 이는 아직도 우리가 경탄과 의문을 품고 있는 문제이다.

지구에 생명이 풍부한 것을 목격하고 물리 법칙과 화학 법칙이 우주 전체에 적용된다는 것을 알게 된 우리는 우주로 눈을 돌려 생명이 있을 만한 또다른 행성을 열심히 찾아보았다. 그러나 실망스럽게도 우리가 발견한 것은 오직 황량한 세계뿐이었다. 그것들이 아름다운 것은 사실이지만, 생명이 있다는 분명한 조짐은 없었다. 어쩌면 화성의 지하나 목성의 위성 유로파의 표면 아래에 있는 대양에 어떤 형태의 생명체가 숨어 있을지도 모르지만, 설사 그렇다고 하더라도 그들은 지각이 있는 존재, 인류처럼 생명의 의미와 목적을 곰곰이 생각하는 존재 비슷한 것은 아닐 것이 분명하다. 만일 그러한 존재가 정말로 있다고 해도 — 외계 지능(extraterrestrial intelligence)에 대한 탐사는 계속 진행 중이다 — 우리 입장에서는 실질적으로(억측을 제쳐 놓는다면) 없는 것이나 마찬가지일 정도로 너무나 먼 곳에 있을 것이다. 우주에 우리밖에 없는 상태가 계속되는 한, 우리는 우주가 스스로에 대해서 숙고하는 방법에 해당한다. 다시 말해서 우리의 마음이 곧 우주의 마음이다. 이 같은 계시는 심오한 결과를 낳는다. 설사 신이나 스스로 목적의식을 가진 우주가 우리를 창조한 것이 아니라고 해도 우리는 이곳에 있으며, 존재에 대해서 생각하고 심사숙고할 수 있다.

우리가 사는 행성은 적대적인 우주 속에서 위태롭게 떠다니고 있다. 우리가 소중한 존재인 것은 희귀하기 때문이다. 우리가 우주에서 홀로라고 해서 낙담해서는 안 된다. 오히려 바로 그러한 이유에서 우리는 우리가 가진 것을 보호하기 위한 행동에 나서야 한다. 그것도 빨리 나서야 한다. 지구의 생명은 인류가 없더라도 지속될 것이다. 그러나 지구가 없다면 인류는 지속될 수 없다. 적어도 매우 오랫동안 지속될 수는 없다. 그리고 시간은 우리가 가지고 있지 못한 사치품이다.

• • •

독자들을 위한 메모 : 나는 이 책을 과학의 놀라운 발견들이 우리의 세계관에, 그리고 우리 시대의 문화가 형성되는 데에 어떤 방식으로 영향을 미치는지에 관심을 가진 모든 사람들을 위해서 썼다. 과학적 개념을 설명할 때는 되도록 유추와 비유를 사용했다. 이 책에는 방정식이나 공식은 전혀 등장하지 않는다. 나는 전문 용어를 피하기 위해서 조심했으며, 어쩔 수 없이 사용하는 경우에는 등장과 동시에 의미를 설명했다. 그럼에도 불구하고 우주론, 입자물리학, 생물학, 우주생물학의 첨단 아이디어들을 다루다보니 가끔 독자들이 읽기에 부담스러울 수가 있다. 그러한 일이 생긴다고 해도 의욕이 꺾일 필요는 없다. 어려운 문단이나 장은 건너뛰면 된다. 이 책은 총5부로 구성되어 있다. 일단 제1부 "전일성(全一性)"부터 읽기 시작해야 한다. 이 부분을 읽고 나서 바로 과학 이야기에 뛰어들기가 꺼려신다면, 곧장 제5부 "존재의 비대칭성"으로 넘어가도 된다. 그 다음에 다시 돌아와 제2부, 제3부, 제4부를 읽어서 정보의 빈칸을 메우기를 바란다. 제2부, 제3부, 제4부는 각각 우주의 기원, 물질의 기원, 생명의 기원에 대한 설명을 시도하는 아름다운 과학이 들어 있으며 또한 우주, 물질, 생명의 비대칭성과 불완전성이 강조되어 있다. 그 이야기는 다중 우주(multiverse)에서 빅뱅(Big Bang)으로, 빅뱅에서 원자(atom)로, 원자에서 세포(cell)로, 세포에서 인간(human)으로, 인간에서 외계 생명체(extraterrestrial life)로 이어진다. 좀더 많은 정보를 원하는 독자는 책 뒤의 주제별 참고 문헌 목록을 참고하기 바란다.

제1부
전일성(全一性)

1
창세기!

그때 일어나려고 하는 일에는 목격자가 없었다. "일어난다" 자체가 존재하지 않았다. 시간도 공간도 존재하지 않았다. 두 점 사이의 거리는 측정 불가능했다. 점들 자체가 떠돌고 튀어오르면서 어디에나 있을 수 있었다. 무한이 스스로 엉켰다. 여기, 지금이란 없었다. 오직 존재뿐이었다.

넘실거리는 파도처럼 공간이 몸을 떨고 팽창했다. 가까이 있던 것들이 멀어졌다. 지금이 과거가 되었다. 시간과 공간이 탄생하면서 존재에서 생성으로 변화가 일어나기 시작했다. 공간이 팽창했다. 시간이 펼쳐졌다. 곧이어 시간과 공간의 요동으로부터 물질이 생성되었다. 물질은 구멍으로부터 스며나왔다. 이것은 일상적인 실체가 아니었다. 우리와 다르고 원자와도 달랐다.

이 물질은 공간을 잡아 늘려서, 부풀어오르는 풍선처럼 팽창하게 만들었다. 이 풍선이 우리 우주가 되었다.

이것이 오늘날의 창세기이다. 여기서 삼위일체는 공간(Space), 시간(Time), 물질(Matter)이다. 우주의 생성을 인도할 창조주나 신성한 손은 없다. 우주가 존재에서 생성으로, 시간 없음에서 시간의 흐름에 따라 진화하는 존재로 바뀌는 과정이 그러했다. 우주는 저 혼자 생겨났다. 무(無)의 바다 속으로부터 공간의 거품이 터져나와서 존재를 이루었다. 무(無)에서 유(有)가 창조된 것이다. 이는 우리로서는 가늠하기 어려운 이야기이다. 우리가 목격하는 세상에서 일어나는 모든 일에는 원인이 있는 것으로 보이기 때문이다. 우주라고 해서 이와 달라야 할 까닭이 있을까? 우주는 정말로 무로부터 출현할 수 있었을까? 아무 원인 없이?

우주의 탄생에서부터 지금에 이르기까지는 인과의 긴 사슬 중에서 첫 사슬, 이 모든 것을 시작하게 한 원인은 전통적으로 제1원인(First Cause)이라고 불린다. 이것이 스스로의 일 — 창조의 방아쇠를 당기는 일 — 을 하는 데에는 원인이 없어야만 한다. 물론 난제(難題)가 있다. 이 불가사의하고 상식에 반하며 원인이 없는 제1원인을 어떻게 가동시킬 것인가의 문제이다. 과학은 이 문제를 다루기에 적합한 분야일까? 종교는 창조의 딜레마를 피해가기 위해서 주로 신을 이용한다. 이는 종교에서는 잘 작동하는 방법이다. 신은 물리 법칙이나 상식이 적용되지 않는 존재이기 때문이다. 신은 불멸이기 때문에 인과와는 관련이 없다. 즉 초자연적으로 시간을 넘어서 존재한다. 기독교 성경의 창세기를 보면 전지전능하고 영원한 신이 말로써 "무(無)"를 조작하자 빛이 생겼다. 기독교인, 유대인, 무슬림에게는 그 분이 제1원인이다. 그 다음에는 그 분이 완전하기 때문에 그 분이 창조한 것도 완전하다는 논리가 성립한다. 말하자면 아담과 이브가 선악과를 따먹어서 모든 것이 변해버리기 전까지는 말이다. 우리는 호기심과 욕망 탓에 낙원에서 추방되었고 신성을 잃었다. 그 이래로 우리는 인간에 불과한 존재로서 신의 완벽한 창조와 하나가 되기 위해서, 우리가 잃어버린 것과 다시 연결되기를 고대해왔다. 이 고귀해 보이는 탐색의 장정을 하느라고 우리는 너무나 오랫동안 엉뚱한 길을 헤맸다. 이제 우리에게는 새로운 출발이 필요하다.

공간, 시간, 물질에 관한 현대 이론들 가운데에 일부에 따르면 양자적 무(無)가 존재하며, 많은 거품으로 이루어진 원형(原型) 우주(prototype universe), 이른바 "다중우주(multiverse)", "메가우주(megaverse)"가 존재한다. 몇몇 현대 이론들은 다중우주는 영원하고 그래서 원인 없이 존재한다고 설명한다. 이에 따르면 때때로 공간의 우주적 거품들로부터 아기 우주들이 튀어나온다. 그 대부분은 축소되어 자신들이 태어난 무로 되돌아가지만 그중에서 일부는 성장한다. 중력과 물질의 교묘한 상호작용 덕분에 아기 우주들은 0의 에너지 비용으로 탄생할 수 있다. 즉 무(無)로부터 창조되는 유(有)이다. 시간이 존재하기 시작하는 것은 거품이 폭발해서 존재가 되고 진화하기 시작할 때부터이다. 설명되어야 할 변화가 존재하는 장면은 바로 이 시점부터이다. 다중우주 이론들은 우리가 이 같은 성장하는 거품들 중의 한 곳에서 살고 있다는 설명을 제시한다. 이 거품은 원자핵의 방사능 붕괴 시에 튀어나오는 입자처럼 무작위로 출현한다. 우리가 살고 있는 거품, 우리 우주(우리가 실제로 측정할 수 있는 우주를 말한다. 가설상의 우주 모형이나 우리의 현재 측정 능력을 넘어서는 여타 우주와 구별하기 위한 표현이다)는 은하, 별, 인간이 출현할 만큼 오래 존재했다는 희귀한 특징을 가진 우주이다. 우주는 무작위로 탄생하고 그것이 오래 생존할 가능성은 대단히 희박한데, 마침 우리가 사는 우주가 그에 해당되었고 스스로의 기원을 궁금해할 능력이 있는 존재를 낳을 수 있을 만큼 복잡해진 것이다. 이는 창세기에서 제시된, 미리 계획된 초자연적 창조와는 완전히 다른 이야기이다. 그러나 이 이론이 어떻게 해서 모든 것이 존재하게 되었느냐는 질문에 만족스러운 해답을 줄 수 있는 이론일까?

창세기의 이 같은 과학적 버전은 제1원인을 배제하려는 시도로서 독창적이다. 하지만 그렇다고 하더라도 그것은 이미 받아들여진 물리 법칙과 원칙에 맞게 제시되어야 한다. 에너지 보존법칙이 지켜져야 하고 빛의 속도를 비롯한 기본 물리 상수들이 우리 우주의 생존 가능성을 보장하는 적절한 값을 가져야 한다. 게다가 양자적 무(無)와 이에 수반하는 원형 우주의 거품 수프는 아무것도 존재하지 않는 상태와는 같지 않다. 핵심은, 우리 인간들은 무로부터 무엇을 창조할 수 없다는 점이다. 우리는 물질이 필요하고, 이들을 결합하는 법칙을 필요로 한다. 이 같은 우리의 한계가 가장 분명해지는 것은 모든 창조의 시발(始發), 즉 우리 우주의 창조를 이해하려고 할 때이다. 이와 반대되는 주장에 속지 마시라. 설사 그것이 양자 진공 붕괴(quantum vaccum decay)니, 끈 경치(string landscape)니 고차원 시공간(extra-dimensional space-time)이니, 다중막 충돌(multi-brane collision)이니 하는 엄청난 용어를 포함하고 있더라도 위압당할 필요는 없다. 아직까지는 납득할 만하고 실증적으로 타당한(검증되었거나 심지어 검증 가능하기라도 하다는 의미) 과학적 창조 담론은 나오지 않고 있으니까 말이다. 설사 언젠가 인류가 그런 이론을 고안해낸다고 할지라도 그것은 일련의 전제를 기반으로 하는 과학적 창조 이론이라는 자격을 반드시 갖추어야 한다.

과학이 작동하기 위해서는 틀, 원리와 법칙이라는 골격이 필요하다. 과학은 모든 것을 설명할 수 없다. 왜냐하면 무엇인가로부터 시작해야 하기 때문이다. 이 무엇인가는 당연한 것으로 받아들여져야 한다. 그러한 출발점의 사례로는 수학의 공리들 ─ 자명하고 그래서 진실로 간주되는, 증명되지 않은 주장들 ─ 이 있다. 그리고 물리 이론에서는 에너지 및 전하 보존 등의 자연 법칙들이 이에 해당한다. 이들 법칙은 검증된 범위를 훨씬 넘어서까지 타당한 것으로 해석되는 경우가 흔하다. 또한 관찰과 측정이 가능한 자연현상과 아주 잘 들어맞는다. 그래서 우리는 시간의 출발점이 되는 사건인 빅뱅 직후의 극단적인 환경에서도 이 법칙이 지켜지리라고 가정한다. 하지만 분명하게 실험으로 확인되기 전에는 확신할 수 없는 노릇이다. 과학자들은 결코 확신해서는 안 된다. "비상한 주장을 하려면 비상한 증거가 필요하다." 캘리포니아 대학교의 고생물학자 윌리엄 스코프가 한 말이다.

한편 현대 우주론은 시간의 출발점에서 매우 가까운 시기에 일어난 물리 과정을 실제로 설명해준다. 이는 정말 놀라운 업적이고 대대적으로 광고할 만한 성과이다. 오늘날 우리는 우리 우주가 140억 년 전보다 조금 가까운 시기에 뜨거운 기본 입자(elementary particle, 소립자[素粒子])가 짙게 모여 있는 수프 상태로부터 폭발해나왔다고 자신 있게 말할 수 있다. 그 폭발이 어떻게 시작되었는지는 설명할 수 없다고 할지라도, 탄생한 지 몇 분이 지나지 않은 어린 우주가 가장 가벼운 원소들을 만들어냈고 별들이 폭발함으로써 생명 탄생에 필요한 무거운 원소들을 만들었다(지금도 만들고 있다)는 사실을 알고 있다. 우리는 유전 코드의 작용을 이해할 뿐만 아니라 지구상 동식물의 놀랄 만한 다양성을 탄생시킨 메커니즘도 알고 있다. 삶과 죽음에 대한 이론을 만들 수 있는, 자의식을 가진 다른 존재가 있을 가능성을 제외한다면, 우리 — 불완전하고 우연한 피조물 — 의 존재 자체가 우리 우주가 스스로에 대해서 생각하는 방법에 해당한다. 내가 보기에 이것은 인생관을 바꿀 만한 엄청난 발견이다. 이 책의 요지가 이것이다. 비록 우리가 우주 내의 특별한 장소에 사는 것이 아니고 만물의 원대한 계획에서 중요한 역할을 맡은 것은 아니라고 할지라도, 우리 — 혼자든 그렇지 않든 간에 — 가 이 같은 깃발을 들고 있다는 사실은 우리를 매우 특별한 존재로 만든다. 바로 이러한 이유 때문에 우리는 극도로 조심해야 한다.

우리는 인류의 모든 업적에도 불구하고 우리의 이야기는 우리의 이야기에 불과할 뿐이라는 사실을 알아야 한다. 그것이 온당한 태도이다. 우리는 불완전하고 한정된 존재이기 때문이다. 또한 우리가 추구해야 할 것은 절대적 진리가 아니라 이해(understanding)라는 사실을 알아야 한다. 톰 스토파드가 연극 「아르카디아(*Arcadia*)」(목가적 이상향이라는 뜻이다/역주)에서 일깨워주듯이, 모든 것을 알려고 할 것이 아니라 중요한 것을 알려고 해야 한다.

과학은 놀라운 것이기는 하지만, 인간이 만든 것이고 세계를 이해하기 위해서 인간이 창조하는 담론이다. 우리가 얻어낸 "진리"는 뉴턴의 만유인력 법칙이나 아인슈타인의 특수상대성 이론처럼 정말 놀라운 것이기는 하지만, 그 타당성은 언제나 제한되어 있다. 어떤 이론이든 그 이론의 범위 바깥에는 설명할 것이 또 있는 법이다. 새로운 과학 혁명들이 또 일어날 것이고 세계관은 또다시 변화할 것이다. 하지만 헛된 존재인 우리들은 스스로가 이룩한 업적에 지나친 비중을 둔다. 그동안 성공을 이룬 탓에 우리는 엉뚱한 믿음을 가지게 되었다. 우리가 찾아낸 부분적인 진리들이 단일한 수수께끼, 단 하나의 최종 진리의 조각들이며 이 진리는 우리의 발견을 기다리고 있다는 믿음이 그것이다. 먼 옛날부터 최근에 이르기까지 수많은 위대한 인물들이 이 성배(聖杯), 자연의 숨겨진 암호를 찾으려고 인생의 수십 년씩을 투자했다. 피타고라스, 아리스토텔레스, 케플러, 아인슈타인, 플랑크, 슈뢰딩거, 하이젠베르크까지. 그 목록은 짧지 않다. 그리고 오늘날에도 수천 명이 같은 일을 하고 있다. 이들은 스스로 자각하고 있든 그렇지 않든 간에 고대 그리스에 뿌리를 둔 전통, 완전성과 아름다움을 진리와 연결시키는 전통의 상속자이다. 이 같은 전통은 여러 세기를 거치면서 하느님이 창조하신 것은 완전하고 아름답다는 일신론적 믿음과 융합했다. 신의 피조물을 이해하는 것, 불멸의 진리를 찾아나서는 것은 가장 큰 열망이 되었다. 1600년대 초반에 근대 과학이 탄생한 이래로 신앙심에 가까운 이 같은 열정은 다음과 같은 확신을 낳으며 널리 퍼졌다. 만물의 수수께끼는 풀릴 수 있다. 과거 어느 때보다 해결의 시점이 가까워졌다. 머지않아서 만물의 숨겨진 암호가 눈부시게 아름다운 모습으로 드러날 것이다. 과거의 수많은 사람들과 마찬가지로, 영국의 물리학자 스티븐 호킹도 이를 성취하는 것을 "신의 마음을 아는 것"에 비유했다. 하지만 이것이 사실일까? 정말로 우리는 해결의 시점에 다가간 것일까? 혹시 우리는 불가능한 것을 성취하려다가 길을 잃은 것은 아닐까? 이 같은 최종 진리(Final Truth)가 존재한다고 그토록 간절하게 믿어야 할 필요가 있을까? 그보다는 어째서 그런 것을 신봉해야 하는지에 의문을 품어야 하는 것이 아닐까? 우리 손에 있는 관측이나 실험의 증거는 정말로 이 방향을 가리키는 것일까? 혹시 이 최종 진리라는 것이 서구의 일신론적 전통 — 이성에 의해서 정신세계에서 추방된 신을 향한 갈망 — 이 과학의 모습으로 구체화한 데에 불과한 것은 아닐까?

이 최종 진리가 필연적으로 우리 우주의 기원을 설명하게 된다는 점을 감안하면, 우리는 이들 두 가지 탐색이 하나이며 동일하다는 사실을 깨달을 수 있다. 최종 진리에는 제1원인이 포함되어 있다. 유한한 존재인 우리는 창조를, 그 놀라운 복잡성을 속속들이 설명할 수 있을까?

"물론!"이라고 통일론자들은 주장한다. "만물의 배경에는 기본 물리 법칙의 세트가 존재하고 이것은 자연의 깊은 본질 속에 쓰여 있다. 시간만 있으면 우리는 이 법칙들을 발견하게 될 것이고 만물을 이해할 수 있게 될 것이다. 이 법칙들 모두는 자연의 숨겨진 수학적 대칭성의 지고한 표현인 통일장 이론이 구체화된 것이다. 우리는 그것을 만물의 이론이라고 부른다."

"물론!"이라고 신앙인들은 주장한다. "우리는 모든 해답을 이미 알고 있다. 우리의 성경에 쓰여 있다. 창조는 전능하신 하느님의 행하심이다. 오직 초자연적인 권능만이 공간 이전에 존재할 수 있다. 오직 초자연적인 권능만이 시간 이전에 존재할 수 있다. 오직 초자연적인 권능만이 물질적 실재를 초월해 이를 창조할 수 있다."

우리에게는 이 두 가지 선택밖에 없을까? 제3의 대안은 없을까? 수천 년간 우리는 "하나"라는 신비한 주문의 영향 아래에 살아왔다. 신전에서 무릎을 꿇거나, 수학적인 "신의 마음"을 탐구하면서, 우리는 인간에 불과한 존재를 넘어선 곳에 있는 무엇인가와 연결되기를 갈망해왔다. 우리는 우리의 삶에서는 발견할 수 없는 추상적 완전성을 꿈꾸어왔다. 이 과정에서 우리는 우리 존재의 연약함을 받아들이는 것을 거부하면서, 우리 자신 쪽으로는 눈길을 돌리지 않았다. 하지만 이제는 움직일 때가 되었다. 이제는 완전성의 추구라는 구시대의 명제를 떨쳐내고 새로운 과학적 세계관의 가르침을 따라야 할 때가 왔다. 자연의 불완전성이 가진 창조적 힘을 탐구하면서 지식에는 한계가 있다는 사실을 받아들여야 한다.

이를 따르는 여정은 초라할 것이다. 광대하고 무심한 우주에서 우리의 존재가 얼마나 하찮은 것인지를 직시해야 할 것이기 때문이다. 하지만 우리가 하찮은 것은 사실일지라도 우리의 존재 자체가 우리를 유일무이한 것으로 만든다. 우리는 생명이 없는 원자들의 집합이지만 생각하는 존재이다. 그러한 의미에서 우리는 드물고 귀중한 존재이다. 불과 몇천 년 만에 우리는 우리 행성의 역사뿐만 아니라 스스로의 역사의 방향을 바꿀 수 있는 힘을 얻었다. 인류는 교차로에 서 있다. 지금 우리가 내리는 결정은 인류와 우리 행성의 미래를 결정할 것이다. 진실로 중요한 것은 생명의 보존임을 이제 이해할 때가 되었다.

2
어둠에 대한 두려움

소년 시절에 나는 어둠이 무서웠다. 눈에 보이지 않는 것을 스스로의 마음 속에서 만들었다. 내 방에 있는 커다란 벽장의 재료는 자카란다 나무였다. 브라질 열대 우림에서 자라나는 이 고급 목재는 오늘날에는 거의 생산되지 않는다. 온갖 문양이 다 들어 있는 이 목재는 날이 어두워지면 살아나서 온갖 불가능한 방식으로 움직이고 뒤틀렸다. 침대 발치의 취침등은 사태를 악화시킬 뿐이었다. 희미하게 어른거리는 녹색 불빛 탓에 벽장의 문양들이 살아서 춤추는 것처럼 보였다. 나는 인간 타조처럼 침대 커버 밑에 숨어서 머리 위에 베개를 덮었다. 내가 저 그림자 존재들을 보지 못하면 그들도 나를 보지 못하기를 바랐던 것이다.

하지만 두려움은 사라지지 않았다. 무엇인가 내 발을 만진 것 같은데? 이상하게 삐걱거리는 저 소리는 뭐지? 나는 빼꼼 내민 코 위로 공기가 쉭하고 지나가는 것을 느낄 수 있었다. "그들"은 점점 더 가까이 왔다. 당장이라도 재앙이 닥칠 것이 분명했다……. 그들은 시트와 베개를 걷어내고 내 목에 송곳니를 틀어박아 서서히 목숨을 앗아갈 터였다. 살고 싶다면 싸워야 했다. 약간의 영웅주의적 감정에 고취된 나는 베개 밑에서 바깥쪽을 몰래 엿보았다. 여기에는 아무것도 없으며, 모든 것은 상상일 뿐이라고 스스로에게 되뇌면서 말이다. 아버지가 내게 여러 차례 되풀이해서 말씀하신 것도 그것이었다. "그렇게 어둠이 두렵다면 그 많은 공포영화들은 왜 보는 거냐? 뱀파이어나 늑대인간 만화를 왜 그렇게 많이 보는 거냐?"

아버지가 아시는 것은 일부분일 뿐이었다. 당시 열 살이었던 나의 관심은 온통 무서운 이야기, 초자연적인 것에 쏠려 있었다. 나에게 공포는 집착이 되었다. 나는 단순히 영화를 보고 책을 읽은 것이 아니었다. 나는 뱀파이어였고 혹은 적어도 뱀파이어가 되려고 하고 있었다. 물론 적도에 위치한 브라질 코파카바나 해안의 아파트는 트란실바니아의 낡은 성은 아니었다. 하지만 이 사건은 분명히 일어날 터였다. 이를 뒷받침할 증거도 있었다. 내게는 종이에 바늘처럼 날카로운 구멍을 뚫을 수 있는 송곳니 2개가 났다. "마음이 몸에 영향을 미친 기괴한 사례가 분명하구나." 설득이 통하지 않는 상황에 화가 난 아버지는 불만스러운 투로 말씀하셨다. 아버지는 하버드 출신의 치과의사셨다.

열한 살이 되자 나의 병적인 집착은 좀더 지적으로 변했다. 나는 버스를 타고 리우 시내의 국립도서관으로 가서 뱀파이어를 연구하고 고전적 작품들을 읽었다. 뱀파이어가 되는 것만이 내가 살아 있으면서도 죽은 존재가 되는 방법이었다. 불멸의 존재가 될 수 있는 유일한 방법이었다. 특별한 지식이 없었던 나에게 비친 뱀파이어의 전통적 이미지는 다음과 같았다. 낮에 격리된 관 속에 누워 있을 때는 죽은 상태였다가 해가 지면 살아나서 자신들의 불멸의 비밀인 인간의 피를 찾아 어둠 속을 배회한다. 어둠의 왕자인 드라큘라 백작보다 더 뛰어난 존재가 있을까? 죽음을 물리치고 인간, 특히 여성을 최면적인 힘으로 지배할 수 있으며 박쥐로 변신해 날아가거나 안개로 변신해 비물질화할 수 있는 존재 말이다.

열 살에서 열두 살 때의 내가 병적이었던 데에는 이유가 있었다. 그것은 한마디로 상실 때문이었다. 내가 여섯 살 때 어머니가 비극적인 상황에서 돌아가셨다. 당시 어머니는 서른여덟 살이셨다. 지금은 나도 자식들이 있고, 그처럼 어린 시절에 가족을 잃는 것이 얼마나 큰 상처가 되는지를 이해하게 되었다. 어느 날 갑자기 놀이터에서 다른 아이들의 안쓰러워하는 시선을 받게 된 아이,

엄마 없는 아이가 되어버렸다는 것도 물론 문제이다. "불쌍한 마르셀로, 쟤는 너와는 달리 엄마가 없단다. ……가서 같이 놀아주렴." 다른 아이의 엄마나 유모가 선의로 하는 이야기를 우연히 듣게 된 날이 얼마나 많았던가. 다른 아이들과 다르다는 것도 창피하고 육체석, 성서적으로 깊은 애정을 느낄 낳아준 사람이 없다는 것도 고통스럽다. 하지만 엄마가 없다는 데에서 오는 가장 큰 고통은 바로 엄마라는 존재가 없다는 점이다. 깜짝 놀랐을 때 껴안아줄 누군가가 없다는 것, 학교에서 좋은 성적을 받아오거나 게임에 이기고 왔을 때 칭찬해줄 누군가가 없다는 것, 언제나 변함없이 자신을 사랑해줄 것이 당연한 누군가가 없다는 것이다. 나는 친구들이 엄마 손을 잡고 교문을 나서는 것을 보았다. 환하게 웃으며 엄마를 껴안는 친구들을 보면서, 나는 스스로가 저주받았다는 느낌이 들었다. 엄마가 없어서 더욱 나쁜 것은 당신이 다음과 같은 사실을 알게 된다는 것이다. 그녀는 당신이 성장하는 모습을 지켜보지 못하고, 다시는 당신 삶의 일부가 될 수 없다. 졸업식을 하고 결혼식을 하고 첫 아이를 낳는 순간에 언제나 빈자리가 있게 된다. 고통스러운 것은 그 같은 부재이다. 엄마를 잃어서 가장 나쁜 점은 그것이 영원한 상실이라는 점이다.

나는 이것을 받아들일 수가 없었다. 나는 시간의 경계, 산 자들의 세계를 초월해야 했다. 그리고 엄마를 다시 나에게 데려오거나 내가 엄마에게 갈 수 있는 방법을 찾아야만 했다. 나는 엄마를 다시 만나야만 했다. 엄마의 부드러운 피부를 느끼고, 밝은 갈색 눈을 쳐다보고, 웃음소리를 들어야 했다. 당시 나에게 남아 있던 기억은 눈물과 슬픔과 흐느낌뿐이었다. 시간을 마음대로 통제할 수만 있다면, 상황을 바꿀 수 있을 텐데. 삶과 죽음을 통제할 수만 있다면, 엄마와 함께 있을 수 있을 텐데.

어리고 감수성이 예민했던 나는 현실과 환상을 구분할 능력이 없었다. 죽음을 부정할 수 있는 초자연적 세계, 뱀파이어와 기타 이상한 존재들의 세계로 뛰어드는 것만이 확실한 선택이라고 생각했다. 낮에 학교에서는 하느님과 구약성경 이야기를 들었다. 대홍수를 내려보내 한 가족만 남기고 모든 인류를 익사시키고 지팡이를 뱀으로 변화시키며 물을 피로 변하게 한 이야기, 하늘에서 가끔씩 천사들이 내려와 미약한 인간과 싸움을 벌이는 이야기 말이다. 그리고 17세기 프라하의 랍비였던 뢰브 이야기가 있었다. 그는 거대한 진흙 인형의 이마에 마법의 글자를 새겨넣음으로써 생명력을 부여했던 인물이다. 학교에서 그런 것들을 배우고 있었는데 다른 초자연적 존재가 있다고 믿는 것이 그렇게 어리석은 일이었을까? 학교의 심리학자는 어떻게 나에게 정서장애가 있다고 말할 수 있었을까? 수업시간에는 하느님이 인간들을 소금 기둥으로 만들어버린다고 가르치고, 길 아래쪽의 천주교 학교에서는 부활마저 가능하다고 가르치는 상황에서 말이다.

3
이행

10대에 진입하던 시절의 나는 신들린 상태와 비슷했다. 나는 하얀 잠옷을 입은 엄마의 유령이 우리 아파트의 긴 복도 저편에서 떠다니는 것을 여러 차례 목격했다. 분명히 보았다고 맹세할 수 있다. 그녀의 얼굴에는 이 세상의 모든 슬픔이 담겨 있는 것 같았다. 얼마 지나지 않아서 나는 엄마의 유령이 나에게 무엇인가를 말하려고 한다는 것을 확신하게 되었다. 그녀가 정말로 거기에 존재했든 아니면 내 상상일 뿐이었든, 그녀의 모습과 거기서 내가 받는 느낌은 정말로 생생했다. 그리고 나는 점차 그녀가 무엇을 말하려고 하는지를 이해하게 되었다. 그녀에게 가까이 가려고 죽음을 끌어안아서는 안 된다는 것이었다. 대신에 삶을 끌어안아야 했다. 그녀 몫의 삶까지 모두 내가 살아서 그녀와의 기억을 기념해야 했다. 그녀로 하여금 나의 엄마인 것을 자랑스럽고 행복하게 여기도록 해야 했다. 왜냐하면 진실은, 그녀는 살았든 죽었든 언제까지나 나의 엄마일 것이기 때문이다. 엄마가 없는 아이는 엄마를 만들어 낸다. 엄청난 정서적 심연을 채우기 위해서이다. 이것은 부모 중의 한 명을 잃었을 때만 해당되는 것이 아니다. 이 이야기를 하는 것은 내가 그러한 삶을 살았기 때문이다. 모든 상실은 채워져야 하는 빈 자리를 만들기 마련이다. 문제는 어떤 방식으로 그 자리를 채우는가에 있다.

그 이후, 삶으로의 이행이 시작되었다. 나는 꽤 실력 있는 배구 선수가 되었고 클래식 기타 레슨을 받기 시작했다. 열네 살 되자 엄마의 유령은 더 이상 나타나지 않았다. 나는 내가 삶을 끌어안는 방향을 선택했다는 것을 알고 그녀가 마음을 놓았다는 신호라고 해석했다. 이때쯤 나는 과학을 발견했다. 물론 과거에도 과학을 알고는 있었다. 초등학교와 중학교 선생님들의 열의 없고 무감동한 교육을 통해서 말이다. 선생들은 과학이 지루한 것이라고 느끼도록 최선을 다했지만, 그래도 나는 과학에 매혹되었다. 나는 다른 모든 사람들과 마찬가지로 텔레비전에서 닐 암스트롱과 버즈 올드린이 달 표면에 성조기를 꽂는 장면을 얼빠진 듯이 바라보았다. 수소폭탄의 파괴력은 공포스럽고도 신비했다. 역사상 처음으로 단추 몇 개만 누르면 문명을 말살해버릴 수도 있게 되었다는 가능성 역시 마찬가지였다. 과학과 신비주의가 결합된 스탠리 큐브릭 감독의 「2001 : 스페이스 오딧세이」와 같은 영화도 깊은 감동을 주었다. 광활한 우주 어딘가에 아주 고등한 지적 생명체가 살고 있을까? 이들이 우리의 창조주였을 가능성이 있을까? 눈에 보이지 않는 먼 곳에서 신을 닮은 그들이 우리를 지켜보고 있을까? 나의 사춘기적 열정에 기름을 부은 것은 아버지가 매우 아끼시던 책인 에리히 폰 대니켄의 『신들의 전차(Chariots of the Gods)』였다. 전혀 터무니없는 내용이었지만 사람을 끌어들이는 힘이 있는 책이었다. 그 책에 따르면 외계인들이 과거 지구에 다녀갔다는 증거가 있었고, 이들은 우리보다 엄청나게 높은 지능을 갖추고 있었다. 물론 페루 나스카 평원의 인상적인 지상화(地上畵)가 정교한 외계 우주선을 위한 착륙장이라거나 이집트 피라미드들이 외계인의 감독하에 건설되었다고 믿던 시절도 있었다. 하지만 그래도 머릿속에서는 회의적인 목소리가 계속 불편한 질문을 제기했다. 외계인들은 왜 그토록 먼 옛날의 우리, 아주 원시적인 기술밖에 없었던 인류에게만 관심을 가졌을까? 인류가 외계를 향해 나아가기 시작하는 오늘날 그들은 왜 다시 지구를 방문하지 않을까? 인류가 크게 필요로 하는 항성 간 우주여행을 촉진하기 위해서 말이다.

이처럼 선정주의적 과학을 접한데다 10대답게 남성 호르몬이 활발하게 분비된 덕분에, 어둠에 대한 나의 두려움은 밤과 밤의 미스터리에 대한 사랑으로 바뀌었다. 내가 되고 싶은 대상은 드라큘라에서 영국 빅토리아 왕조풍의 과학자로 바뀌었다. 결국 뱀파이어 처단자인 반 헬싱 박사조차 유럽 대학교의 존경받는 교수, 이성과 지식을 이용해서 악을 박멸하는 사람이 아니었던가. 메리 셸리의 『프랑켄슈타인(*Frankenstein : Or, the Modern Prometheus*)』은 공포영화가 아니라 과학 소설이었다. 전기의 힘을 이용하면 근육을 경련시킬 수 있다는 것을 알았으며 어쩌면 죽은 사람을 되살릴 수 있을지도 모른다는 문제의식을 가졌던 그 시대의 최첨단 연구를 반영한 소설이었다.[1]

나는 과학에 마술적인 힘이 있다는 사실을 깨닫기 시작했다. 그 마법은 현실이기 때문에, 상상 속의 초자연적 존재가 아니라 살아 있는 인간이 창조한 것이기 때문에, 더욱더 강력한 것이었다. 즉 그것은 자연의 가장 깊숙한 비밀을 폭로하는 마법이었다. 나는 종교와 그것이 해주는 이야기를 대단히 불신하게 되었다. 더욱 나쁜 것은 내가 냉소적이 되었다는 것이다. 나는 수많은 신자들이 자신들이 믿는 신의 이름으로 죽어갔던 것, 계속해서 죽어가는 것을 보았다. 도대체 어떤 종교윤리가 무고한 사람들을 살해하는 행위를 용서할 뿐만 아니라 고무한다는 말인가? 최근에 본 자동차 범퍼 스티커의 내용을 그대로 되풀이하고 싶다. "정말로 예수께서 총을 소지하시리라고 생각하는가?" 그리고 고통의 문제가 있었다. 엄마가 돌아가실 때, 하느님은 어디 계셨는가? 왜 하필 내게 이런 일이 일어났는가? 내가 죄인이었단 말인가? 형들이나 아버지가 죄인이었단 말인가? 내가 기도하고, 도움을 요청하고, 아무런 응답도 받지 못했을 때, 그 분은 어디에 계셨단 말인가? 인류사에 뚜렷한 재앙과 참사들은 또 어떠한가? 도시들을 통째로 매장시켜버리는 지진, 화산 폭발, 쓰나미, 허리케인, 인간이 인간을 극악무도하게 살해하는 행위, 학교에서 그토록 많이 배웠던 유대인 학살, 스탈린주의자와 마오주의자에 의한 수백만 명의 학살 그리고 수없이 많은 기타 인종 학살. "하느님은 우리가 이해할 수 없는 방법으로 행사하신다", "하느님에게는 꼬맹이의 기도에 응답하는 것보다 중요한 일이 많으시다", "인간의 일은 인간의 일일 뿐 하느님의 일이 아니다" 등의 주장은 내가 보기에 꽁무니를 빼는 것에 지나지 않았다. 점차 내게 분명해진 사실은 설사 하느님이 세상 및 생명의 기원과 어떤 관련이 있다고 할지라도, 그 분은 자신의 피조물에 흥미를 잃은 것이 명백하다는 점이었다. 내게는 의미를 찾을 수 있는 다른 방도가 있어야 했다.

나는 존경할 만한 저자들이 쓴 대중 과학서를 탐독하기 시작했다. 공상과학 소설의 대명사인 아이작 아시모프, 빅뱅 모델(Big Bang model)의 수립에 기여한 조지 가모브, 앨버트 아인슈타인의 저작들 그리고 레오폴트 인펠트의 『물리학의 진화(The Evolution of Physics)』 등이었다. 거기서 배운 많은 것들 중에서 가장 강하게 와 닿은 것은 한 가지였다. 우리 우주의 가장 깊은 비밀을 이해하고 싶다면 — 이것이 물리학의 가장 큰 목표이다 — 우리는 자연의 숨겨진 대칭성을 찾아내야 한다는 것이다. 만물의 배후에는 이성적 질서, 인간의 이성으로 접근할 수 있는 질서가 있어야만 한다. 과학자들은 자연현상의 대칭성 속에 암호화되어 있는 이 같은 질서의 수학적 표현이야말로 진정한 아름다움의 표현이라고 믿는 것처럼 보였다.

세상의 근본 질서라는 개념은 매혹적이었고 가슴 깊이 울렸다. 나의 마음을 차분하게 하고 위안이 되어주었다. 설사 표면적으로 생명이 혼돈처럼 보이더라도 실망하지 말라. 더욱 깊이 들여다보면 질서와 지혜를 발견하게 될 것이다. 독일의 위대한 천문학자 요하네스 케플러는 사망하기 1년 전인 1629년에 다음과 같이 썼다. "폭풍우가 몰아치고 배가 난파될 위험이 닥칠 때에 우리가 할 수 있는 가장 고귀한 일은 영원의 대지에 평화적 연구의 닻을 내리는 것이다." 영원한 진리는 자연의 숨겨진 미스터리 속에 암호화되어 있어야 한다. 나는 케플러의 닻 옆에 나의 평화로운 연구의 닻을 내리고 영원성을 가진 실재의 이성적 정수(精髓)를 찾기로 맹세했다. 인간 삶의 덧없음을 초월하는 영원한 진리를 탐구하면, 상실은 무의미해질 수 있다는 사실을 알았기 때문이다.

나는 과학을 영웅적인 일로 보기 시작했다. 과학은 공통의 목표를 가진 고결한 남자들과 여자들이 지식을 교환하며 자연의 내밀한 비밀을 밝혀내고 찾아내면서 그리스 로마 시대 현인들의 발자취를 따라가는 일이었다. 과학의 세부사항은 더더욱 큰 경외감을 불러일으켰다. 시간과 공간은 구부러질 수 있는 4차원 시공간이라고 해석한 상대성 이론(the theory of relativity), 블랙홀(black hole)과 시간 여행의 신비, 원자와 그것이 가진 외경스러운 창조와 파괴의 힘, 생명과 그 밝혀지지 않은 기원이 그러한 예이다. 그리고 다른 것들 못지않게 중요하고 모든 의문들 중에서도 가장 중요한 위치를 차지하는, 우리 우주 자체의 기원에 대한 의문이 있다. 이런 연구에 헌신하는 것보다 더 살맛나며 자극적인 일이 달리 어디 있겠는가? 수많은 모험담의 영웅들처럼 나는 이 순례를 시작할 준비, 이 탐구를 통해서 스스로를 변화시킬 준비를 갖춘 상태였다. 신전의 문은 열렸고 존재의 가장 깊은 비밀에 대한 해답들이 그 안에서 발견을 기다리고 있었다.

내 앞에 갈 길이 분명히 열렸다. 나는 수학과 물리학을 몸 바쳐 공부한 뒤에 과학자가 되어서 영원한 진리를 찾는 일, 자연의 비밀을 밝히는 일을 시작할 터였다. 우리의 감각을 초월하는 실재와 이보다 더 마술적으로 연결되는 일이 달리 어디 있겠는가? 신비한 세상으로 이어지는 다리가 존재했고 그 다리는 초자연적인 땅을 건널 필요가 없었다. 이것은 내 생애에 가장 위대한 깨달음이었다. 나는 이론물리학자가 될 예정이었다. 그저 그런 이론물리학자가 아니라 자연의 숨겨진 코드를 탐구하는 본격적인 통일 이론가가 될 준비가 되어 있었다. 나는 통일 이론의 신도가 되었다.

4
믿음

믿음(belief)은 엄청난 힘을 발휘한다. 이것을 부인하는 것은 어리석은 일이다. 기술이 최고조로 발전한 사회의 미래는 세속적일 수밖에 없다고 확신하는 사람들은 주위를 잘 둘러보아야 할 것이다. 2008년 6월 23일에 종교와 대중생활에 대한 퓨 포럼(Pew Forum for Religion and Public Life)이 발표한 여론조사 결과를 보자. 18세 이상의 남녀 3만5,000여 명이 응답한 이 조사는 종교적 신앙을 주제로 미국에서 시행된 가장 포괄적인 조사 중의 하나였다.[2] "신이나 우주적 정신을 믿습니까?"라는 질문에 92퍼센트가 "그렇다"고 응답했다. 이중 71퍼센트는 절대적으로 확신한다고 했고 21퍼센트는 믿기는 하지만 스스로의 믿음의 속성을 정확히 밝히지는 못했다. 믿지 않는다고 응답한 사람은 전체 응답자의 5퍼센트에 불과했다. 남은 3퍼센트는 응답을 거부했다. 표집 오차의 한계는 1퍼센트인 것으로 인용되었다. 이 같은 조사 결과가 뜻하는 바는 미국인 10명 중에서 7명이 신의 존재를 확신한다는 것이다. 그 신의 의미는 각기 다를지라도 말이다.

이러한 결과를 보면, 미국이 세계에서 가장 종교적인 국가들 중의 하나임을 알 수 있다. 설사 유럽이나 동아시아에는 신을 믿는 사람이 이보다 더 적다고 할지라도, 우리가 살고 있는 세계에 초자연적 신의 개념이 팽배해 있다는 점은 의심의 여지가 없다. 지난 400년간 과학은 엄청나게 진보했지만, 신자들의 비율은 고대 그리스나 이집트 시대와 크게 달라지지 않았다. 파라오 아케나텐

(Akhenaten, 기원전 1350년경) 시대의 신자 비율이, 말하자면 99.9퍼센트였다고 할지라도 현대 미국과 비교하면 불과 7.9퍼센트 높은 수치일 뿐이다. 사실 몇몇 예외적인 국가들(북유럽 국가들 대부분과 체코, 프랑스, 베트남, 일본)을 제외하면 세계 거의 모든 국가에서 무신론자나 불가지론자의 비율은 50퍼센트 미만이다.[3] 이 같은 수치는 우리 자신에 대해서 대단히 중요한 것을 말하고 있다. 믿고 싶은 우리의 욕구는 그 같은 믿음에 반대되는 모든 증거를 초월한다. 달리 말해서 무엇이 존재한다고 믿고 싶어하는 마음은 그 무엇이 실제로 존재한다고 확신하는 데에 크게 도움이 된다. 그것이 무엇이든지 간에 말이다. 앞서의 퓨 여론조사에서 응답자의 49퍼센트는 1년에 최소 몇 차례씩은 자신들의 기도가 응답을 받았다고 주장했다. 미국인들 가운데에 2명 중의 1명은 초자연적 신과 소통이 가능할 뿐만 아니라 그 덕에 효험까지 보고 있는 것이다.

지난 몇 년 사이에 소위 과학과 종교 간의 전쟁을 새로운 시각에서 바라보는 책들이 많이 출간되었다. 과학자 리처드 도킨스와 샘 해리스, 철학자 대니얼 데닛, 영국 언론인이자 논객 크리스토퍼 히친스가 공세를 취했다. 하나의 집단으로서 "네 기사(The Four Horsemen, 요한의 묵시록에 나오는 인류를 파멸시키는 4명의 기사이다/역주)"라고 불리기도 하는 이들의 주장은 다음과 같다. 종교적 신앙이 하나의 "망상"에 불과하며, 수천 년에 걸쳐서 세상에 커다란 해악을 끼쳐온, 위험한 형태의 집단적 광기라는 것이다. 전투적이고 급진적인 무신론의 상징이 된 이들의 수사학은 그들 스스로가 비판하는 종교적 근본주의자의 그것과 마찬가지로 선동적이고 편협하다.*

이 같은 과격한 접근법은 오히려 신앙을 강화하고 냉소적인 태도를 부추길

---

* 도킨스는 스스로가 근본주의적이라는 비난에 대해서 자신은 종교적 극단주의자와 달리 증거가 있으면 쉽게 생각을 바꾼다고 해명한다. 그러나 나는 정통 랍비나 물라(mullah, 이슬람교 율법학자)도 예수가 자신의 거실에 무지개를 타고 나타나면 기독교로 개종할 것이라고 상상한다. 하지만 이것은 낙관적 상상일지도 모른다. 그들은 악마가 유혹하는 것이라고 말할 수도 있다.

뿐이다. 극단주의가 매우 비효율적인 외교관이라는 사실은 종교사를 잠깐만 훑어봐도 알 수 있다. 종교를 가진 사람들을 무지하고 비정상적이며 정말 명청하다고 비난하는 것은 스스로의 기분을 좋게 해줄지는 모르나 핵심을 완전히 놓치는 짓이다. 종교가 가져다주는 사회적, 심리적 이득은 일단 한켠으로 밀어놓자. 빈곤한 사람들의 피난처, 일체감과 공동체적 감정, 무엇인가를 잃거나 사별을 했을 때의 정서적 안내 등은 모두가 세속적인 수단으로도 제공할 수 있는 것이다. 그러나 사람들이 신앙에 근거한 믿음에 매달리는 데에는 보다 근본적인 이유가 있다. 실증적으로 증명될 수 없는 것이기는 하지만 말이다. 사실 실증적 증명은 종교적 신앙의 지속력과는 아무 관계가 없다. 교의가 신비하면 할수록 믿음은 더욱더 강한 것이 일반적인 현상이다. 대부분의 사람들이 초자연적인 것을 믿는 이유는 죽음의 최종성을 받아들일 수가 없기 때문이다. 이들은 잊혀지고, 무(無)로 돌아가고, 사랑하는 사람을 잃는 것을 두려워한다. 이들은 지구상에서 잠깐 살다 간 수십억 명의 사람들에 대해서 생각한다. 부자와 빈자, 왕과 노예, 유명인과 무명인, 자신들처럼 사랑하고 사랑받고 즐거움과 고통을 느꼈으나 지금은 먼지로밖에 남지 않은 사람들을 생각한다. "그렇단 말이지, 그 다음에는 어떻게 되는 것일까?"라고 궁금해 한다. "우리가 살고 사랑하고 투쟁하고 고통받는 것이 몇 세대도 지나지 않아 잊혀지기 위해서란 말이야? 우리가 사는 날은 몇십 년이 되지 않고 그 세월이 반드시 즐거운 것도 아닌데, 그토록 힘껏 무엇인가를 하는 것이 무슨 의미가 있지? 삶은 무의미한 것일까?"

해답보다 의문이 더 많지만, 사람들은 믿는 쪽을 택한다. 물질과 시간의 한계를 넘어서 자신들을 들어올려준다(휴거[携擧], 공중 들림을 말한다/역주)고 약속하는 신앙에 매달린다. 인간의 이 같은 기본적 욕구를 조롱하는 것은 이 세상 사람들 대다수의 마음속에서 일어나는 일에 대한 놀라운 무지를 드러내는 행위일 뿐이다.

일전에 나는 브라질 중부의 빈곤 지역 출신의 공장 노동자들로 구성된 청중 앞에서 라디오 생중계 인터뷰를 한 적이 있었다. 내가 빅뱅과 우리 우주의 팽창 그리고 창조의 순간을 설명하는 데에 과학이 얼마나 가까이 다가갔는가에 대해서 능숙하게 징광설을 늘어놓고 있는데, 맨 앞줄에서 누군가가 손을 들었다. 온몸이 그리스 범벅이고 나이보다 주름이 많은 듯한 얼굴에 키가 작은 남자였다. 그는 나를 비난하듯이 쳐다보면서 소리쳤다. "당신, 선생, 우리한테서 하느님마저 **빼앗아**가고 싶은 거요?" 나는 전율했다. 그의 목소리가 수십억 명의 목소리라는 사실을 너무나 잘 알고 있었기 때문이다.

종교는 인민의 아편이라는 칼 마르크스의 말은 유명하다. 만일 사람들에게서 종교를 **빼앗아**가고 싶다면, 매우 좋은 다른 아편을 찾아야 할 것이다. 세속적 무신론이 주는 행복감은, 과학의 피할 수 없는 논리와 이성에 대한 모든 호소력에도 불구하고, 많은 사람들에게 영향력을 행사할 수 없다. 적어도 통상적으로 제시되는 방식인, 모든 영성을 배제하는 방식으로는 그렇다. 혼동을 피하기 위해서 "영성(spirituality)"이라는 말의 뜻을 분명히 하고싶다. 내게 이 단어는 물질세계와 반대되는 초자연적인 종교적 차원과 관련되어 있지 않다. 또한 최종 이론을 신봉하며 이를 찾으려고 애쓰는 일부 통일론자들이 느낄지 모르는 정신적 유대와도 무관하다. 자연에 대한 정신적 유대를 제공하는 것은 나의 몸속에 깊게 밴 느낌이다. 내가 정말 실질적인 의미에서 자연의 물질적인 일부라는 느낌, 삶은 우리가 소중히 해야 할 귀한 선물이라는 느낌 말이다.

무신론과 불가지론이 반드시 영성과 양립할 수 없는 것은 아니라고 말한 무신론자들은 많다. 나도 전적으로 이에 공감한다. 하지만 이러한 양립 가능성을 만들고, 그 가능성을 보여주는 것은 쉽지 않다. 일반적인 과학의 엄격한 물질주의의 범위 내에서는 특히 그렇다. 자연은 아름다운 것이며 그 작용을 이해하면 더 높은 수준의 정신적 충족을 얻게 된다고, 이렇게 단순히 말하는 것만으로는 충분하지 못하다. 사물의 자연적 질서 내에서 우리가 차지하는 위치와 과학에 대한 새로운 시각이 있어야만 종교와 무관한 영적 각성에 이를 수 있다.

신앙은 우리의 통제, 예측, 이해의 범위를 벗어난 대상을 다루지 못하는 우리의 무력함에서 비롯된다. 만일 우리가 피와 살에 불과하고 자연 법칙을 따르는 분자들의 집합에 불과하다면, 우리의 선택지는 물질의 운행 법칙대로 죽어서 먼지로 흩어지는 길밖에는 없을 것이다. 이에 비해서 사후의 삶을 믿는 것, 물질주의적 추론이 부과하는 엄격한 한계를 우회할 능력을 갖춘 비물질적 존재를 믿는 것은 얼마나 멋진 일인가. 만일 과학이 고(故) 칼 세이건의 표현대로 "어둠 속의 촛불"로서 우리에게 도움이 되게 하려면, 우리는 이를 새로운 시각으로 바라보아야 한다. 이 방향으로 나아가는 첫 걸음은, 과학의 연구방법이나 과학자들 자신이 그렇듯이, 과학에는 한계가 있다는 사실을 인정하는 것이다. 과학의 인간화는 이러한 방식으로 진행될 것이다. 우리는 연구를 하면 할수록 더욱 신비해 보이는 우주 앞에서 혼란스럽고 길을 잃은 듯한 느낌을 받고 있다는 사실을 고백해야 한다. 주장을 할 때에는 겸손해야 한다. 그 주장을 얼마나 자주 수정해야 하는지 알고 있기 때문이다. 물론 우리는 발견의 기쁨을 함께 나누고 회의(懷疑) 정신의 중요성을 함께 인식해야 한다. 이보다 더욱 중요한 것은 다음과 같은 사실을 명확히 밝히는 일일 것이다. 과학의 계율 깊은 곳에 믿음에 기반한 신화가 흐르고 있으며 과학자들, 심지어 위대한 과학자들조차도 실재에 대한 자신들의 기대와 실재 자체를 혼동할 수 있다는 사실이다. 이것은 이 책에서 내가 펼치는 주장의 핵심이기도 하다. 우리는 케플러나 아인슈타인이 그랬고 지금도 수많은 과학자들이 그렇듯이 "최종 이론의 꿈(dream of a final theory)"을 꾸거나 "조화에 대한 갈망(long for the harmony)"을 가질 수 있다 — 앞의 두 인용은 차례대로 노벨상 수상자인 스티븐 와인버그와 프랭크 윌첵의 책 제목이다. 그러나 만약 자연이 다른 계획을 가진 것으로 보인다면, 이를 못 본 체해서는 안 될 것이다. 그리고 오늘날 우리 손에 있는 구체적인 증거는 다른 계획의 존재를 가리키고 있다.

5
전일성 : 시작

전일성(全一性, oneness), 우리가 감지하는 세계의 다양성 저변에 단순하고 모든 것을 아우르는 실체가 있다는 이 개념의 근원은 일신론 신앙에서 찾을 수 있다. 한 분의 신이 존재하며, 그 분이 모든 것을 창조했다는 것이다.* 만일 만물의 근원이 신이나 신의 초자연적 속성에 있다고 믿으면, 만물은 필연적으로 하나일 수밖에 없게 될 것이다. 즉 지금 존재하는 것이나 앞으로 존재할 것 모두가 단 하나의 근원에서 나오며 그 근원으로 돌아간다. 창조는 신이 자신의 존재를 시간 속에서 드러내는 방식이다. 그 모든 화려함과 비참함, 다양한 형태의 추함과 아름다움이 모두 그렇다. 창조는 시간 속의 신이다.

전일성은 수천 년 동안 우리와 함께한 개념이다. 앞서 내가 파라오 아케나텐을 언급한 것은 우연이 아니었다. 일신론이 언급된 최초의 기록은 그의 치세인 기원전 1350년경에 이루어졌다. 구체적으로는 그 자신이 쓴 "아텐 대찬가

---

* 심지어 다신교 신앙에도 주신(主神, alpha-god)이 있는 것이 보통이다. 고대 그리스에서 제우스는 올림푸스 산의 지배자로서 모든 신들을 통치하는 만능의 존재였다. 힌두교도에게는 브라만이 만물의 본질이자 시간, 물질, 공간의 신성한 기반이며 모든 존재에 대한 창조자이자 파괴자이다. 신이 없는 종교라고 불리는 불교도 크게 다르지 않다. 일부 종파에서 보는 부처의 모습은 불교의 창시자인 고타마 싯다르타의 육체적 죽음을 넘어선, 초월적 속성을 가진 초인간적 존재이다. 대승불교의 핵심 개념인 법신(法身, Dharmakaya)은 만물의 영원한 모습과 우주의 진정한 핵심을 의미한다. 여기서 우리의 관심사항은 세계의 모든 주요 종교에 이런저런 방식으로 존재하는 주신의 개념에 있다.

(*Great Hymn to Aten*)"에 기록되어 있다.

> 유일한 신이시여, 그 같은 분은 어디에도 없도다!
> 뜻대로 세상을 창조하신지라…….

유일신 아텐에 귀의할 것을 권유하는 다른 글귀들에도 같은 언급이 들어 있다. 아케나텐은 자신이 인간과 신을 잇는 유일한 매개자라고 선언했다. 그는 선조들의 신앙을 이단이라고 비난하고 옛 신들의 초상과 조상(彫像)을 파괴하라고 명령했다. 다른 종교에 대한 불관용은 일신교 신앙의 초기 단계에 벌써 나타났다. 인간은 유일신을 선택하면서 다른 모든 신앙을 차별하게 된 것이다. 아케나텐의 영향력이 그의 사후에까지 지속되었는지에 대해서는 학자들 사이에 논란이 있지만, 지그문트 프로이트는 그의 저서 『모세와 일신론(*Moses and Monotheism*)』에서 흥미로운 가능성을 제기했다. 모세는 사실 아텐교의 사제로서 아케나텐 사후에 그의 추종자들과 함께 이집트를 떠나도록 강요당했다는 것이다. 이 같은 주장에 따르면, 일신론적 파라오는 실패했지만 그의 충성스런 사제는 엄청난 성공을 거두었다. 성경에 따르면 심지어 신의 도움을 아주 조금밖에 받지 않았음에도 그랬다.

프로이트식 주장이 가진 역사적 장점을 따져보지 않더라도, 중동 지역 전체에서 여러 종교 사상이 유포되고 서로 혼합되었음은 분명하다. 요르단 펠라믹돌 사원의 옛 기록을 보면, 더 북쪽에서는 일신론이 우세하다고 적혀 있다.[4] 선박의 성능이 좋아지고 더 나은 지상 루트가 개척되면서 교역이 늘어났고, 이에 따라 사람들은 더 많이 여행을 하고 의견을 교환하고 서로에게 배웠다. 그 결과, 일신론 사상들이 지중해를 넘어 더 서쪽으로 퍼져나갔다. 기원전 600년 경에 그리스에서 이러한 종교 사상들이 철학으로 바뀌기 시작했다. 전일성이 서구의 지적 세계를 장악하게 된 지점이다. 이것은 다음 장에서 다룰 것이다.

6
피타고라스 학파의 신화

터키의 연안 도시 밀레투스 출신인 탈레스는 서구 철학의 아버지로 여겨진다. 그의 삶이나 업적에 대해서 알려진 것은 거의 없다. 이는 소크라테스(기원전 469–399년경) 이전이나 그와 엇비슷한 시대의 다른 철학자들과 마찬가지이다. 그러나 구전되는 것들과 그의 사후 몇 세기가 지난 다음에 쓰여진 문서들에서, 특히 아리스토텔레스와 로마의 역사가 디오게네스 라에르티오스(기원후 200년경)가 쓴 문서들에서 세계에 대한 과학적 설명을 처음 제시한 명예를 그에게 돌리고 있다. "만물은 단 하나의 물질로 이루어져 있다." 탈레스는 모든 존재의 배후에 이들을 통일하는 물질 원리가 있다고 믿었다. 창조와 파괴를 영원히 반복하는 자연의 안무 속에서, 만물은 이 물질로부터 태어나고 이 물질로 되돌아간다. 고대의 그리스 자연철학은 그 시작부터 전일성에 매여 있었다.

탈레스에게 세상의 물질적 실체는 물이었다. 끊임없이 변화하고 모습을 바꾸면서도 정체성을 유지할 수 있는 것으로 보아서 틀림없었다. 물질세계는 변화하지만 그 변화 속에는 영속성이 존재한다는 것이 그의 사상의 핵심이었다. 이오니아 학파(the Ionians)로 불리는 탈레스의 추종자들은 심지어 다른 물질적 실체를 선택하는 경우에도 창시자의 지극히 중요한 통일 원리를 지켰다. 예를 들면 아낙시메네스는 공기를 제안했다.

철학적 전통과 함께 태어난, 자연의 통일 원리로서의 전일성 개념은 이후에 여러 세기에 걸쳐 다양한 모습을 띠면서 수많은 이형(異形)을 낳게 된다. 이 같은 "이오니아 학파의 마법(Ionian Enchantment)" — 과학사가 제럴드 홀턴은 과학에서의 통일성 추구를 이같이 표현했다[5] — 은 오늘날의 현대 과학 사상 속에도 과거와 다름없이 존재하고 있다. 이사야 벌린은 자신의 에세이 "논리적 해석(Logical Translation)"에서 물질세계의 통일적 설명을 추구하는 것을 "이오니아 학파의 오류(Ionian Fallacy)"라고 표현했다. "'모든 것은……으로 구성되어 있다', '만물은……', '어떤 것도 결코……' 등의 형식을 가진 문장은 그것이 실증적인 것이 아닌 한, 아무런 뜻도 가질 수 없다. 왜냐하면 의미 있는 부정이나 의심이 불가능한 명제는 우리에게 아무런 정보도 제공하지 못하기 때문이다."[6] 이 책의 목표 중의 하나는 이 같은 통일성 마법의 오류를 폭로하는 데에 있다.

탈레스로부터 몇십 년 후에 피타고라스는 일종의 수학적 신비주의와 이오니아 학파의 전일성 개념을 결합해서 매우 영향력이 큰 세계관을 만들어냈다. 자연의 본질은 수학적 대칭성을 가지고 있으며 따라서 완전하다는 인식, 물리 이론의 통일을 향한 꿈의 근저에 있는 이 인식이 바로 피타고라스의 유산이다. 이 학파에게 자연의 비밀을 해독하는 일은 세계의 혼란스런 다양성의 배후, 실재(實在)의 깊은 층위 속에 숨겨져 있는 대칭성을 찾아내는 일이었다. 피타고라스의 사상에 깊은 영향을 받은 플라톤이 주장했듯이, 우리가 보고 듣는 세계는 왜곡되어 있다. 오직 사상과 아이디어를 통해서만 실재의 진정한 핵심을 발견할 수 있다. 그 핵심은 수학의 언어와 수학적 관계로 쓰여 있다. 유일하게 완전한 원은 마음속에 존재하는 원이라는 개념이 이를 대변한다. 1950년에 노벨 문학상을 받은 철학자이자 수학자인 버트런드 러셀은 자신의 고전적인 저서 『서양 철학사(*History of Western Philosophy*)』(1946)에서 다음과 같이 썼다. "피타고라스는……지성이라는 측면에서 볼 때, 역사상 가장 중요한 인물들 중의 한 사람이다. 그가 현명했을 때나 그렇지 못했을 때나 모두 그렇다."

현대 학자들은 아마도 피타고라스가 자신의 이름이 붙은 정리를 증명하거나 이와 관련된 수학적 증명 도구를 개발한 일은 결코 없었을 것이라고 주장한다.[7] 그의 공로인 것처럼 되어 있는 것들 중에서 상당수가 추종자들의 작품이거나 플라톤의 문하생인 스페우시포스와 크세노크라테스가 공들여서 위조한 것이라는 이야기이다. 이들은 피타고라스의 전설적인 권위를 빌어서 플라톤 철학의 좀더 수학적인 측면을 옹호하려 했다고 한다. 꾸며낸 피타고라스 이야기는 플로티노스를 비롯한 중세 초기의 신(新)플라톤주의자들에 의해서 더욱 부풀려졌고, 르네상스 시대에도 같은 일이 되풀이되었다. 이들 모두가 신에 대한 인간의 신비한 경험을 수학에 연결시키려고 애썼다.

그럼에도 불구하고 그리스 로마 시대 이래로 피타고라스의 신화는 자연의 숨겨진 코드를 찾는 사람들의 꿈에 자양분을 제공했다. 이오니아 학파가 모든 실재의 핵심을 특정한 종류의 물질로 돌렸던 것과는 달리, 피라고라스 학파는 수(數)를 자연의 핵심에 이르는 열쇠로 보았다.

일단 창조를 이성적인 신의 작품이라고 믿으면, 수학이 창조의 비밀을 풀고 조물주와 하나가 되는 열쇠가 된다. 신화적인 피타고라스는 이 같은 하나됨을 이룩한 인물이자 초인적 업적을 성취한 신인(神人)이었고, 우리가 그렇게 되기를 열망해야 할 철학자-성인이었다. 피타고라스의 정리, 조화음과 정수 간의 관계 등 그에게 영광이 돌려진 발견들은 신의 마음을 직접 꿰뚫어본 것이었다. 천체가 천상의 균형 잡힌 원형 궤도를 돌면서 지구를 재빨리 지나칠 때 나오는 협화음, 즉 천체의 하모니를 들을 수 있었던 인물은 이 그리스 현자뿐이었다. 피타고라스(혹은 그의 추종자들)는 정수와 조화음과의 수학적 관계는 지구와 천체들 간의 거리 사이에서도 성립할 것이라고 주장했다. 그러므로 기타의 두 줄을 한쪽이 다른 쪽의 2배 길이가 되도록 하면 2 : 1의 비율이 성립하고, 이두 줄을 함께 쳤을 때 조화롭게 1옥타브 차이가 나는 협화음이 나올 것이다.

이와 마찬가지로 토성은 목성보다 약 2배 멀리 떨어져 있으므로, 둘 사이의 거리의 비율은 2 : 1이 된다.*

피타고라스 학파(the Pythagoreans)는 숫자는 자연을 통합하며 인간의 이성은 숫자들 사이의 관계를 해석하고 이해하는 비범한 능력이 있으므로 자연의 숨겨진 코드를 해독할 수 있다고 생각했다. 신화의 힘은 그것의 옳고 그름에서가 아니라 그것이 신봉된다는 데에서 나온다는 점을 상기하자. 이렇게 보면 우리의 관심을 끄는 것은 피타고라스가 했거나 하지 않은 일보다는 피타고라스 신화의 유산이다. 상상력이 축적된 결과, 피타고라스 학파의 수학적 신비주의(mathematical mysticism)는 인간의 이성과 신의 지성 사이를 연결하는 다리가 되었다. 르네상스 후기에 이 다리는 우주의 위아래를 바꾼 인물의 업적에 영감을 불어넣었다.

---

* 현대의 수치로 살펴보면 토성과 태양의 평균 거리는 14억2,700만 킬로미터이고, 목성과 태양의 평균 거리는 7억7,800만 킬로미터이다. 둘 사이의 비율은 1.83 : 1이니 2 : 1의 비율과 그리 크게 다르지 않다. 그러나 고대인들이 기초로 삼은 숫자는 당시 측정할 수 없었던 지구로부터의 거리가 아니라 천체가 궤도를 한 바퀴 도는 기간이었다. 이 경우에 결과는 조금 더 나빠진다. 토성의 궤도 주기는 29년이고 목성의 주기는 12년이니 양자의 비율은 2.4 : 1이다.

7
플라톤의 꿈을 실현하기

1543년 5월 24일에 사망한 니콜라우스 코페르니쿠스는 이날 병석에서 마침내 천문학에 대한 자신의 필생의 업적을 요약한 저서 『천체의 회전에 관하여(*De revolutionibus orbium coelestium*)』를 받았다. 이 날은 그의 일생에서 가장 행복한 날이 되었어야 마땅하지만, 실상은 참을 수 없이 비극적인 날이 되었다. 지난 40년간 그는 하늘에 대해서 모두가 잘못 알고 있다고 조용히 확신하고 있었다. 문자 그대로 모든 사람이 그랬다. 바빌로니아인에서부터 아리스토텔레스까지, 위대한 프톨레마이오스에서부터 그리스 지성의 불길을 중세 암흑시대를 넘어서까지 보존해온 무슬림 천문학자들까지, 현명한 자와 무식한 자 모두가 잘못 알고 있었다. 당시까지 인기가 높았던 것은 태양과 달, 행성과 별이 지구를 중심으로 깔끔한 동심원을 그리며 회전하는 양파 구조의 우주론이었다. 코페르니쿠스는 지구가 우주의 중심도 아니고 창조의 중심축도 아님을 알아차렸다. 즉 지구는 우주의 또 하나의 방랑자, 빛의 근원인 태양을 중심으로 다른 행성들과 함께 나선 운동을 하는 천체에 불과했다. 지난 4,000년간 세계 전체가 거짓 속에서 살았던 것이다.

우리의 시각이 지구를 기반으로 하고 있기 때문에, 우리는 하늘이 우리 주위를 도는 것으로 인식한다. 고대인들이 이와 다르게 생각하지 못했다고 그것을 비난해서는 안 된다. 예나 지금이나 우리가 보고 측정할 수 있는 것이 세계에 대한 우리의 관점을 결정하는 법이다. 상상력이 갑자기 빠르게 발전해서 실재를 파악할 가능성을 확장할 수는 있겠지만 아이디어는 확증되지 않는 한 단지 아이디어로 남을 뿐이다. 그리고 우리는—놀라운 측정 장치를 가지고 있음에도 불구하고—결코 세계에 대한 완전한 정보를 얻을 수 없기 때문에, 실재에 대한 우리의 견해는 언제까지나 한정된 것일 수밖에 없다. 앞으로도 우리는 어항 안에 든 물고기와 같은 상태일 것이다. 설사 우리의 어항이 쉬지 않고 커진다고 해도 그렇다.

코페르니쿠스는 지구 중심 모형에 대안을 제시했던 폰투스의 헤라클레이데스나 사모스의 아리스타르코스와 같은 소수의 용감한 그리스인들에 대해서 알고 있었다. 그는 또한 이들의 사상이 당대에 아리스토텔레스 학파의 맹공격에 버티지 못했으며, 그로부터 1,500년간 기독교 신학이 지구를 창조의 정중앙에 못박아온 이후인 자신의 시대에는 상황이 더욱 어려울 것임을 알고 있었다. 코페르니쿠스가 세상을 향해서 기존의 오류를 지적하고 비판할 용기를 내기까지 그토록 오랜 세월이 걸린 것은 놀랄 일이 아니다. 걸려 있는 이해관계가 정말 너무나 컸기 때문이다. 다른 우주론이라는 것은 다른 세계관을 의미했다. 다른 세계관이라는 것은 우주에서 인간이 차지하는 위치가 달라진다는 것, 우리의 정체(正體)와 우리 삶의 목적에 대해서 다르게 설명해야 한다는 것을 의미했다. 만일 우리가 천지창조의 중심이 아니라면, 그래도 우리는 신의 선택을 받은 것일까? 만일 지구가 그저 하나의 행성에 불과하다면, 다른 행성들에도 사람들이 존재할까? 그들도 역시 구원을 필요로 할까? 구원의 주체는 우리의 예수님일까, 아니면 그들의 신일까? 우리의 천국은 그들의 천국과 같은 곳일까?

더 복잡한 문제는 코페르니쿠스가 자신의 이론을 뒷받침할 물리학을 가지고 있지 못하다는 점이었다. 태양 주위를 한 바퀴 공전하는 데에 걸리는 시간 순으로 행성을 배열하면 사태가 엄청나게 단순해지고 당시 르네상스 시대 사람들 사이에서 크게 유행하던 심미적 미감도 커지는 것이 사실이었다. 속도가 가장 빠른 수성은 태양에 가장 가까워야 했다. 공전 주기가 3개월밖에 되지 않으니까 말이다. 주기가 8개월인 금성은 두 번째여야 했고, 주기가 1년인 지구는 세 번째, 그 다음은 화성이어야 했다. 거대한 크기의 목성과 토성은 주기가 각각 12년, 29년이니까 그 다음 자리를 차지해야 했다. 이렇게 해서 행성의 6중주가 완성된다. 그러나 미학 하나만으로 다른 사람들을 충분히 확신시킬 수 있는 강력한 이유라고 할 수 있을까?

코페르니쿠스는 스스로의 모형이 완전한 것과는 거리가 멀다는 것을 인식하고 있었다. 첫째, 행성의 위치에 대한 그의 예측은 약 13세기 전에 프톨레마이오스가 주전원(周轉圓, 큰 원의 원주 위에 중심을 두고 운동하는 작은 원이다/역주)의 정교한 안무를 통해서 달성한 것보다 나을 것이 없었다.* 실용적인 관점에서 볼 때 중요한 것은 정확한 예측이었다. 그래야 천문 예보의 질을 높이는 데에 도움이 되기 때문이다. 행성의 미래 위치를 더 정확하게 알 수 있으면 예보도 더 정확해진다. 책력을 만드는 것과 마찬가지로 이는 시간과 관련한 시험대였다. 둘째, 코페르니쿠스는 자신의 태양 중심 모형을 정당화할 수 있는, 아리스토텔레스의 직관적 물리학에 대한 대안 이론을 제시할 수 없었다. 만일 지구가 중심이 아니라면, 물건들이 땅으로 떨어지는 이유는 무엇일까? 달이 태양이나 다른 행성이 아니라 지구 주위를 도는 이유는 무엇일까? 지구

---

* 코페르니쿠스가 주전원을 없앤 것은 아니다. 그는 원형 궤도를 실제 천문 관측과 양립시키려고 했기 때문에 주전원은 그의 모형에서 여전히 주요한 한 측면을 차지했다. 코페르니쿠스를 비롯해서 여러 사람들이 직면했던 문제는 가끔 이상한 경로로 하늘을 운행하는 행성의 궤도를 오직 원만을 사용해서 모방해야 한다는 것이었다. 주전원은 대원(大圓, great circle)에 부착된 상상의 원에 불과하다. 주전원이 회전하면 회전식 관람차를 탄 사람처럼 행성도 그에 따라서 회전했다. 여기에 추가되는 것은 그 사람의 좌석(주전원)도 역시 회전할 수 있다는 점이다. 대원(회전식 관람차)과 주전원(탑승객의 좌석)의 회전 운동을 결합하면 정교한 고리를 만들 수 있었다(탑승객의 머리가 그리는 궤적). 프톨레마이오스는 주전원을 사용해서 행성의 위치를 하늘의 보름달 크기 정도의 정확도(예측된 위치의 범위가 보름달 크기라는 뜻이다/역주)로 예측할 수 있었다. 이는 놀라운 업적이다.

의 자전 역시 문제가 되었다. 그것이 사실이라면 공중에 떠 있는 구름이나 새들은 뒤쪽에 남겨져야 하지 않을까? 셋째, 당시의 관측에 따르면 천체는 전혀 변화하지 않는 것처럼 보였다. 이것은 지구를 구성하는 흙과 물, 공기와 불이 세계의 물질적 변화를 일으키는 것과 대조되는 현상이었다. 게다가 천체들은 스스로 빛을 내는 것처럼 보였다. 아리스토텔레스가 이것들은 지구에 있는 것과는 다른 종류의 물질, 영원히 빛을 내는 제5원소로 이루어진 것이 분명하다고 했던 것은 대단히 이치에 닿는 것이었다. 코페르니쿠스는 자신의 저서 『천체의 회전에 관하여』에서 실제로 아리스토텔레스 물리학을 일부 비판했다. 하지만 그는 새로운 물리학의 이론적 틀을 제시하지 못했고, 자신의 새로운 우주 모형을 주로 미학적인 장점에 의존해서 정당화했다.

아마도 코페르니쿠스가 태양 중심 모형의 공개를 꺼린 이유는 프톨레마이오스의 모형보다 더 정확한 예측을 내놓지 못한데다 물리학적 근거도 없었기 때문일 것이다. 그는 그의 모형을 공개하면서 단언했다. 정확한 예측과 새로운 물리학이 중요한 것은 사실이지만, 자신을 움직인 주요 동기는 아니라고 말이다. 코페르니쿠스가 골몰했던 것은 플라톤의 꿈을 이룩하는 것이었다. 즉 그가 마음속에 그린 것은 심판의 날이 올 때까지 행성들이 일정한 속도의 원형 궤도로 하늘을 가로지르는 우주, 숭고한 단순성과 아름다움을 가진 모형이었다. 신성한 창조주가 세상을 창조하기 위해서 이용한 형태라면 완전히 대칭적인 원 이외에 다른 어떤 것이 있을 수 있겠는가? 행성들이 천공에서 행진하는 방식이라면 질서 있고 안정된 속도 패턴 이외에 다른 어떤 것이 있을 수 있겠는가? 플라톤의 신, 때로 세계를 형성하는 자(Demiurge, 플라톤 철학에서 최고신보다 열등한 조물주이다/역주)라고 불리는 우주의 건축가는 코페르니쿠스의 기독교 신이 되었다. 우주는 신의 정신이 구체화한 것이었고 그러므로 신의 완전성을 반영해야만 했다. "으뜸가는 것 ─ 다시 말해서 우주의 형태와 그 부분들의 불멸의 대칭성 ─ 을 추론하는 것"이 코페르니쿠스가 스스로에게 부여한 사명이었다. 그리스 로마 시대 이래로 미학적인 것과 인간의 종교적 열망 사이에 이보다 더 강력한 다리를 놓으려고 한 사람은 아무도 없었다.

코페르니쿠스는 수십 년간 고민하면서 극소수의 친구들로부터 끊임없는 압박을 받은 끝에, 마침내 불완전한 대로 자신의 제안서를 내놓기로 마음먹었다. 세부적인 문제점이야 나중에 더 나은 관측 결과가 이용 가능해지면 얼마든지 보완할 수 있을 터였다.

인쇄된 책은 너무나 멋졌다. 멋진 삽화가 들어 있는 묵직한 놈이었다. 하지만 거기에는 예상하지 못했던 고약한 글귀가 포함되어 있었다. 그가 쓰지 않은 서문이 삽입된 것이다. 그 위치는 다른 누구도 아닌 교황 바오로 3세에게 바친 그의 진심 어린 헌정사 바로 다음이었다. 헌정사에서 코페르니쿠스는 성경이 천계의 배치를 정당화하는 데에 사용되어서는 안 된다는 자신의 견해를 용기 있게 표현했다. 하지만 바로 그 뒤에 삽입된 글귀는 끔찍했다. 태양 중심 모형이 실재와 부합해서는 안 되고 부합할 필요도 없다는, 코페르니쿠스의 평생 업적을 부인하는 내용이었다. 이 표현은 마치 수천 개의 단검처럼 그의 폐부를 찔렀을 것이 틀림없다. 그리고 그 글귀는 주제넘게도 이 책의 모든 핵심 아이디어는 "사실일 필요가 없고 심지어 사실일 가능성조차 있을 필요가 없는" 가설에 불과하다고 선언했다. 이 글귀에는 서명이 없어서 마치 코페르니쿠스가 쓴 듯한 인상을 주었다. 1609년에 이르러서야 비로소 케플러가 이 글귀의 정확한 필자를 밝혀냈다. 범인은 루터파 신학자인 안드레아스 오지안더였다. 코페르니쿠스의 손이 미치지 않는 곳에서 일어난 일련의 재난 탓에 최종 인쇄의 감독을 맡게 된 인물이었다. 오지안더의 서문에도 불구하고, 이 책은 수많은 유럽의 저명한 사상가들을 매혹시켰다.[8] 이들 중에는 독일의 튀빙겐 루터파 대학교에서 케플러의 스승이었던 미하엘 매스틀린도 있었다.

8
태양이라는 신

피터 쉐퍼의 유명한 연극이자 영화로도 제작된 「아마데우스(*Amadeus*)」를 보면 범재와 천재 간의 충돌, 순응주의와 혁신적 창조성 간의 충돌은 비극적 결과를 빚는다. 좌절하고 자포자기한 안토니오 살리에리가 병약한 모차르트에게 테러를 가해서 그를 사망에 이르도록 만드는 것이다. 살리에리는 모차르트 음악의 불멸의 아름다움을 거듭해서 목격하면서 서서히 마음의 평정이 무너진다. 살리에리는 후원자인 신성로마제국 황제 요제프 2세에게 새로 작곡한 행진곡을 자랑스럽게 바친다. 남을 약 오르게 하는 광소(狂笑)를 잘 터트리는 방종한 젊은이로 그려지는, 모차르트는 이 장면에서 끼어들어서 자신이 살리에리의 행진곡을 연주하겠다고 제안한다. 그는 즉흥연주를 통해서 평범한 멜로디를 아름답게 꾸미고 그것을 예술의 경지로 올려놓아서 모두를 놀라게 한다. 살리에리의 상처 입은 표정은 그의 절망을 반영한다. 신은 왜 저런 무능한 얼간이에게 천상의 재능을 내리고 신의 독실한 종인 나에게는 잊혀질 재능만을 주셨단 말인가? 사라지고 잊혀지리라는 두려움은 살리에리의 뇌리를 떠나지 않았고, 이것이 그의 성격을 특징지었다. 침울한 매스틀린은 가장 불운했던 시절에 이와 똑같은 두려움의 희생자가 된 것이 틀림없다.

열일곱 살의 케플러가 매스틀린의 천문학 강의를 듣게 된 1589년은 루터파 내에서 코페르니쿠스주의는 입에 담을 수도 없었던 해였다. 이에 앞서 마틴 루터는 태양 중심 우주를 멍청한 이단이라고, 심지어 가톨릭 교회보다 더욱 격렬하게 비난했다. 대결을 원하지 않았던 매스틀린은 코페르니쿠스나 태양 중심 천문학에 대한 옹호론 혹은 지동설이 전혀 언급되어 있지 않은 천문학 교재를 썼다. 하지만 그는 1577년에 대혜성의 운동을 측정해서 그 위치가 달보다 훨씬 먼 곳이라는 사실 — 천계는 변하지 않는다는 아리스토텔레스의 원칙을 정면으로 부정하는 내용이다 — 을 입증했다. 매스틀린은 스스로를 지적으로 거세한 데에 대한 타협안으로, 최우수 학생들에게 코페르니쿠스와 그의 대안적 아이디어에 관한 이야기를 해주곤 했다. 아마도 그는 은밀히 희망했을 것이다. 학생들 중에서 누군가가 자신에게는 없는 용기를 가지고 새로운 세계관을 앞장서 옹호해줄 것을 말이다. 그러나 매스틀린조차도, 그러한 그의 성의 없는 생각을 케플러가 그토록 엄청나게 완수하리라고는 꿈도 꾸지 못했을 것이다.

몇 해 전에 나는 케플러의 생애를 조사하기 위해서 독일과 체코의 프라하를 방문했다. 진실을 밝히기 위해서 외롭게 투쟁하는 영웅의 전형을 그처럼 극적으로 보여준 과학자 — 심지어 갈릴레오가 이단심문에서 벌인 대결을 포함해도 — 는 역사상 아무도 없었다. 나는 케플러의 힘, 진리를 밝히려는 필생의 탐구, 전일성에 대한 그의 믿음이 어디에서 나온 것인지를 이해하고 싶었다. 이 조사가 나의 세계관을 크게 수정하는 계기가 되리라고는 전혀 예상하지 못했다.

케플러의 생애는 끊임없는 비극의 연속이었지만, 때때로 신성한 계시를 받는 순간이 있었다. 그의 아버지는 용병이었고, 어머니는 마녀로 몰려 화형을 당할 뻔할 정도로 히스테리가 심한 여성이었다. 그는 중부 유럽의 이곳저곳으로 옮겨다니며 살 수밖에 없었다. 나중에 30년 전쟁으로 이어진 가톨릭과 신교 간의 야만적 대립의 여파였다. 병마와 끔찍한 감정적 상실에 시달리던 케플러는 가장 충직한 피타고라스 학파로서 우주의 질서에 대한 탐구에 거의 필사적인 정열을 가지고 매달렸다.

내가 탄 기차가 케플러의 출생지인 바일 데어 슈타트에 도착한 것은 10월 중

순으로, 태양이 놀라울 정도로 환하게 비치던 날이었다. 요새화된 돌벽과 여기 저기 서 있는 전망탑 때문에 이 작은 마을은 실제보다 강해 보이고 싶어하는 아이 같다는 인상을 주었다. 좁은 골목으로 연결된 집들은 기하학적으로 배치된 채색이 선명한 목재로 장식되어 있었다. 전형적인 바이에른 양식이었다. 나는 역에서 호텔까지 걸어가면서 케플러가 옆에 있는 듯한 느낌을 받았다. 자동차와 전선, 머리를 물들이고 입술에 피어싱을 한 10대들을 제외하면 지금이 21세기라는 것을 잊기 쉬운 곳이었다. 나는 갈망을 담아 주위를 돌아보았다. 케플러가 400년 전에 바로 이 거리를 걸었고, 당시는 바일의 중앙 광장인 마르크트 플라츠에서 마녀들이 화형을 당하던 시대라는 것을 알고 있었기 때문이었다.

매력적인 크로네 포스트 호텔에 도착한 나는 광장이 보이는 방을 요구했다. 창문을 열자, 케플러가 바로 거기에 서서 나를 똑바로 쳐다보고 있었다. 그의 거대한 조상(彫像)이 광장을 굽어보는 모습은 이곳이 케플러의 고향 마을이라는 것을 확신하게 했다. 평화롭게 앉아 있는 그는 무엇인가를 안다는 듯한 눈빛을 하고 왼손에는 원고, 오른손에는 컴퍼스를 들고 있었다. 원고는 아마도 천문학을 재정립한 그의 『신 천문학(Astronomia Nova)』일 터였다. 팔각형의 좌대 측면에 뚫린 공간에는 다른 저명한 물리학자들의 조상이 있었다. 그중에는 튀코 브라헤의 조상도 있었다. 천문학의 왕자인 이 덴마크인의 정밀한 측정은 케플러가 코페르니쿠스 혁명의 힘을 완벽하게 발휘할 수 있도록 하는 실탄을 제공했다. 물론 케플러의 스승 미하엘 매스틀린의 조상도 있었다. 튀코가 도전적으로 하늘을 쳐다보는 거만한 자세를 취하고 있는 데에 반해서 우울한 분위기의 매스틀린은 입고 있는 기다란 옷자락을 꽉 움켜쥐고 있어서 마치 그 아래의 어떤 것을 감추려는 듯이 보였다. 조상들은 그들의 개성을 그보다 잘 나타낼 수 없을 정도로 잘 표현하고 있었다.

나는 경외심을 담아 조상들을 둘러본 뒤에 광장을 건너서 지금은 기념관이 된 케플러의 생가로 향했다. 원래의 집은 1648년에 화재로 무너졌지만, 원형에 충실하게 재건축된 것을 확신할 수 있었다. 기념관 관리인 프라우 그나드와 접수계원이 나를 뜨겁게 환영했다. 내가 케플러의 생애를 조사하는 미국인 물리학자라고 소개하자 그녀는 눈을 둥그렇게 떴다. 그녀는 모든 방으로 나를 데리고 갔다. 그 하이라이트는 욕실이었다. 거기 있는 욕조는 케플러가 한번도 사용하지 않은 것임이 분명했다(그는 평생 목욕을 한 차례밖에 하지 않은 것으로 전해진다. 그는 그 한 차례의 목욕 때문에 병에 걸렸다고 불평했다). 이어서 그녀는 나에게 우주의 신비(Mysterium Cosmographicum)의 청동 모형을 보여주었다.

이것은 하나의 틀로서 우주를 통일해서 나타내려고 한 케플러의 놀라운 시도의 결과물이다. 5개의 기하학적 구조물이 반구의 공간 속에 기묘하게 들어차 있는 이 모형은 태양계의 구조를 나타낸다. 나는 이것을 그림으로는 본 적이 있었지만, 3차원으로 된 실물은 처음이었다. 케플러가 창조의 청사진, 신의 마음에 대한 스냅 사진이라고 믿었던 것이 거기에 있었다. 내가 거의 황홀경에 빠지자 관리인은 나를 방해하지 않으려고 조용히 자리를 비켜주었다.

케플러는 여전히 튀빙겐에 머물면서 코페르니쿠스적 대의를 신앙심이라고 할 만한 열정을 가지고 받아들였다. 그는 코페르니쿠스가 빠트린 곳을 채우면서 태양 중심 우주야말로 신의 작품이라는 것을 점점 확신하게 되었다. 그러므로 그것은 정확한 균형을 갖추고 인간을 넘어선 아름다움을 가지고 있어야 했다. 그는 새로운 천문학 모형을 삼위일체와 관련시키는 데까지 나아갔다. 중심에는 태양, 즉 하느님이 계셔서 창조의 빛을 모든 방향으로 비추고 있다. 우주의 경계선에서 별들을 담고 있는 외부 공간은 성자(聖子, 예수 그리스도)였다. 그리고 성부(聖父, 하느님)와 성자를 연결하는, 빛이 퍼져나가는 나머지 우주 공간 전체는 성령(聖靈)이었다. 케플러는 빛나는 통찰력을 발휘했다. 그는 행성들이 궤도를 돌게 하는 힘은 태양 빛에서 나온다고 보고, 이를 "움직임을 주는 영혼(moving soul[anima motrix], 그냥 '신비한 힘'으로 표현하기도 한다/

역주)"이라고 불렀다. 멀리 있는 행성은 힘을 약하게 받으므로 움직임도 더 느릴 것이었다. 햇빛이 해답은 아니었다고 할지라도, 천문학 역사상 처음으로 누군가가 태양과 행성 사이의 상호작용이 태양계의 운행을 설명해준다고 제안한 것이다. 우주를 지탱하는 것은 여러 개의 수정구가 아니라 힘(force)이었다.

단테의 『신곡(*Divine Comedy*)』에 그토록 생생하게 적용된 아리스토텔레스의 지구 중심 우주로부터 많은 발전이 이루어진 것이다. 천문학과 신학은 새로이 결혼식을 올릴 준비가 되어 있었다. 케플러는 코페르니쿠스의 과제에 대한 해답, 우주의 신비에 대한 해답을 정력적으로 탐구했다. 그 과제란 "으뜸가는 것 — 다시 말해서 우주의 형태와 그 부분들의 불멸의 대칭성 — 을 추론하는 것"이었다.

케플러의 혁신적 아이디어가 튀빙겐의 보수적인 교수들을 불편하게 만든 것은 놀랄 일이 아니다. 매스틀린이 처음 붙인 불은 그의 통제를 벗어나서 빠르게 번져나갔다. 그는 마음속으로는 은밀히 제자의 이론을 받아들였지만, 그 천재성에 점차 질투심이 생긴데다 천문학계의 현상 유지에도 집착하는 모순된 마음을 가지고 있었다. 이러한 이유로 매스틀린과 그의 동료들은 젊은 말썽꾼을 침묵시킬 농간을 꾸몄다. 졸업을 불과 몇 개월 앞둔 케플러는 먼 지방인 그라츠의 루터파 학교로 보내져서 수학을 가르치게 되었다. 케플러는 낙담했다. 그토록 존경했던 스승들이 목회자가 되겠다는 필생의 꿈을 산산이 부숴버린 탓이었다. [9] 하지만 교수들의 술책은 극적인 실패로 귀결되었다. 미래를 다시 생각해보아야 하는 처지가 된 케플러가 새로운 천직을 찾아낸 것이다. 만일 성직으로 하느님께 봉사할 수 없다면, 천문학을 통해서 자연의 숨겨진 코드를 밝혀내 하느님께 봉사하겠다고 결심한 것이다. 이는 그가 매스틀린에게 보낸 편지를 통해서 알 수 있다. "저는 신학자가 되려고 오랫동안 고민했습니다. 하지만 이제는 천문학에서 제가 하는 일을 통해서도 하느님을 찬미할 수 있다는 것을 알게 되었습니다."

9
우주의 열쇠를 마음속에 가지는 것……

케플러는 조용한 수업시간에 학생들에게 천문학 강의를 하던 중에 자신의 삶을 바꾸게 될 통찰력을 떠올리게 되었다. 목성과 토성의 운행에 대해서 논의하던 그는 행성 간의 거리가 그러한 것이 우연일 리가 없다는 사실을 깨달았던 것이다. 진정한 피타고라스 방식의 깨달음이었다. 신이 정말로 우주를 설계했다면 — 케플러는 이를 확신했다 — 모든 것에는 합리적인 설명이 존재해야 했다. 행성은 왜 6개뿐인가? 왜 3개나 25개는 아닌가? 행성들과 태양 간의 상대적인 거리는 어떻게 설정되었는가?* 해답은 기하학 속에 숨겨져 있어야 했다.

여러 날을 계속 탐구한 케플러는 점점 좌절과 절망을 느끼기 시작했다. 그러다가 갑자기 계시가 떠올랐고 모든 것을 이해할 수 있게 되었다. 우주의 구조는 정말로 기하학에 의해서 결정되는 것이었다. 3차원 정다면체, 즉 플라톤 다면체는 5개밖에 없었다. 정육면체, 정사면체(피라미드), 정팔면체, 정십이면체, 정이십면체가 그것이다. 동일한 2차원 도형만을 이어 붙여서 만들 수 있는 다면체는 이것이 전부이다. 케플러의 통찰력 속에서 이들 5개의 다면체는 마치 3차원 퍼즐처럼 각기 차례차례 다른 것의 안에 넣을 수 있었다. 각 다면체의 사이에는 상상의 구면 껍질이 있어서 천체가 운행하는 지역을 가리키게 된다. 5개의

---

* 케플러의 시대에 천왕성과 해왕성은 발견되지 않았다는 점을 상기하라.

다면체 사이에는 6개의 구면 껍질, 즉 6개의 행성을 넣을 수 있다. 즉 태양-구면 껍질(수성)-다면체-구면 껍질(금성)-다면체-구면 껍질(지구)-다면체-구면 껍질(화성)-다면체-구면 껍질(목성)-다면체-구면 껍질(토성)인 것이다. 게다가 다면체들이 구면 껍질 안에 꼭 맞아들어가게 하려다 보니 구면 껍질 상호 간의 거리는 기하학에 의해서 결정되었다. 다면체들의 배열을 한동안 만지작거리던 케플러는 놀라지 않을 수 없었다. 다면체 상호 간의 거리가 당시 알려진 행성 간의 거리와 놀라울 정도로 들어맞았던 것이다.[10]

케플러는 모든 시대를 통틀어서 가장 중요한 천문학의 수수께끼를 단숨에 "해결했다." 행성이 6개밖에 존재하지 않는 이유뿐만 아니라 이들과 태양과의 거리까지 선험적으로 설명한 것이다. 케플러의 체계는 엄청난 매력이 있다. 즉 오직 기하학만이 우주의 청사진을 결정하는 것이다. 창조의 비밀에 대한 해답은 단 하나뿐이고 그것은 하느님의 완전성에 부합하는, 가능한 최대의 대칭성을 가지고 있다.

이 같은 발견이 케플러의 정신세계에 주었을 폭발적인 충격의 크기는 상상만 해볼 수 있을 따름이다. 그는 마음속에 우주의 열쇠를 가지고 있었다……. 그는 스물여섯 살의 나이에 아무도 이룩하지 못했던 일을 자신이 성취해냈다고 믿었다. 천지 창조 내부의 성소(聖所), 하느님의 마음을 힐끗 들여다본 것이다. 심지어 매스틀린조차도 우주에 대한 케플러의 선험적인 기하학적 해석에 감명을 받았다. 그는 제자가 『우주의 신비(*The Mysterium Cosmographicum*)』를 출간할 수 있도록 도왔고, 그 책은 1596년에 나왔다.

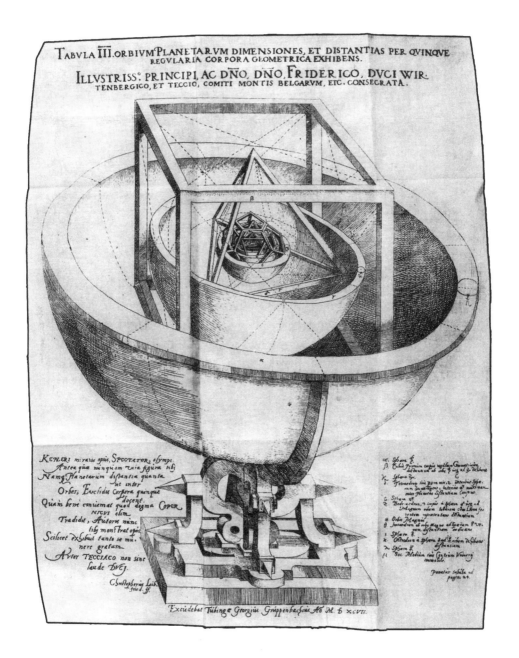

케플러의 우주의 신비(Mysterium Cosmographicum)

10
케플러의 실수

나는 한걸음 물러섰다. 내 앞에 있는 것은 한 명석한 인물이 반쯤 완성시킨 최종 이론의 꿈, 우주의 구조에 대한 선험적인 기하학적 해석이었다. 그 질서와 대칭성, 정확한 비율 모두가 하느님의 마음의 영광을 반영하고 있었다. 이 같은 기하학적 우주에 대한 비전은 케플러와 평생 함께할 것이었다. 심지어 그가 행성의 운행 궤도가 원이 아니라 타원이라는 것을 발견함으로써 천문학을 영원히 변화시킨 다음에까지도 말이다. 1621년에 케플러는『우주의 신비』개정판을 내면서 주해를 덧붙였다. 이제 원숙한 천문학자가 된 그는 과거 어느 때보다 깊게 다음과 같은 확신을 하고 있었다. "하느님이 천체의 서열을 결정하실 때" 그 분은 마음속으로 "피타고라스와 플라톤의 시대 이래로 오늘날에 이르기까지 그토록 커다란 명예를 누려왔던 5개의 정다면체"를 염두에 두셨다. 그는 죽을 때까지 피타고라스의 꿈에 매달렸다. 우주의 조화에 대한 탐구는 그의 삶이었다.

그토록 틀린 견해를 가진 사람이 어떻게 그토록 자신이 옳다고 완전히 확신할 수 있었을까? 우리는 케플러의 실수에서 많은 것을 배워야 한다. 사실을 모두 알고 있는 지금의 우리가 그의 체계를 조롱하기는 쉬운 일이다. 무엇보다, 태양계의 행성은 6개가 아니라 8개이다.* 만일 행성을 육안으로 볼 수 있었

---

* 최근에 태양계 행성의 숫자는 9개에서 8개로 줄어들었다. "명왕성"이 행성에서 소행성 ― 거의 구체를 이룰 만큼의 자체 중력을 가진 왜소한 행성 ― 으로 강등된 것은 과학이 진화하는 속

다면, 그는 자신의 우주 모형을 제시하지 않았을 것이고 그의 직업도 달라졌을 것이다. 케플러의 맹목성은 그에게 축복이 되었다. 그는 자신이 이용할 수 있었던 자료를 가지고 우주 모형을 구축했다. 우리 자신을 포함해서 어느 시대의 사람이라도, 그것이 누군가가 할 수 있는 최선이다. 우리가 측정할 수 있는 것이 실재에 대한 우리의 관점을 제한하기 마련이다. 케플러의 실수는 실재에 대한 자신의 비전에 실제로 합당하지 않은 최종적 성격을 부여한 데에 있다. 자연의 숨겨진 코드를 힐끗 본 것이 너무나 큰 카타르시스를 준 나머지, 거기에 홀린 그는 자신의 견해가 진리라고 믿게 된 것이다. 케플러의 실수는 최종 이론이라는 것이 불가능하다는 점을 망각한 데에 있다. 우리는 실재의 모든 것을 알 수 없다. 예나 지금이나 맹목적 신념에 의해서 오염된 과학은 우리를 잘못된 길로 이끌어가기 마련이다. 나는 케플러의 창조물을 다시 한번 들여다보았다. 차곡차곡 끼워넣어진 유한한 우주, 질서 있고 정확한 기하학적 꿈이 거기에 있었다. 바로 그 순간, 나는 통일 이론가로서의 나의 시절이 끝났다는 사실을 알았다.

그렇다면 케플러의 성공은 어떻게 설명할 것인가? 그 답은 탐구에 있다. 스스로의 아이디어가 옳다는 믿음은 그것을 추구하기 위한 전제 조건이다. 약속의 땅을 찾기 위해서 노력하면서 그것을 머릿속에 상상하고 새로운 영토의 지도를 마음속에 그려보는 항해자들처럼, 과학자들도 이 같은 노력을 통해서 많은 것들을 성취했다. 환영(幻影)은 먼 곳에 드리워져 있고 우리는 그곳에 닿기 위해서 최선을 다한다. 케플러는 이와 관련해서도 완벽한 사례이다. 케플러는 튀코의 자료를 이용해서 자신의 다면체 가설의 정확도를 향상시키던 중에 현대 천문학의 기초가 된 행성운동의 3대 법칙(the three laws of planetary motion)을 발견했다.* 홀턴의 말을 다시 인용하면 다음과 같다. "지식 체계상

성을 가지고 있다는 사실을 입증한다.

* 행성운동의 제1법칙은 일반적으로 행성의 궤도는 원형이 아니라 타원형이라는 것이다. 제2법

하나의 원대한 구조를 추구하는 것은 예로부터 있었던 꿈이다. 최악의 경우, 이것은 권위주의적 비전을 낳는다. 권위주의적 비전은 그 등가물이 정치에서 위험한 것과 마찬가지로 과학이 결여되어 있다. 최선의 경우, 이러한 비전은 분석적 과학의 단조로운 지평을 넘어서는 웅대한 종합을 향하는 추진력이 된다."[11]

케플러의 종합은 물리적인 추론을 천문학에 도입한 것이었다. 천문학은 이로써 천체의 운행을 단순히 도표로 그리는 영역으로부터 벗어날 수 있었다. 케플러가 『우주의 신비』에서 태양으로부터 방출되는 신비한 힘이 행성의 궤도를 결정한다는 주장을 제시했다는 것은 앞서 설명한 바와 같다. 이 아이디어는 『신 천문학』에서 다듬어졌다. 여기서 케플러는 태양과 행성 사이에 서로 끌어당기는 신비한 힘(anima motrix)이 존재한다고 설명했다. 중력의 존재에 대한 이 같은 어렴풋한 짐작은 나중에 뉴턴이 이를 발전시키는 데에 핵심적인 역할을 했다. 케플러는 예언자처럼 이렇게 썼다. "행성이 물리적 원인에 의해서 운행한다는 점을 전제로 하는 접근법만이 성공할 수 있을 것이다." 설사 우주의 구조에 대한 기하학적 해법을 찾는다는 케플러의 피타고라스적 꿈이 종교 중심의 환상이었다고 할지라도, 그는 그것을 추구하는 과정에서 천체의 행성운동을 기술하는 수학 법칙들을 최초로 발견했다. 대칭성을 그토록 필사적으로 추구하던 사람이 결국 천문학의 중심에서 원을 밀어내지 않을 수 없었다는 것은 아이러니이지만 교훈적이기도 하다. 모든 행성은 각자의 타원 궤도와 각기 다른 이각(離角, 태양과 행성 간의 각[角] 거리)을 가지고 있다. 이각은 행성이 형성된 구체적인 역사 과정의 결과이다. 즉 우주가 완벽한 질서를 갖추었다는

칙은 일정 시간 동안에 태양과 행성을 잇는 가상 선분이 쓸고 지나가는 면적은 항상 일정하다는 것이다. 이는 행성이 태양에 가까이 갈수록 중력 때문에 속도가 빨라지는 데에 따르는 결과이다. 제3법칙은 케플러가 "조화의 법칙"이라고 부른 것인데, 행성의 궤도 주기와 태양으로부터의 거리에 관련된 것이다.

증거는 전혀 될 수가 없다. 불완전성은 정확성을 얻기 위해서, 진실에 가까워지기 위해서, 지불한 대가였다. 오늘날 우리는 케플러의 법칙이 우리 태양계뿐만 아니라 다른 태양계의 운동, 다시 말해서 다른 별 주위를 도는 행성에도 적용된다는 것을 안다. 만일 케플러가 우리 태양계의 행성은 6개가 넘으며 따라서 그의 피타고라스적인 질서가 틀린 것이었다는 사실을 알게 된다면 충격을 받겠지만, 그럼에도 불구하고 그의 법칙이 우주 전역에서 유효하다는 것을 알게 된다면 크게 기뻐할 것임은 의심의 여지가 없다. 이 경우에 그는 "이 법칙들은 창조의 진정한 서명이다"라고 주장할 것이다.

케플러 이후에도 이오니아 학파의 마법은 통일을 향한 꿈을 계속 추구하게 만들었다. 18세기에 주로 뉴턴 역학의 성공 때문에, 행성의 (그리고 다른 많은) 운동은 에너지 및 운동량 보존법칙과 같은 보편적인 물리 법칙의 작용을 반영하는 것으로 보였다. 그 결과, 통일 대상은 기하학에서 자연 법칙으로, 매우 작은 것에서부터 매우 큰 것에 이르기까지 물질이 어떻게 각기 다른 패턴으로 스스로를 조직하는가를 설명하는 지식 체계로 바뀌었다. 하느님은 우주 법칙의 창조자, 과학은 하느님의 법칙을 찾는 학문으로 바뀌었다.

케플러 기념관을 떠날 때, 관리인 프라우 그나드가 나에게 공손히 다가왔다. 그날 밤에 그 지역의 고등학교인 요하네스 케플러 김나지움에서 새 14인치 망원경의 도착을 축하하는 파티가 열린다는 것이었다. 멋진 우연이 아닐 수 없었다.

파티장은 사람들로 꽉 들어찼다. 부모들, 학생들, 선생들, 정치인들 모두가 하늘을 향한 새로운 창문을 축하했다. 그것은 공식 행사였다. 연설은 쓸데없이 길었고 트럼펫과 피아노의 듀오 연주는 천구의 서정적 하모니와는 전혀 다르게 뻣뻣했지만, 그 뒤에는 태양계와 은하에 대한 멋진 강연이 이어졌다. 다음으로 젊은 여성이 아름다운 목소리로 부른 노래는 놀랍게도 인기곡인 "더

로즈(The Rose)"였다. 이는 다음에 이어지는 주된 행사의 서곡이었다. 아리스토텔레스주의자인 케플러와 루터파 신학자 간의 연극적인 대담이 공연되었다. 두 인물은 태양 중심 우주에 대해서 격렬한 찬반 토론을 벌였다. 당연히 케플러가 의기양양한 승리를 거두었지만 토론 과정에서 심한 공격을 받았다. 무대는 급조한 것이었지만, 배우들은 완전한 분장을 갖추고 연기했다. 그들의 목소리가 조용한 밤하늘에 울려 퍼지는 소리를 들으니, 그토록 조화를 추구했던 이 위대한 인물을 위해서 눈물을 흘리지 않을 수 없었다.

제2부
시간의 비대칭성

11
확인된 빅뱅

나의 어머니가 돌아가신 해인 1965년은 물리학자 아노 펜지어스와 로버트 월슨이 자신들의 연구 결과를 출간한 해이기도 했다. 거기에는 우리 우주가 존재 초기에는 매우 뜨겁고 밀도가 높았다는 확실한 증거가 될 내용이 들어 있었다. 당시 여섯 살이던 나는 삶이 갑자기 어둠의 길로 들어설 때라, 우주론이 그때부터 발견의 황금기에 들어서고 있다는 것을 전혀 눈치챌 수가 없었다. 펜지어스와 월슨은 우주가 절대 영도(영하 273.15도)보다 2.73도 높은 온도, 즉 영하 270.42도의 복사(輻射, radiation)로 채워진 거대한 전자레인지라는 사실을 발견했다. 이들이 깜짝 놀란 것은 자신들이 안테나를 통해서 측정한 극초단파(極超短波, 마이크로파[microwave])의 온도 때문이었다. 이론 물리학자들의 예측에 따르면 초기의 뜨거운 빅뱅이 방출한 복사파는 우주가 수십억 년간 팽창하면서 차가워진 후에 일정한 온도가 되는데, 이것이 정확히 자신들이 측정한 온도였기 때문이었다. 정말로 실질적인 의미에서 이들은 빅뱅의 화석을 손에 넣은 것이다.[1]

다른 어떤 모델도 이처럼 광범하게 퍼져 있는 복사파의 존재를 설명할 수 없었다. 빅뱅의 최대 경쟁 상대였던, 우주가 영원하고 불변한다는 정상우주 모형을 포함해서 말이다. 그에 따른 결론은 신화에 버금간다. 즉 인간과 마찬가지로 우리 우주에는 역사가 있다. 탄생하고 팽창했고, 지금도 팽창을 계속하고 있다. 과거에 코페르니쿠스와 케플러가 제시했던 정적인 우주의 시대는 오래 전에 가버렸다. 우주가 팽창한다는 것은 시간의 화살이 존재한다는 것, 우리 우주가 커지면서 시간은 앞쪽으로, 오직 앞쪽으로만 흐른다는 것을 의미한다. 시간은 우리 주변의 변화를 측정하는 도구 이상의 것이 된다. 즉 단호하게 미래를 가리키는 우주적 규범이 된다. 이 명백한 사실이 의미하는 바는 실로 심원하다. 그중에서 시간의 비대칭성은 물질의 기원, 종국적으로는 생명의 원료 자체의 기원을 설명할 틀을 제공한다. 우리는 실로 구체적인 의미에서 자연의 코드에 깊이 새겨진 비대칭성의 산물이다.

12
모래 한 알갱이 속의 세계

내가 운 좋게 배울 수 있었던 많은 스승들 중에서도 특별히 감사해야 할 분은 나에게 전자기학을 가르치신 길슨 카르네이로 교수님이다. 그 분은 브라질 리우데자네이루의 폰티픽 가톨릭 대학교에 재직하셨고, 나는 그곳에서 물리학 학사학위를 받았다. 지혜로운 그 분은 통상적인 숙제나 시험과 별도로 학기말 과제를 부과했다. 학생들은 각자 선택한 주제로 세미나 발표를 해야 했다. 과제의 유일한 제약은 그 주제가 어떻게든 전자기학과 관련되어야 한다는 것이었다. 1980년 당시에 나는 이미 우주론에 큰 관심이 있었다. 사실 나는 제법 오랫동안 우주론에 푹 빠져 있었다. 우주론이 모든 미스터리 중에서도 가장 큰 미스터리, 만물의 기원을 다룬다는 사실을 알게 된 후부터 줄곧 그랬다. 카르네이로 교수님은 나에게 다음과 같이 말씀하셨다. "와인버그가 새로 쓴 책이 있네. 제목은 『최초의 3분(*The First Three Minutes*)』이지. 일반 독자들을 위해서 쓴 것인데, 자네가 원하는 내용이 있다네. 우리 우주가 극초단파 욕조 속에 들어 있는 게 밝혀졌다는 걸세. 전자기 복사의 한 사례지. 읽고 나서 그에 관한 발표를 해보게."

나는 깜짝 놀랐다. 스티븐 와인버그는 바로 그전 해에 자연의 네 가지 힘 중에서 두 가지인 전자기(electromagnetism)와 약한 핵력(weak nuclear force)을 통합하는 업적으로 노벨상을 받은 인물이기 때문이다. 노벨상을 받은 통일론자가 우주론을 설명해주는 것보다 더 영감을 고취하는 일이 있을 수 있을까?

와인버그의 책은 깊은 감동을 주었다. 이 책을 읽자, 내가 우주론 그리고 우주론과 통일 간의 관계를 연구해야 한다는 데에 의심의 여지가 없어졌다. 엄청나게 큰 것의 물리학과 엄청나게 작은 것의 물리학이 깊숙이 얽혀 있다는 인식은 10대 후반의 나에게 넋을 잃을 정도의 영향을 주었다.

빅뱅 모델의 직접적인 결론은 초기 우주가 더 뜨겁고 밀도가 높았다는 것이다. 시간이 시작되던 초기 우주는 크기가 너무 작고 온도가 너무 높았기 때문에 오직 매우 작은 것에 대한 물리학, 입자물리학만이 당시 진행되던 일을 기술할 수 있다. 나의 아버지는 정원을 활보하고 다니실 때 철학적인 분위기를 연출하는 것을 좋아하셨는데, 한번은 나에게 거시세계와 미시세계는 신비한 방식으로 결합되어 있다고 말씀하셨다. "여기 모래 한 알갱이가 보이지? 그 속에 우주가 통째로 들어 있단다!" 아버지는 윌리엄 블레이크의 유명한 시를 알고 계셨던 것일까?

모래 한 알갱이에서 세계를 보고
야생화 한 송이에서 천국을 보려면,
손바닥에는 무한을 쥐고
한 시간 속에 영원을 담으라.

아버지께 하고 싶었던 다른 많은 질문들과 마찬가지로 이 질문 또한 묻지 못한 채로 남았다. 나는 어린아이였을 때부터 언제나 아버지가 옳다고 느꼈다. 이유는 알 수 없지만 그랬다. 이제 나는 안다. 그 해답은 우주론과 입자물리학 간의 공통 영역에 있었다. 우주의 기원과 모든 힘의 통일을 연결시키는 것보다 더 신나는 일이 어디 있겠는가? 자연의 숨겨진 코드를 이보다 더 깊숙이 들여다볼 방법이 어디 있겠는가? 와인버그의 책은 나에게 초기 우주의 물리학이라는 길을 알려주었다. 그것은 나의 소명이었고 나는 준비가 되어 있었다.

13
빛은 신비하게 행동한다

모든 시작은 미약하다. 과학적 깨우침이라는 가파른 산을 오르려면, 전자기파와 우주를 적시고 있는 극초단파에 대해서 배워야 했다. 다음 몇 페이지에 나는 중요한 아이디어 몇 가지를 요약할 것이다. 모두가 우주에 대한 오늘날의 관점을 대변한다.

물리학 입문서에서는 빛이 인간의 눈에 보이는 전자기파(電磁氣波, electro-magnetic wave)라고 가르친다. 곧이어 우리는 또한 광파(光波, light wave)가 보통의 파동과는 매우 다르다는 것을 배운다. 보통의 파동은 물에서 퍼져나가는 파문, 우리가 말을 할 때 생성되는 공기의 압축 등이다. 이들은 무엇인가를 통해서 움직인다. 즉 파동의 전달을 뒷받침하는 매질이 있다. 빛을 포함해서 모든 파동은 공간을 가로질러 에너지(그리고 운동량)를 이동시키는 교란이다. 돌멩이를 수영장에 던지면 그 충격 에너지는 동심원의 물결로 멀리까지 전달된다. 허파에서 목구멍으로 공기를 밀어 올리면, 성대가 이를 조절해서 진동을 만들고, 이것이 고막에서 소리로 감지된다.

1905년에 스물여섯 살의 아인슈타인은 빛 — 보다 일반적으로 말하면 우리 눈에 보이든 보이지 않든 모든 종류의 전자기 복사 — 이 여타 파동과 다르다는 이론을 제시했다. 스위스 베른 시의 특허국에 근무하던 특허심사관이던 그는, 빛이 매질을 필요로 하지 않는 파동이라고 주장했다. 빛은 빈 공간에서 스스로 퍼져나간다는 것이다. 이 같은 제안은 충격 그 자체였다. 그런 것이 어떻게 가능하다는 말인가? 19세기의 위대한 과학자들 가운데에 일부는 빛이 신비한 것으로 악명 높은 매질을 통해서 퍼져나가는 것으로 추측했다. 그 매질은 아리스토텔레스가 말한 자연의 공간을 채우는 물질의 이름에서 영감을 받아서 발광 에테르(luminiferous aether)라고 이름이 붙여졌다. 이것의 유일한 기능은 광파에 물질적 버팀대를 제공하는 데에 있었다. 이 매질은 정말로 괴상한 성질을 가지고 있었다. 즉 아무런 방해도 받지 않고 극도로 빠르게 빛을 전달할 수 있으려면, 쇠보다 100만 배나 더 단단하면서도 액체여야 했다. 또 행성의 궤도를 간섭하지 않으려면, 무게도 마찰도 없어야 했다. 그리고 멀리 있는 별을 우리가 볼 수 있게 하려면, 당연히 투명해야 했다. 이러한 물리적 속성을 마술적으로 결합해서 보유해야 함에도 불구하고, 모든 사람들이 에테르의 존재를 믿었다. 자연이 취할 수 있는 방식들 중에서 유일하게 이치에 닿는 것이 그것이었기 때문이다.

에테르가 전반적으로 받아들여졌다는 것은, 믿고자 하는 의지가 불가능한 것을 가능한 것으로 만드는 일이 종교에서만 일어나는 일이 아니라는 사실을 보여준다. 1887년에 이르자 상황이 아주 나빠졌다. 에테르를 찾으려는 앨버트 마이컬슨과 에드워드 몰리의 실험이 실패했기 때문이다. 아무리 실험을 해도 이 신비한 매질이 탐지되지 않는 이유에 관한 설명이 이것저것 등장한 것은 놀랄 일이 아니다. 에테르는 거기에 존재해야 했다. 자연이 그렇게 비이성적일 수는 없었다. 어쩌면 그럴 수 있을까?

그럴 수 있었다. 베른의 그 젊은 특허심사관, 아인슈타인이 옳았다. 발광 에테르는 존재하지 않았다. 이를 받아들이지 않으려는 사람들의 발버둥이 심하기는 했지만 말이다. 에테르의 종말은 맹목적인 믿음으로 자연이 그들의 기대에 부응해야 한다고 요구했던 물리학자들에게 뼈아픈 교훈을 주었다. 1931년에 사망한 마이컬슨은 자기 자신의 실험 결과를 끝내 받아들이지 못했다. 생물학자 리처드 도킨스가 최근에 그랬던 것처럼, 망상이라는 단어를 종교적 믿음에 대해서만 사용하려고 남겨두어서는 안 된다는 것이 분명해졌다. 또한 에테르 전설이 보여주는 둘 사이의 가장 중요한 차이는, 과학에서는 종교에서처럼 망상이 오래가지 못한다는 점이다. 즉 과학에서는 조만간 자료들이 나오고 이론과 모형의 교차검증이 이루어지고 해결책이 등장한다. 과학은 이와 다른 방식으로 작동할 수 없다. 검증될 수 없거나 검증을 피하기 위해서 언제든지 수정될 수 있는 이론이나 모형은 과학의 범주에 포함되어서는 안 된다. 발광 에테르는 과학자들이 자연을 이해하기 위해서 제안한 수많은 허구의 마술적 물질들의 목록에 플로지스톤(phlogiston, 모든 가연성 물질에 들어 있다고 제시된 가상의 원소, 18세기 라부아지에가 산소를 발견함으로써 폐기되었다/역주)과 열소(熱素, 라부아지에가 '열의 실체'로 제안한 가상의 원소, 마찰열을 설명하지 못해서 폐기되었다/역주)의 저명한 친구로 이름을 올렸다. 우리는 그 같은, 소위 확실성이 통렬하게 붕괴된 사례로부터 배우는 것이 있어야 마땅하다. 또한 이상한 매질이나 물질이 제시되면 그에 걸맞은 회의주의를 가지고 대처해야 온당하다. 앞으로 곧 설명하겠지만, 오늘날의 천문학적 관측 결과는 우리가 또다시 불가해한 물질 속에 담겨 있다는 것을 시사한다. 설사 증거에 설득력이 있다고 할지라도, 그런 것들의 존재가 확인되기도 전에 당연하게 받아들여져서는 안 된다.

과학 공동체는 빛이 빈 공간에서 퍼져나갈 수 있는 전자파의 일종이라는 것을 결국 받아들였다. 하지만 그렇다면 도대체 무엇이 파동치고 있다는 것일까? 해답은 전기장(電氣場, electric field)과 자기장(磁氣場, magnetic field)이다. 혹은 좀더 정확히 말하면, 전자기장(電磁氣場, electromagnetic field)이다. 전하(電荷, electric charge)를 띤 작은 공을 생각해보라. 전하는 그 주위에 장(場, field)을 만든다. 이 말은 그 주위에 가까이 다가오는 다른 전하들이 그 장의 존재를 느낀다는 뜻이다. 이들은 전하를 띤 공에 가까이 다가갈수록 더 강하게 장의 존재를 느낀다. 장이란 장을 발하는 근원이 공간에 나타난 것이다.

뜨거운 접시는 그 주위에 온도장을 만든다. 접시에 가까이 다가갈수록 그 장은 더 뜨겁게 느껴진다. 모든 전하는 전기장을 창조한다(같은 뜻이지만 다르게 표현하면, 모든 전하는 전기장의 근원이다). 이제 이 전하를 띤 공이 농구공처럼 위아래로 튀고 떨어진다고 생각해보라. 그러면 전기장도 함께 오르내릴 것이다. 19세기 물리학자들은 전하의 이 같은 오르내림 혹은 좀더 일반적으로 말해서 이러한 운동이 자기를 만든다는 사실을 깨달았다. 냉장고 문에 종이를 부착할 때 쓰이는 단순한 자석은 원자(原子, atom) 수준에서 회전하는 무수한 전하로부터 자력을 얻는다. 여기서 전하를 띤 공은 음전하(陰電荷)이다. 이것이 원자핵 주위를 회전해서 작은 자기장이 생성된다. 여기에 전하 자체가 작은 팽이처럼 자전한다는 요소를 더해야 한다. 그에 따른 최종 결과는, 대충 같은 방향으로 회전하는 무수한 전자들을 모두 합치면 이들은 단체로서 거시적인 효과를 낸다는 것이다. 즉 자기는 움직이는 전기이다.*

1831년에 영국의 위대한 물리학자 마이클 패러데이는 그 역 또한 진실이라는 것을 발견했다. 움직이는 자기장은 전기장을 생성한다. 예컨대 전선으로 고리를 만들고 자석을 그 고리 속으로 넣었다 뺐다 움직이면 전선에 전류가 생성된다. 여기서 변화하는 자기장(고리 속을 드나드는 자석으로부터 생기는)은 변화하는 전기장을 생성하고, 이것이 전하가 전선을 따라서 움직이도록 밀어준다. 사실 자석이 드나드는 운동은 전하들이 고리를 따라서 시계 방향과 그 반대 방향으로 번갈아 흐르게 만든다. 이것이 바로 교류(交流, alternating current)라고 불리며 가전제품에 쓰이는 그 전기이다. 패러데이의 발견은 전기와 자기 사이의 깊은 관계를 드러냈다. 진동하는 전하는 시간에 따라 변화하는 전기장과 자기장을 생성한다. 이 같은 장들은 공간을 가로질러 이동하면서 서로가 서로를 유도해서, 퍼져나가는 전자기파를 생성한다. 자신의 발견에 매

---

* 자기를 띠지 않은 물질에서 전자는 무작위 방향으로 회전한다. 개별 전자들이 만드는 자기장은 전체로서 서로 상쇄되거나 아주 약간만 남는다.

료된 패러데이는 자연의 깊은 통일성에 대한 믿음을 드러냈다. "내가 오래 전부터 가졌던 의견이 있는데 이는 거의 확신에 가깝다. 나는 자연에 대한 지식을 사랑하는 수많은 다른 사람들과 마찬가지로 다음과 같이 믿는다. 물질의 힘을 드러나게 하는 다양한 형상들은 하나의 공통된 기원을 가지고 있다." 그는 중력(重力, gravity)을 전자기력(電磁氣力, electromagnetic force)과 통합시키려고 오랫동안 노력하다가 결국 포기하면서 다음과 같이 말했다. "일단은 지금까지의 나의 시도를 여기서 마친다. 결과는 부정적이다. 그러나 중력과 전기력이 연관되어 있다는 나의 강한 느낌에는 흔들림이 없다. 그러한 관계가 존재한다는 증거를 발견할 수는 없었지만 말이다." 그는 엄격한 교리 실천을 요구하는 기독교 정통 교파인 샌드마니아 파(Sandemanian Church)의 멤버였다. 과학에서 그가 추구한 통일성은 만물을 창조한 하느님에 대한 일신론적 신앙을 반영한 것이다. 이 같은 인식은 오늘날 통일 이론을 향한 탐구의 기초가 된다. 설사 패러데이의 기독교 신이 자연의 숨겨진 수학적 질서의 은유가 된다고 할지라도 그렇다.

14
전자기의 불완전성

전자기는 다음과 같은 관점의 원형적 사례로 흔히 인용된다. 즉 어떻게 하면 명백히 서로 다른 것으로 보이는 두 힘을 단 하나의 통일된 힘의 발현으로 볼 수 있는가를 보여주는 사례라는 것이다. 이 같은 견해에 따르면, 표면상 공통점이 없어 보이는 것들도 일단 실재를 깊이 들여다보면 그것들이 사실은 하나였음이 드러나게 된다. 1860년대 초반에 스코틀랜드의 물리학자 제임스 클러크 맥스웰은 놀랄 만큼 천재적인 업적을 달성했다. 패러데이를 비롯한 많은 사람들이 관측한 모든 전자기 현상을 기술하는 방정식을 유도해낸 것이다. 맥스웰은 전기와 자기 사이의 깊은 수학적 연관성을 풀어냄으로써 혁신적인 결과를 얻었다. 빛은 공간을 통해서 전파해가는 진동하는 전자파이다. 진공 속에서 빛은 놀랍게도 초속 30만 킬로미터, 우리의 이해범위를 넘어서는 속도로 이동한다.* 빛은 우리가 눈을 1번 깜빡하는 사이에 지구를 7바퀴 반 돈다. 우리는 빛이 어째서 다른 속도가 아니고 하필 이런 속도로 이동하는지 모른다. 우리는 그 속도가 왜 항상 똑같은지도 모른다. 광원이 움직이거나 정지해 있거나, 관찰자가 광원에 다가가거나 멀어지거나에 관계없이 광속은 언제나 일정하다. 그래서 이것이, 측정할 수 있으나 적어도 지금은 설명할 수 없는 것, 즉 "자연의 상수"인 것이다. 우리가 정말 아는 것은 ― 공상과학적 사변을

---

* 빛은 물이나 공기와 같은 매질 속을 움직일 때는 속도가 느려진다. 그러나 보통 그 정도는 미미하다.

제쳐놓는다면 — 빛보다 빨리 움직일 수 있는 것은 아무것도 없다는 것이다. 이 단순한 규칙이 한번이라도 위배된 일이 있음을 시사하는 증거는 전혀 없다. 또한 현실의 물리적 전제하에서 그런 일이 있을 수라도 있음을 시사하는 근거도 전혀 없다. 시간의 질서는 빛에 의존한다.

광속 불변은 아인슈타인의 특수상대성 이론(specific theory of relativity)의 초석이다. 대중적 믿음과 달리, 특수상대성 이론은 정말로 하나의 절대성을 기초로 한다. 사실은 두 가지의 절대성이다. 광속 불변은 제2원리에 해당한다. 제1원리는 서로 등속운동을 하는 모든 관찰자들에게 동일한 자연 법칙이 적용된다는 것이다. 자동차에 타고 있는 사람과 실험실에 있는 사람이 서로 다른 자연 법칙을 다루어야 한다면 과학은 불가능해질 것이다. 그로부터 10년 후에 아인슈타인은 일반상대성 이론(general theory of relativity)을 통해서 이 원칙을 등속운동뿐만 아니라 가속운동까지도 포함하도록 일반화했다.

전기력과 자기력의 아름다운 상호관계에도 불구하고 둘 사이에는 근본적인 차이가 존재한다. 예를 들면 하나의 전자가 그러한 예이듯이, 양전하와 음전하를 분리하는 것은 가능한 반면에, 분리된 자하(磁荷), 즉 자기홀극을 관측한 사람은 아무도 없다. 자하는 언제나 2개의 극으로 함께 나타난다. 자석 막대의 중간을 부러뜨려서 양극을 분리하려고 해도 언제나 각각 N극과 S극을 가진 2개의 자석이 생길 뿐이다. 자석을 원자 수준까지 분해해도 각각의 원자는 양극을 가진 작은 자석임이 확인된다. 또다른 극단적인 예를 보면, 지구는 거대한 자석이다. 그 N극과 S극은 지리상의 북극과 남극과 동일하지는 않지만, 매우 가까운 곳에 위치하고 있다.*

---

* 지구의 자기장은 핵 — 녹아서 액체 상태인 철이 거대한 구 모양으로 회전하고 있다 — 에서 생성된다. 핵의 회전에 따라서 자기장의 방향과 그에 따른 남극과 북극이 결정된다. 지구의 자극은 항상 움직이고 있어서 지도상의 남북극과 정확히 일치할 가능성은 거의 없다. 사실 지난 10억 년간 지구 자기의 남북극은 수백 차례나 바뀌었으며, 앞으로 또다시 그럴 가능성이 크다.

분리된 전하에 해당하는 자기장의 원천, 즉 "자기홀극(magnetic monopole)"이 존재하지 않는다는 사실은 많은 사람들을 불편하게 만들었다. 그것은 전자기 통일 이론의 얼굴에 난 흉터로서 둘의 완전한 통일에 흠집을 내고 있다. 단일 전하가 그렇게 흔한데 왜 자기홀극은 아예 없을까? 둘 사이의 격차가 이렇게 뚜렷하게 남아 있는데 어떻게 전기장과 자기장이 진실로 통일되었다고 간주할 수 있을까? 나는 카르네이로 교수님의 수업에서 이 사실을 처음 배웠을 때 얼마나 실망했는지를 기억하고 있다. 그것만 있다면 완전했을 파이에서 큰 덩어리 하나가 사라진 것 같았다. (수업시간은 점심시간 직전이었다.) 불편한 느낌이 희미하게 자리잡았다. 이것은 통일 이론을 향하는 내 머릿속에서 성가시게 웅웅거리는 첫 번째 벌이었다. 최종 이론을 향한 나의 꿈에 무엇인가 잘못된 것이 있을 수 있을까? 당시 나는 그 이슈를 무시하기로 마음먹었다. 아직 배워야 할 것이 너무 많았다.

1931년에 영국의 위대한 물리학자 폴 에이드리언 모리스 디랙은 자기홀극이 양자역학(量子力學, quantum mechanics), 즉 원자와 그 구성요소들을 기술하는 물리학과 양립할 수 있다는 것을 수학적으로 증명했다. 그는 심지어 전하 분포가 항상 단일 전자 전하의 배수인 것과 꼭 마찬가지로 자기홀극의 "양자화"—최소 단위의 정수배로 나타난다는 의미—가 필수임을 보여주었다. 적어도 우리가 아는 한 자기홀극의 존재를 부정하는 자연 법칙은 없다. 그러나 그 후로 1세기 동안 찾았음에도 불구하고, 자기홀극은 모습을 드러내기를 거부했다.* 1982년 2월 14일에 스탠퍼드 대학교의 물리학자 블라스 카브레라는 아마도 외계에서 왔을 터인 자기홀극의 통과를 자신의 감지기가 기록했다고 생각했다. 물리학자 공동체는 엄청나게 흥분했다. 탐색이 집중되었다. 세계 전역의 실험실에서 자기홀극 탐지 장비를 가동시켰다. 더욱 감도가 높은 장

---

* 다음 제3부에서 논의할 좀더 정교한 통일 이론들은 다른 종류의 자기홀극의 존재를 예측한다. 그러나 이것들 또한 탐지된 적은 없다.

치를 사용했음에도 불구하고, 불행히도 스탠퍼드 대학교나 다른 어느 곳에서도 또다른 자기홀극은 검출되지 못했다. 카브레라의 검출 사례는 아마도 감지기에 결함이 있었거나 조정이 잘못된 탓이었을 가능성이 크다. 물리 이론의 아름다움을 추구하는 우리의 미적 감각에는 상처가 되는 일일지 몰라도, 자기홀극은 존재하지 않는 것으로 보인다. 만일 존재하더라도 극히 드문 것이 분명하다. 만일 자연이 우리에게 전기와 자기의 통일이 불완전한 것이고 말한다면, 우리는 이를 따라야 한다.

15
원자의 탄생

정리하자면, 우리가 빛 — 눈에 보이는 종류의 빛 — 이라고 부르는 것은 전자기파, 즉 복사의 한 형태에 불과하다. 전자기파의 범위는 매우 넓어서 파장이 긴 라디오파에서부터 아주 짧은 감마선(gamma ray)에 이른다. 눈에 보이는 빛은 이 같은 범위 중에서 하나의 작은 창에 지나지 않으며 그 파장은 1미터의 약 50만 분의 1이다.* 우리는 눈에 보이지 않는 전자파에 둘러싸여 있다. 만일 우리가 무수한 전자파를 눈으로 볼 수 있다면, 그것은 완전한 혼돈일 것이다. 라디오 방송국과 휴대전화 기지국에서 보내는 수많은 전파, 더운 물체나 우리 주변 사람들에게서 나오는 적외선……. 인간의 눈(그리고 다른 모든 생물종의 눈)은 뇌에서 실재에 관한 이미지를 생성하는 데에 필요한, 가장 핵심적인 시각정보만을 포획하도록 진화해왔다. 그 목적은 생존 기회를 극대화하는 데에 있다. 우리는 태양의 피조물이고 태양이 방출하는 빛의 대부분은 전자기파의 스펙트럼 중에서 눈에 보이는 영역에 속한다(500나노미터 부근의 파장이 가장 많다). 우리의 눈은 우리의 주위 환경에서 주로 볼 수 있는 빛에 맞게 조율되어 있고 이는 적절한 일이다. 한편 우리 눈에 보이지 않는 것들도 많다. 방출되는 빛이 전자파 스펙트럼 중에서 가시광선 영역 밖에 있는 것이어서 그런 경우도 있고 너무 멀리서 오거나 너무 적은 양이어서 그런 경우도 있다. 자

---

* 좀더 정확히 하자면 인간이 볼 수 있는 전자기 복사의 파장은 380–750나노미터이다. 1나노미터는 1미터의 10억 분의 1이다.

연의 모든 장관을 보려면, 우리 지각의 문을 열어줄 도구, 볼 수 없는 것을 "보게" 만들어주는 도구가 필요하다. 현대 천문학에서 사용되는 망원경은 멀리 있는 천체에서 나오는 모든 전자기파, 라디오파에서 적외선, 자외선, X선, 감마선에 이르는 파장을 "보게" 해준다. 그 반대쪽 극단에서는 과학자들이 강력한 망원경과 입자 가속기를 사용해서 눈에 보이지 않는 작은 세계를 "보고" 있다. 그 범위는 미생물에서 원자 그리고 원자핵 내부의 깊숙한 곳에 이른다.

이제 와인버그의 책으로 돌아가보자. 와인버그의 책은 현대 우주론에서 핵심이 되는 발견을 담고 있다. 우주 전체가 전자기파, 그중에서도 파장 2밀리미터짜리가 주종을 이루는 극초단파로 샤워를 하고 있다는 내용이다. 자연의 빈 곳을 채우는 매질 에테르가 사실은 빛 그 자체인 것으로 확인된 것은 조금 아이러니하다. 이 빛은 가시광선은 아니지만 적어도 그 사촌쯤 된다. 이보다 더 주목할 만한 사실이 있다. 이 복사는 우주가 아주 뜨겁고 밀도가 높아서 우리가 아는 물질 구조는 전혀 없었던 먼 과거의 진정한 화석이라는 점이다. 즉 은하도, 별도, 행성도, 심지어 큰 분자도 없던 시절의 화석이다. 존재했던 것은 복사뿐이었다. 즉 원자의 기본 구성요소인 양성자(proton), 중성자(neutron), 전자(electron) 그리고 가장 가벼운 화학원소와 그 동위원소(isotope, 양성자 개수는 같고 중성자 개수는 다른 원소)의 핵으로 구성된 입자 선(線)이 그것이다. 후자에는 수소의 동위원소인 이중수소(양성자 1개와 중성자 1개)와 삼중수소(양성자 1개와 중성자 2개), 헬륨-3(양성자 2개와 중성자 1개)와 헬륨-4(양성자 2개와 중성자 2개) 그리고 리튬-7(양성자 3개와 중성자 4개)이 포함된다. 이 목록은 중성미자(neutrino)라고 불리는 방사능 관련 기본 입자를 추가하면 완성된다. 포착하기 어려운 중성미자에 대해서는 다음 제3부에서 제대로 논의할 예정이다.*

---

* 상황은 사실 이보다 좀더 복잡하다. 거기에는 암흑 물질도 있었다. 정상 물질과는 관계가 없고 아직 확인되지도 않은 별난 입자들이 그것이다. 암흑 물질의 존재는 은하들의 회전과 은하

우리는 1960년대와 1970년대에 우주가 내력이 있다는 것을 알았다. 즉 우주는 우리처럼 출생일이 있었고 그 이후에 성장하고 있었으며 초기의 매우 뜨겁고 밀도 높은 상태에서 지금과 같은 상태, 부풀어오르는 춥고 텅 빈 공간의 여기저기에 은하들이 흩어진 상태로 시간 속에서 진화하고 있었다. 우주의 내력에는 물질의 복잡성이 증대해온 과정이 담겨 있다. 그 출발점은 기본 입자라고 불리는, 분할할 수 없는 가장 단순한 요소로 이루어진 원시 수프였다. 기본 입자들이 점차 결합해서 원자핵(atomic nuclei), 원자(atom), 분자(molecule)가 되었고 이것들이 결국 별, 행성, 동물, 사람으로 이어졌다. 물질과 우주가 단순한 것에서 복잡한 것으로 어떻게 진화해왔는가 하는 내력을 재구성하는 것이 우주론의 중심 주제이다.

1946년에 러시아 출신의 미국인 물리학 신동 조지 가모브는 빅뱅 모델이라고 알려지게 된 이론을 제안했다. 1920년대 말에 천문학자 에드윈 허블은 먼 곳의 은하들이 서로 점점 더 멀어지고 있으며, 그 속도는 은하들 간의 거리에 비례한다는 사실을 발견했다. 이 덕분에 우주가 팽창하고 있다는 사실이 알려졌다. 여기서 잠시 학습이 필요하다. 우주가 팽창한다는 것이 무슨 말인가? 이것을 잘못 혼동하면 빅뱅이 일종의 폭발이고, 은하들은 수류탄 파편처럼 폭심(爆心)에서 먼 곳으로 날려가는 것으로 생각하기 쉽다. 이 같은 이미지의 저변에는 잘못된 전제가 깔려 있다. 공간이 고정되어 있으며, 파편들이 서로 멀어지는 것은 폭발력 때문이라는 전제가 그것이다. 또한 모든 것이 유래한 중심 지점, 우주의 중심이 있다고 전제한 것도 오류이다. 우주론의 공간은 고정된 것이 아니라 탄력이 있으며 고무풍선처럼 팽창과 수축이 가능하다. 허블은 우

들이 은하단 내부에서 움직이는 방식을 살펴본 결과로 추론되었다. 즉 은하들은 별과 성운에서 보이는 것보다 훨씬 더 많은 질량을 가진 것으로 보인다. 이러한 질량 중에서 일부는 행성이나 매우 희미한 별에서 올 수도 있지만, 관측 결과는 이것만으로 충분하지 않음을 가리킨다. 추가 질량은 눈에 보이는 은하 주위에 후광처럼 모여 있으며 새로운 종류의 물질 입자로 구성된 것으로 여겨진다. 암흑 물질에 대한 이야기는 곧이어 다시 할 것이다.

리가 사는 시대가 우주의 팽창기임을 보여주었다. 만일 은하들을 대도시의 거리 모퉁이에 위치한 구식 가로등처럼 생각한다면, 공간의 팽창은 마치 거리 자체가 팽창되는 것과 마찬가지의 효과를 낼 것이다. 그러면 가로등, 즉 은하들 상호 간의 거리가 멀어질 것이다. 게다가 더 이상 어떤 지점도 나른 시점보다 중요하지 않을 것이다. 어디를 가든 거리는 길어지고 있을 것이고 가로등들은 당신으로부터 멀어지고 있을 것이다. (이러한 개념이 이상하게 느껴지더라도 걱정하지 말라. 물리학자들도 이 개념과 씨름하는 중이다.)

가모브는 만일 은하들이 팽창하고 있다면 과거에는 크기가 더 작았을 것이라고 추측했다. 더 작다는 것은 더 밀도가 높고 더 뜨겁다는 뜻이다. 물질을 더 작은 부피 안에 우겨넣어야 하기 때문이다. 가모브는 더 초기 시절의 우주에서는 온도와 격렬한 충돌 때문에 물질의 구조가 더 단순한 상태로 유지되었을 것이라는 설명을 제시했다. 원자가 존재했던 시기로부터 더 거슬러올라간다면 원자가 원자핵과 자유 전자로 분리되는 것을 볼 수 있을 것이다. 이런 일은 매우 초기, 빅뱅으로부터 불과 40만 년 후에 일어났다. 왜 그때인가? 그 이전에는 복사가 강력하게 전자를 때리는 바람에 전자가 양성자와 결합해서 원자를 만들지 못했기 때문이다. 그 결과 당시에는 원자가 존재하지 않았다.

이것은 사랑의 삼각관계와 비슷하다. 즉 전자와 양성자는 전하가 서로 반대이기 때문에 필사적으로 가까워져서 결합하려고 하지만 애정에 굶주린 복사가 전자를 밀어냄으로써 둘의 결합을 끊임없이 방해한다. 그러나 시간이 지나면서 복사는 약해지고 필연적인 결과를 막을 수 없게 된다. 마침내 복사는 떠나고, 양성자와 전자는 전자적 연애를 완성한다. 이 시기는 하나의 경계가 된다. 경계 이전은 원자가 존재하지 않는, 입자와 복사의 시기였다. 경계 이후의 우주는 원자와 복사로 채워졌다. 더 이상 전자와 충돌하지 않는 이 복사는 공간을 가로질러서 자유롭게 항해하며 가끔 대규모로 모인 물질의 중력에만 반응했다. 그때까지도 이 복사는 아직 에너지가 충만해서 대체로 가시광선과 자외선 영역에 있었지만 — 우주는 당시에 붉게 빛나고 있었다 — 우주의 팽창과 함께 점차 식어갔다. 그래서 가시광선에서 적외선으로 그리고 수십억 년이 지난 후에는 오늘날의 극초단파가 되었다. 가모브는 이 복사가 원자 형성기로부터 온 파편일 것이라는 생각을 밝혔다. 1965년에 아노 펜지어스와 로버트 윌슨이 이를 탐지하기 시작했고 빅뱅 이론(Big Bang theory)은 추진력을 얻었다. 주된 예측이 확인되면서 빅뱅 이론은 사변적 이론 이상의 것이 되었다. 가모브와 그의 공동 연구자 랠프 앨퍼, 로버트 허먼의 업적은 널리 인식되지는 못했을지라도 그 정당성이 입증되었다.[2]

빅뱅 모델의 주된 아이디어 — 우주는 과거에 더 뜨겁고 조밀하고 작았다 — 가 입증되자, 하나의 명백한 질문이 전면에 대두되었다. 정말로 초기, 즉 40만 년이 지나서 원자가 출현하기 이전에는 무슨 일이 일어났을까? 우리는 시간을 얼마나 멀리까지 되돌릴 수 있을까? 우리는 모든 힘을 다해서 시간의 시작점까지 거슬러올라갈 수 있을까? 과학은 마침내 창조의 비밀을 손에 넣을 수 있을까? 그리고 만일 그것이 가능하다면 통일 이론의 아이디어는 타당성이 입증될 수 있을까?

16
창조 신화에서 양자까지 : 간략한 역사

창조는 강한 함축성을 가진 단어이다. 각기 다른 사람들에게 각기 다른 의미가 있다. 인간 이전의 시간, 생명 자체가 존재하기 이전의 시간, 우리의 통제를 벗어난 시간, 지구와 태양이 존재하지 않던 과거의 사라져버린 시간, 별이 존재하지 않던 시간에는 어떤 깊은 두려움을 주는 요소가 있다.

지난 수천 년간 인류는 이 같은 먼 옛날의 시간에 대한 이야기들을 만들어냈다. 우리 조상들은 주위를 둘러보고, 사물의 형상과 자연이 움직이는 방식을 본 뒤, 이 모든 것을 이해하고 이것들의 실체를 설명하기 위해서 이야기를 만들어냈다. 바닷가에 살던 사람들은 어떻게 물이 하늘에서 내려오고 신들이 물과 육지를 분리했는지를 이야기했다. 숲에 살던 사람들은 하늘에까지 닿는 나무 그리고 신들이 어떻게 동물과 사람들을 보내서 자신들의 보호하에 살게 했는지를 이야기했다. 사막에 살던 사람들은 자신들의 신들이 어떻게 진흙으로 살아 있는 것들을 빚어냈는지를 이야기했다. 이들 중에서 우리가 성경의 창세기에서 배운 셈족의 하느님은 진흙으로 만든 형상에 생명을 불어넣어서 최초의 남자가 되게 했다.

창조의 어마어마함에 직면한 이들 문화의 입장에서는 다음과 같은 것이 분명한 사실이었다. 시간이 없는 무(無)로부터 세상의 놀라운 다양함으로의 변화, 무생물에서 생물로의 변화를 조화롭게 이루어내는 일은 어떤 무시무시한 힘, 미약한 인간이 다룰 수 있는 모든 것을 넘어선 힘을 통해야만 가능하다. 이 힘은 초자연적 — 자연을 넘어서는 것 — 이어야 했다. 자연을 빚어서 우리가 그 일부인 세상으로 만들 능력이라면 마땅히 그래야 했다.

창조 신화의 문제점 중의 하나는 각기 다른 사람들의 신들이 각기 다른 장소에서 각기 다른 일을 했다는 데에 있다. 창조 신화는 수백 가지가 넘는다. 각 신념 체계의 신들은 존재하는 모든 것과 일어날 수 있는 모든 일에 독점적 권력을 보유했다. 이러한 신념은 너무나 깊이 각인되어 있고 삶을 너무나 강하게 규정하기 때문에, 나의 신이 다른 사람들의 신들보다 열등하다는 것은 상상할 수 없다. 이 같은 급진주의는 과격한 대결밖에 낳을 것이 없다. 그리고 실제로 그러한 결과를 낳았다.[3]

이제 근대 과학의 세계로 들어가보자. 1609년은 위대한 시작의 해로 불러야 할 것이다. 이탈리아의 갈릴레오 갈릴레이가 망원경을 제작해서 과거에 누구도 하지 못했던 방식으로 하늘을 탐사하기 시작했기 때문이다. 1610년에 그는 『천계 통보(Sidereus Nuncius)』를 출간해서 우주의 모습은 사람들이 예로부터 상상해왔던 것과 크게 다르다는 사실을 세상에 알렸다. 새로운 도구를 이용한 갈릴레오는 코페르니쿠스가 반세기 전에 제안했던 바로 그대로, 지구가 아니라 태양이 우주의 중심이라는 강력한 증거를 축적했다. 지구 중심 천문학이 생긴 지 3,000년 만에 인간은 중심 무대에서 쫓겨나서 화성이나 금성과 다를 바 없는 천계의 방랑자 위에 거주하는 신세가 되었다. 사람들은 당황했다. 태양이 정말 모든 것의 중심이 될 수 있다는 말인가? 태양을 빛과 생명의 근원으로 숭배하는 것은 교회의 비난을 받는 이단이 아니었던가?

시대가 변하고 있었다. 새로운 아이디어들이 너무나 급속도로 터져나온 탓에 대부분의 사람들은 이를 소화하기가 어려웠다. 우주 질서가 이렇게 뒤흔들리기 전에는 모든 것이 이치에 닿았다. 즉 지구는 중심에 붙박여 있었다. 사람, 바위, 구름을 포함한 모든 것은 흙, 물, 공기, 불의 네 가지 원소로 이루어져 있었다. 달의 원형 궤도는 지상과 천상의 경계를 구분했다. 달을 포함한 천체는 제5원소, 완전하고 불변하는 에테르로 구성되어 있었다. 우주는 양파와 같은 모습이었다. 즉 행성과 태양과 별은 지구를 중심으로 한 동심원을 그리며 수정구의 껍질 위를 운행했다. 가장 바깥 궤도는 신성한 최고천(最高天)의 구체, 신과 천사들의 영역이었다. 삶의 목표는 사후에 천국의 영원한 영광에 오를 수 있도록 경건하고 순결해지는 데에 있었다. 우주의 수직적 위계질서는 사람들의 삶과 열망에 거울처럼 반영되었다.

망원경이 제작된 것과 같은 해인 1609년에 요하네스 케플러는 『신 천문학』을 출간해서 달이 태양 주위를 타원 궤도로 돌고 있음을 보여주었다. 그가 근거로 삼은 것은 덴마크 천문학자 튀코 브라헤가 수집한 대단히 정밀한 자료였다. 그로부터 불과 몇 년이 지나지 않아서 그는 지구를 포함한 모든 행성에 이 원리가 똑같이 적용된다고 주장했다. 원은 모든 형상들 중에서 가장 완전한 것, 그리스 로마 시대 이래로 꾸준히 그 아름다운 대칭성으로 숭배되어온 존재였지만, 이제는 더 이상 천계의 표준 궤도가 아니었다. 하늘은 예나 지금이나 불완전했다.

1687년에 뉴턴이 『자연철학의 수학적 원리(*Philosophiae Naturalis Principia Mathematica*)』를 출간함으로써 새로운 과학적 패러다임이 확인되었다. 『프린키피아(*Principia*)』라는 이름으로도 알려진 이 책은 세계와 그 속에서 우리의 위치를 생각하는 새로운 방식의 출현을 예고하면서 종교에 많은 생각거리를 남겼다. 케플러, 갈릴레오, 뉴턴은 각자 나름의 방식으로 신앙심이 깊은 사람들이었지만, 그들의 유산으로 인해서 신이 개입할 필요성이 점점 더 적은 세계가 되었다. 과학이 자연을 더 많이 해명할수록 하느님이 있어야 할 필요성은 더욱 적어졌다. 자신이 사랑하는 하느님, 전지전능한 신의 영역이 점점 더 좁은 틈새로 위축되어가는 것을 목격한 많은 사람들이 스스로의 신앙심을 빼앗기게 되었다는 느낌을 받았다. 그러나 이 와중에서도 전혀 위축되지 않는 하나의 틈새가 존재했다. 그것은 바로 창조의 미스터리였다. 심지어 볼테르, 벤저민 프랭클린, 토머스 제퍼슨 등과 같이 세계와 인간에 대한 신의 어떤 직접적 개입도 부인하는 이신론자(理神論者)들조차 창조는 신의 영역임을 인정했다. 우주를 창조하고 사물의 운행 법칙을 창조한 시계공 하느님이 존재했다. 과학의 목표는 이 같은 법칙의 베일을 벗기는 것, 자연의 숨겨진 코드를 해독하는 데에 있었다.

계몽주의 시대 말기인 1800년대 초반, 위대한 프랑스 수학자 피에르 시몽 드 라플라스는 거장다운 저서 『천체 역학(*Traite du Mecanique Celeste*)』한 권을 나폴레옹에게 선물했다. 이 책에서 그는 행성의 궤도와 그 안정성에 대한 세부사항을 포함해서 태양계의 다양한 운동을 기술했다. 심지어 태양과 행성들이 중력으로 묶인 시스템은 물질의 거대한 구름이 붕괴한 결과로 출현한 것일 수 있다는 내용을 담은 모형까지 제시했다. 이와는 대조적으로, 태양계의 생성 문제는 그로부터 약 100년 전의 인물인 뉴턴에게는 생각도 해볼 수 없는 대상이었다. 뉴턴의 하느님은 행성을 궤도에 놓고 움직이도록 만든 분이었다. 이에 비해서 라플라스의 작업은 정교한 기계장치로 된 우주, 그 속에 있는 존재의 모든 측면이 일련의 정확한 수학 방정식으로 환원될 수 있는 우주를 구체화한 것이었다. 그는 다음과 같이 말한 것으로도 유명하다. 우주의 모든 원자의 위치와 속도를 한순간에 파악할 수 있는 초월적 정신(super mind, 흔히 '라플라스의 악마[demon]'라고 불리지만, 이는 당사자의 표현도 아니고 본래 취지와도 다르다/역주)이 있다면, 인간과 인간의 삶을 포함해서 존재하는 모든 것들의 미래를 예측할 수 있을 것이라고 말이다. 초월적 정신은 내가 이 책을 쓰고 당신이 이렇게 읽을 것임을 예측할 수 있다. 여기에 즉흥 연기를 할 여지는 많지 않다. 이러한 암울한 시나리오에 마주친 사람이라면 이성의 남용에 반기를 들었던 낭만파를 비난하기 어렵게 된다. 그렇게 기계와 같은 결정론적 우주라면 사랑과 영성이 들어설 자리는 어디일까? 삶에 선택의 드라마와 실수의 가능성이 없다면 무슨 의미가 있을까?

나폴레옹은 라플라스의 뛰어난 지적 성취를 치하한 뒤에 왜 이 책에 하느님에 대한 언급이 없느냐고 질문한 것으로 전해진다. 라플라스는 대답했다. "각하, 저는 그런 가설을 필요로 하지 않습니다." 유대교도와 기독교도의 하느님을 단지 "가설"로 좌천시키다니, 얼마나 통렬한 일격인가! 나폴레옹이 어떤 반응을 보였을지 궁금하다. 그는 아마도 이 프랑스 수학자가 허세를 부리고 있다는 것을 알았을 것이다. 라플라스 역시도 스스로 알았을 것이 분명하다. 자신이 회전하는 물질의 거대한 구름으로부터 태양계가 형성되었다고 설명할 수는 있을지언정, 이 구름이 어디서 왔고 무엇이 구름을 붕괴시켰는지는 설명할 수 없다는 사실을 말이다. 자기 이론의 한계에 점점 무신경해지는 것은 그 이전이나 그 이후의 사람들처럼 라플라스도 마찬가지였다.

그러나 결정주의의 이 같은 승리는 오래가지 않았다. 세월이 흐르면서 과학이 자연의 수많은 세부적인 작동방식을 일일이 설명할 수 없다는 사실이 점차 분명해졌다. 하지만 그러한 증거가 쌓여가도 모든 사람들이 이를 확신했던 것은 아니다. 지금도 일부 사람들이 존재한다. 실제로 19세기 후반에 영향력 있는 많은 물리학자들이 자신들의 연구가 거의 완성되었으며 남은 것은 중요하지 않은 일부 세부사항을 채워넣는 일뿐이라고 주장했다. 그들은 역학 법칙과 중력 법칙을 정복했다. 그들은 전하와 자기가 어떻게 상호작용하는지를 기술하는 전자기 이론을 개발했다. 이 지식을 이용하면 전류, 회로, 전지, 전자기 모터를 기반으로 증기기관 이후의 새로운 산업혁명을 유발할 수 있었다. 라디오, 전구, 전화, 전신이 발명되었다. 과학은 눈이 핑핑 돌아가는 속도로 사회의 모습을 바꾸고 있었다.

그러나 문제점들이 등장하기 시작해서 축하 샴페인의 김을 빼버렸다. 에테르는 탐지되지 않았다. 가열된 물체가 내는 빛이 그 온도에 따라서 결정되는 이유를 아무도 알지 못했다(전기난로는 섭씨 약 1,000도라서 붉은색을, 태양 표면은 섭씨 약 5,500도라서 황백색을 발한다). 전하를 띤 금속의 행태도 미스터리였다. 금속에 자외선을 비추면 전하를 잃었다. 이와 대조적으로 노란색이나 붉은색, 기타 무엇이건 색을 가진 빛을 비추었을 때는 아무런 변화가 없었다. 손에 있는 도구 ─ 뉴턴 역학과 전자기학 ─ 를 이용해서 이 문제를 풀어보려는 시도는 완전히 실패로 돌아갔다.

1905년에 아인슈타인은 빛이 단지 진공 속으로 퍼져나갈 수 있는 파동만이 아니라는 과감한 제안을 내놓았다. 즉 빛은 입자로 구성된 것으로도 기술할 수 있다는 것이다. 이 입자에는 나중에 광자(光子, photon)라는 이름이 붙었다. 아인슈타인은 이를 자신의 가장 혁명적 아이디어라고 생각했다. 사실 조금 미친 듯한 개념이었다. 하지만 이 아이디어는 자외선이 어떻게 금속의 전하를 중화시킬 수 있는가에 대한 미스터리를 해명해주었다. 자외선은 가시광선보다 높은 에너지를 가지고 있기 때문에 자외선의 광자는 금속판에서 여분의 전자들을 때려서 밀어낼 수 있었다. 하지만 많은 물리학자들이 이 같은 이단적 견해를 받아들이지 않으려고 했다. 파동인 동시에 입자라고? 어떻게 그럴 수 있지? 그럼에도 불구하고 아인슈타인의 모형이 관측 자료들을 설명할 수 있는 것은 사실이었다. 여기서 조용한 패닉이 시작되었다. 과학은 실재에 대한 연관을 잃고 있는 것으로 보였다. 혹은 실재는 모든 사람들의 예상보다 훨씬 더 이상한 것이었다.

무엇인가가 빠져 있었다. 물질과 그 속성에 대한 새로운 설명이 필요했다. 이 문제를 해결하는 데에 20세기의 첫 30년이 소요되었다. 하지만 결국 물질에 대한 새로운 기술방법 ─ 양자역학 ─ 이 개발되었다. 과거의 수많은 미스터리를 비롯해서 새롭게 발견된 미스터리들도 멋지게 설명할 수 있는 이론이었다. 그러나 그 과정에서 큰 대가를 치러야 했다. 기존의 소중한 개념들을 버려야만 했던 것이다. 극미의 세계는 우리가 사는 세상과 같지 않다는 사실이 분명해졌다. 언제라도 이상한 일들이 일어날 수 있으며, 실제로 일어난다. 그중 대표적인 것은 입자들이 결코 제자리에 가만히 있지 않는다는 점이다. 즉 입자들은 끊임없이 안절부절못하고 있다. 이것이 바로 그 유명한 하이젠베르크의 불확정성 원리(uncertainty principle)이다. 이것은 희한한 결과를 많이 낳는다. 거시세계에서 우리는 공이나 자동차와 같은 대상의 속도와 위치를 동시에 정확히 측정할 수 있다. 그러나 미시세계의 원사와 전자에 대해서는 그럴 수가 없다. 이들의 안절부절못하는 행태는 일을 엉망으로 만드는데, 이는 극복할 수 없는 난관이다. 그리고 이것은 우리의 측정 장비가 충분히 훌륭하지 못해서가 아니다. 불확정성은 양자 세계의 트레이드마크이자 불변의 조건이다. 원자 세계에서는 모든 것이 요동친다. 예를 들면 우리는 전자 1개의 위치를 정확히 똑같은 조건하에서 100만 번 측정할 수 있지만, 그 결과는 매번 다르다. 우리가 해야 할 일은 전자의 위치에 대한 많은 측정 값의 평균을 내는 일이다. 수학적으로 보면 이것은 전자가 여기나 저기에 있을 확률을 구하는 일이다. 양자역학 방정식은 확실성이 아니라 확률을 내놓는다. 라플라스의 초월적 정신이나 그것이 의미하는 엄격한 결정론은 양자의 등장과 함께 사라져버렸다. 확률로 기술한다고 해서 양자역학이 부실하다고 생각해서는 안 된다는 점을 여기서 덧붙이고 싶다. 사실은 그 반대이다. 이것은 원자와 입자들의 행동을 매우 정확하게 기술하는 이론이다. 사실 오늘날 필수불가결한 모든 전자기기가 제대로 작동하는 것은 전자, 빛, 기타 양자 시스템의 행태를 예측하고 통제하는 우리의 능력에서 비롯된다. 곤혹스러운 현상으로 출발한 것이 우리의 세계관을 근본적으로 바꾸었다. 실재는 모든 사람들이 예상했던 것보다 더욱 이상하다.

17
믿음의 도약

양자 혁명은 우주에 대한 우리의 이해에 엄청난 충격을 주었다. 가모브와 그 후계자들의 원자물리학은 극초단파 우주 배경복사(microwave background radiation)의 존재를 예측했고, 이는 펜지어스와 윌슨에 의해서 확인되었다. 이들의 새로운 핵물리학 지식은 또한 빅뱅 이후에 3분간 가벼운 원소들의 핵이 형성되는 과정에 대한 시나리오를 만드는 데에도 이용되었다. 그래서 영감을 불러일으키는 와인버그의 책 제목이 『최초의 3분』이다. 당초 가모브는 우주가 탄생한 이래로 몇 분 만에 모든 화학원소들이 형성되었기를 바랐다. 하지만 그가 가정한 일부 사항은 올바르지 않았다. 10년 이상의 세월과 프레드 호일을 비롯한 여러 사람들의 기여가 있은 후에야 이 문제가 명확해졌다. 가벼운 원소의 핵은 우주의 유년기에 형성된 것이 사실이지만, 무거운 원소의 핵은 폭발하는 별들에서 만들어졌다. 생명을 구성하는 탄소, 산소, 질소 등등의 물질은 별이 자체의 중력 때문에 축퇴(縮退)하면서 일어나는 격렬한 핵융합(nuclear fusion)을 통해서 생성되었다.[4]

이 대목은 잠깐 설명이 필요하다. 나로서는 핵물리학과 중력을 함께 적용하면 화학원소의 기원을 설명할 수 있다는 사실이 기막히게 놀라운 일로 여겨진다. 우리는 가장 가벼운 원소들은 뜨거운 초기 우주에서, 나머지 원소들은 폭발하는 별에서 만들어져야 하는 이유를 알고 있다. 여기에는 정확한 계산이 나와 있어서 원소들의 상대적인 분포를 예측할 수 있다. 다시 말해서, 예를 들면 수소가 리튬보다 얼마나 더 많아야 하는지(둘 다 빅뱅 후 최초의 3분 동안에 생성된다) 혹은 철이 우라늄보다 얼마나 더 흔해야 하는지(둘 다 별에서 생성된다)를 예측한다.* 개략적으로 수소는 물질의 75퍼센트를, 그 다음으로 가벼운 원소인 헬륨은 24퍼센트를 차지한다. 그 외에 리튬에서 탄소, 우라늄에 이르는 주기율표상의 나머지 화학원소들의 비중은 1퍼센트에 불과하다. 생명체를 구성하는 물질은 소수파에 속해 있다. 이 같은 예측은 관측을 통해서 극적으로 확인되었다. 이것은 빅뱅 모델에 튼튼한 근거를 제공하는 증거이다. 이것은 우리가 적어도 개괄적으로는 우리 우주의 역사를 최초의 1분 이후까지는 이해하고 있다는 믿음을 가지게 해준다.

물론 우리는 최초의 순간에 더 가까이 다가가고 싶어한다. 시간을 거슬러올라갈수록 우리 우주는 더욱 뜨겁고 밀도가 높아진다. 물질의 구조는 붕괴되어서 근본 구성요소로 쪼개진다. 그 순서는 명확하다. 즉 분자는 원자로, 원자는 자유 전자와 핵으로(빅뱅으로부터 약 40만 년 후), 핵은 자유 양성자와 자유 중성자로(약 1분 후) 쪼개진다. 원자와 핵의 분열 사이에 엄청난 시간차가 있다는 점에 주목하라. 원자를 결합하는 힘과 핵을 결합하는 힘은 엄청난 차이가 있기 때문이다. 원자의 경우에 전자는 양성자에 전기적으로 결합되어 있다. 핵의 경우에 양성자와 중성자는 강한 핵력(strong nuclear force)으로 결합되어 있다. 이는 전자기력보다 100배 더 강한 힘이다. 핵 속의 양성자들이 양전하 상호 간의 반발력에도 불구하고 서로 결합되어 있는 것은 이 때문이다. 즉 강한 핵력의 접착력은 양성자들 간의 전기적 반발력을 압도한다. 두 힘의 규모 차이는 양성자를 100개 이상 보유한 핵이 어째서 매우 불안정한지도 설명해준

* 모든 원소의 특성은 핵 속의 양성자 수로 결정된다. 또다른 핵자인 중성자는 핵이 유지되게 하는 상호작용을 안정화하는 데에 중요한 역할을 한다. 화학원소 내의 양성자와 중성자는 핵력이라고 불리는 에너지로 결합되어 있으며, 이는 핵을 쪼개는 데에 필요한 힘으로 정의된다. 모든 원소들 중에서 핵의 결합 에너지가 가장 큰 것은 철이다. 별이 최후를 맞을 때 생성되는 원소는 여러 종이지만, 무거운 원소들 중에서 철이 가장 흔한 것은 이 같은 속성 때문이다.

다. 구체적으로 말하면, 양성자를 92개 가지고 있는 우라늄 이후부터 사태가 악화된다. 물론 양성자가 94개인 플루토늄이 여전히 자연적으로 생성되기는 하지만 말이다.[5]

빅뱅 후 1분 이내로 거슬러올라가면 또다시 커다란 변화가 일어난다. 이때는 열이 너무 뜨거워서 심지어 양성자와 중성자도 핵으로 결합될 수 없다. 물질의 상호작용을 기술하려면 이때부터는 입자물리학을 이용해야 한다. 현대 물리학의 핵심 개념 중의 하나가 등장하는 것은 이 지점이다. 대칭성 깨짐을 이용해서 근본 입자들 간의 상호작용을 기술하는 것이다. 이 주제는 대단히 중요하기 때문에 다음 장에서 자세히 설명할 예정이다. 지금으로서는 시간을 거슬러서 한 차례 더 도약하고자 한다. 시작의 순간까지 대담하게 도약하는 것이다. 우리는 시작에 얼마나 가까이 갈 수 있을까?

지금은 입자물리학의 세부사항은 생략하기로 하자. 우주의 가장 초기 단계는 놀라울 정도로 전문 용어의 필요성이 적어서, 일반 용어로 기술하기에 어렵지 않다. 빅뱅 이론의 전제에 따르면, 핵심은 시작에 가까워질수록 우리 우주가 점점 작아진다는 것이다. 은하들이 서로 멀어지고 있다는 사실을 밝혀낸 인물인 허블은 자신의 발견을 이용해서 우주의 나이, 빅뱅 이후에 흐른 시간을 예측했다. 이때 필요한 자료는 은하들의 후퇴 속도였다. 테이프를 뒤로 돌리면, 모든 은하가 서로 겹쳐 있던 시점으로 되돌아갈 수 있다. 이것이 시작 지점, 즉 우주의 탄생 시점이다. 하지만 불행히도 도망치는 은하들의 거리와 속도를 측정하는 일은 대단히 어렵다. 허블이 얻은 값은 좋지 않았다. 우주의 나이는 20억 년에 불과해서 당시 알려진 지구의 나이보다 적었다. 어떻게 딸의 나이가 어머니보다 많을 수 있단 말인가? 그럴 수는 없다. 수십 년에 걸쳐서 관측 값이 개선되자 문제가 풀렸다. 이제 우리는 안다. 가장 오래된 별들의 나이는 140억 년(좀더 정확히는 137억 년이다/역주) 된 우리 우주보다 훨씬 더 젊다.

우주의 탄생 순간에 가까이 가려면 믿음을 엄청나게 확장할 필요가 있다.

빅뱅 초기에 가까운 시점의 격렬한 혼돈에 대해서도 기존의 물리학, 오늘날 우리가 관측할 수 있는 통상적 조건을 기술하는 물리학을 적용할 수 있다고 가정해야 하는 것이다. 가장 진보한 입자 가속기는 빅뱅 이후 1조 분의 1초, 즉 0.000000000001초가 지난 순간을 재현할 수 있는 에너지로 입자들을 충돌시킬 수 있다. 이것은 너무나 짧은 시간으로 보일 수 있다. 우리의 기준에서 보면 그렇다. 하지만 빛의 입자인 광자는 이 시간 동안에 양성자를 1조 번 지나갈 수 있다. 이는 상대적으로 볼 때 영원이라고 할 수 있을 정도로 긴 시간이다.[6] 빅뱅 후 1조 분의 1초가 매우 초기인 것은 틀림없지만 우주의 기원을 탐색하려면 우리가 아는 물리학을 넘어서 이보다 훨씬 더 이른 시기로 거슬러올라가야 한다. 하지만 현재의 물리학을 이 방향으로 계속 확대 적용할 수 있다는 가정—믿음의 도약—은 정당화될 수 있는 것일까? 그기 위해서는 다음 조건이 충족되어야 한다. 그에 따른 추론에 예측과 시험이, 적어도 이론적으로는, 포함되어야 한다는 점이다. 반드시 아주 가까운 미래는 아닐지라도 상당히 가까운 미래에 그것이 가능해야만 이러한 가정이 정당화될 수 있다. 여기서 알아두어야 할 것이 있다. 만일 부정적인 결과가 나온다면, 우리가 가장 소중히 여기는 관념일지라도 포기할 준비가 되어 있어야 한다. 자연은 우리의 편애에 관심을 가지지 않기 때문이다. 우리는 또한 미지의 영역으로 너무 많이 나아가는 추론, 검증 가능성과 아무런 관련이 없는 공론을 경계해야 한다. 내가 앞서 썼듯이, 검증될 수 없는 물리 이론—혹은 검증 가능성의 영역에서 항상 벗어나 있도록 편리하게 조정될 수 있는 이론—은 과학의 정전(正典)에 포함되어서는 안 된다.

18
지르박 춤을 추는 우주

우주의 초기로 거슬러올라간 결과, 우리는 우주 자체의 크기가 원자 1개만 한 시점에 도달했다. 이것이 양자 우주론의 시기, 우리의 이론이 무너지는 시기이다. 우리는 여기서 매우 심각한 개념적 장벽에 부딪쳤다. 많은 물리학자들이 지난 40년간 극복을 시도하고 있는 장벽이다. 나도 대학원 시절부터 이 문제에 매혹되어서 이 문제와 씨름했다. 문제는 아인슈타인의 일반상대성 이론이었다. 그가 특수상대성 이론으로 에테르를 추방한 지 11년 뒤인 1916년에 완성한 그 이론 말이다. 일반상대성 이론은 중력에 대해서 새로운 설명을 제시한다. 중력은 질량이 집중된 곳 주변 공간의 곡률(曲律)이라는 것이다. 즉 질량이 크고 부피가 작을수록 그 주변 공간은 더욱 많이 휘어진다. 트램펄린 위에서 뛰는 체조선수를 생각해보라. 탄력성 있는 표면은 선수가 위아래로 오르고 떨어질 때마다 그에 맞추어서 다른 방향으로 휘어진다. 아인슈타인의 아이디어는 물질이 공간을 구부릴 수 있다는 것이다. 그래서 물질의 기하학은 평면 기하학이 아닌 것으로 변형된다.

시간도 역시 영향을 받는다. 강한 중력은 시간의 흐름을 느리게 만든다. 태양 표면에 있는 시계는, 만일 거기서도 작동할 수 있다면, 당신의 집 벽에 있는 시계보다 느리게 갈 것이다. 시간과 공간의 상호 얽힘은 특수상대성 이론과 일반상대성 이론의 결론 중에서 가장 충격적인 것에 속한다. 우리가 각기 다른 실체로 인식하던 것들이 사실상 시공간이라는 단일 구조의 일부라는 것이다.

이 이론에 따르면, 우리가 공간을 차원으로 보듯이 시간도 그렇게 보는 것이 최선이다. 통상의 3차원 공간에서 우리는 동−서, 남−북, 상−하로 움직인다. 시간 차원에는 과거와 미래가 있다. 물리학자들은 사람들이 보통 공간에 대해서 말하는 것과 똑같은 방식으로 시공간을 취급한다. 시공간은 시간과 공간을 연결하는 탄력 있는 판, 체조선수의 트램펄린 같은 것으로 생각하면 편리하다. 공간은 수축될 수 있고 시간은 느리게 흐를 수 있으며 그 역도 가능하다. 어떤 효과가 나오는지는 중력의 원천(일반상대성 이론)에 그리고 시간의 간격과 공간의 거리를 관측하는 몇몇의 관찰자들이 서로에 대해서 어떤 상대 속도로 움직이고 있는지(특수상대성 이론)에 달려 있다.

우리의 실생활은 빛의 속도에 비해서 너무나 느리고, 지구의 중력은 시공간을 많이 휘게 하지 않는다. 따라서 일반상대성 이론과 특수상대성 이론이 야기하는 변화는 그냥 무시할 만한 수준이다. 시야가 3차원으로 제한된 우리는 실재를 근시안적으로 보고 있으며, 시간과 공간을 두 가지의 서로 다른 존재로 분리해서 인식한다. 하지만 일반상대성 이론의 처방에 따른 안경을 쓰면, 시공간의 통일과 그 속에 포함된 모든 아름다움을 볼 수 있다. 우리에게는 그런 안경이 없는 대신에 수학이 있다. 시공간의 이상한 확장과 수축은 잘 이해되고 있고 실험으로도 검증되었다. 시간과 공간은 우리가 자연세계의 변화를 계량화하기 위해서 만든 도구라는 점을 상기하라. 이것을 좀더 유연하게 움직이게 만드는 것은 우리의 설명을 개선하기 위해서 필요한 작은 적응적 변화일 뿐이다.

우주의 시작점으로 거슬러올라가면 공간이 점점 축소된다. 따라서 우리는 양자물리학이 아기 우주에 미치는 영향을 알아볼 수밖에 없다. 아기 우주 전체의 크기는 원자 수준이다. 여기에 난관이 있다. 우리는 지금껏 양자역학과 양립하는 중력 이론을 구축할 수 없었다. 우리는 원자의 안절부절못하는 속성이 초기 우주에도 해당되어야 한다는 사실을 알고 있다. 하지만 어떻게? 극미 세계에서는 모든 것이 요동치기 때문에 서로 가까운 거리에 있는 시간과 공간도 요동칠 것이다. 이에 따라서 우리가 당연히 여기는 거리와 시간 간격의 측정은 확률적이 된다. 다시 시공간을 탄력 있는 판으로 생각해보자. 양자 수준에서 우리는 이 판을 무수히 많은 방식으로 뒤틀고 변형시키는 진동을 보게 될 것이다. 시간은 미쳐 날뛰며 흐른다. 여기서 나오는 결과는 믿기 어려울 정도이다. 거리와 시간을 측정할 믿을 만한 수단도 없고, 측정 결과를 확률적으로 해석할 방법도 없는 탓에 물리학 체계 전체가 산산조각으로 부서진다. 시간과 공간 속에서 무엇인가 일어난다는 뜻에서의 현상(phenomenon)이라는 개념은 무의미해진다.

이는 19세기가 끝날 무렵의 상황과 꼭 마찬가지이다. 우리에게는 새로운 아이디어, 양자 이론과 아인슈타인의 중력을 결혼시킬 새로운 시공간 이론이 필요하다. 새 이론은 그 구조가 어떻든 간에 우주의 시간으로 볼 때 좀더 후기에 일어난 일에 대한 관측 결과를 반드시 재현해야 한다. 즉 우주의 팽창, 가벼운 원자핵의 풍부함, 극초단파 우주 배경복사의 등방성(等方性) 등이 그 예이다. 우리가 사는 우주와 양립해야 한다는 것은 최소한의 요구 조건이다. 현대의 후보 이론은 초끈 이론들과 고리 양자중력 이론이지만 어느 쪽도 현재까지 알려진 우리 우주를 재현한다고 설득력 있게 주장하지는 못한다. 초끈 이론들은 소위 만물의 이론, 최종 진리의 현대적 변형이라는 특징을 가지고 있다. 이들은 오늘날 우세한 원자론적 관점과는 완전히 다른 틀을 제시한다. 여기서 물질의 근본 구성요소는 전자와 같은 개별 점 입자가 아니라 꿈틀거리는 미세한 끈이다. 전자나 광자와 같은 자연의 다양한 입자들은 이들 근본 끈들의 다양한 진동 패턴의 결과로 생성된다. 그 지지자들은 이 이론을 환원주의의 극치, 자연에 대한 완전한 통일 이론으로 본다. 그러나 어떻게 하면 이를 달성할 수 있을지는 아무도 모른다. 지구상에서 가장 머리가 좋은 사람들 중의 일부가 30년이 넘게 열심히 연구해왔음에도 불구하고 말이다. 나는 이것을 피타고라스 학파의 신화로 본다. 기하학적 주장을 기반으로 자연에 대한 일신론적 설명을 추구하는 것이 현대적으로 변형된 것이라는 말이다. 대칭성은 편리한 도구에서 무엇보다 중요한 도그마로 바뀌어버렸다. 하지만 영국에서 대학원을 다니던 시절의 나는 이렇게 생각하지 않았다. 그때는 최종 진리를 찾는 데에 전념하고 있었다. 이보다 멋지고 마음에 끌리는 이론은 없었다. 대학원 시절에 썼던 6편의 논문 모두와 박사학위를 받은 다음에 쓴 몇몇 논문들은 초끈을 기반으로 한 통일의 다양한 측면을 다룬 것이었다. 내가 생각을 바꾸게 된 경위는 다음 제3부에서 설명할 예정이다. 먼저 우리는 양자중력 이론(quantum theory of gravity)—양자역학을 일반상대성 이론과 연결시키려는 시도—에서 양자 시공간을 어떻게 기술하는지를 알아보아야 한다.

만일 양자역학이 우주 초기에도 살아남을 수 있다고 가정한다면—그러지 않을 이유는 현재까지 발견되지 않았다—양자 요동(quantum fluctuation)은 시공간 자체의 요동을 유발하게 될 것이다. 이 책 앞머리의 시로 다시 돌아가서 기하학적 거품으로 이루어진 수프를 생각해보라. 무한한 다중우주 속에 동시적으로 존재하는, 가능한 모든 유형의 수프이다. 만일 우주가 오케스트라라면 모든 교향악, 모든 가능한 소리가 동시에 연주되고 있을 것이다. 가장 숭고한 것에서 가장 엉성한 것까지, 가장 길고 정교한 음악 소절에서 가장 짧은 불협화음에 이르기까지 모든 음악과 소리가 동시에 나오고 있을 것이다. 당연히 이 모든 연주에는 지휘자가 없다. 초끈 이론의 일부 버전은 가능한 우주로 이루어진 거의 무한한 바다, "경치"의 존재를 예측한다. 이 명칭은 연상을 매우 쉽게 떠오르게 한다. 골짜기와 봉우리가 멀리까지 뻗어 있는 경치를 상상해보라. 경치 속의 각기 다른 계곡은 각기 다른 속성을 가진 각기 다른 우주에 대응한다. 이 우주들은 심지어 자연의 상수 값도 각각 다를지 모른다. 일부는 빛의 속도가 우리 것보다 빠른 우주일 것이고 일부는 더 느린 우주일 것이다. 빛이 없는 우주, 전자가 우리 우주와 다른 전하와 질량을 가진 우주도 있을 것이다. 이 경치에는 시간이 없다. 잠재적인 우주들을 지도화해서 보여줄 뿐이고,

각각의 우주는 초끈 이론 방정식의 가능한 해들 중의 하나일 뿐이다.[7] 많은 끈 이론가들의 기대와 달리 경치에서 떠오르는 그림은 "우아한" 것과는 거리가 멀다. 만일 경치 개념이 유지되고 어느 계곡도 다른 계곡들보다 더 설득력 있는 것으로 나타나지 않는다면 유일성이라는 꿈, 우리 우주를 설명하는 해를 찾는다는 꿈은 포기해야 할 것이다. 물리학에 전일성을 부여하고 세계의 최종 진리를 드러내줄 것으로 기대되던 바로 그 이론이, 그런 생각이 얼마나 무의미한가를 보여주는 것으로 끝나다니, 아이러니한 반전이 아닐 수 없다.

우주의 시작 이야기로 다시 돌아가보자. 설사 우리가 끈 이론이 불러낸 경치를 제거한다고 할지라도, 어떤 형태로든 살아남아야만 하는 기본 개념이 있다. 양자 수준에서 볼 때 시공간은 요동하는 기하학의 수프로서 서술될 수 있다는 개념이 그것이다. 현재 여러 종류의 양자중력 이론이 경쟁하는 중이지만, 모두에 공통되는 요소는 시공간의 요동을 포함한다는 점이다.[8]

따라서 우리 우주는 이 같은 양자 수프에서 튀어나왔을 것이다. 이 거품(우리 우주)은 그렇게 될 확률이 대단히 낮은 자연 상수들의 조합으로 이루어져 있어야만 한다. 스스로의 존재에 대해서 곰곰 생각해보는 생명체를 포함해서, 대단히 복잡한 구조를 탄생시킬 수 있어야 하는 까닭이다. 오케스트라에 비유한다면, 우리의 음악이 아름답다고 말하고 싶은 유혹에 저항하기는 어렵다. 아름답다는 것은 그러므로 희귀하다는 뜻이다.

지금까지의 논의에는 무엇인가가 빠져 있다. 시간과 공간은 매력적인 것이기는 하지만, 이야기의 일부에 지나지 않는다. 물질이 전혀 없는 우주라는 것은 정말 흥미가 떨어진다. 하지만 요동치는 이들 우주 거품에 어떤 물질을 집어넣을 수 있을 것인가? 근거가 될 만한 관측 자료가 없으니 선택지는 넘쳐난다. 우리에게는 정말 단서가 없다. 아주 초기 우주의 화석은 발견된 것이 없다. 물론 화석의 후보들은 있지만 구체적으로 관측되지 않는다. 그만 수건을 던지고 무승부를 선언하고 싶다는 느낌이 드는 지점이다. 이제는 레이저 물리학이

나 유체역학 등 그렇게 극적으로 믿음을 도약시키지 않아도 되는 영역을 연구하는 쪽으로 방향을 전환하고 싶다는 느낌 말이다. 하지만 모든 것이 실패한 것은 아니다. 만일 올바른 "듣는" 도구를 이용한다면, 우리 우주는 스스로의 과거에 대해서 많은 것을 이야기해줄 것이다. 현대 우수론의 전략은 지금 우주의 속성을 측정해서 그 어린 시절을 추정하는 열쇠로 이용한다는 것이다. 그래서 빅뱅 이론은 축적된 관측 결과와 양립할 수 있도록 수정되었다. 이 작업은 여전히 진행되는 중이다.

19
우리가 보는 우주

우리 우주를 관찰한 결과들의 핵심 중에서 첫 번째 것은 매우 명백하다. 정말 크다는 것. 얼마나 클까? 여기서 우리는 매우 조심해야 한다. 우리가 말할 수 있는 것은 우리가 볼 수 있는 부분, 다시 말해서 망원경과 안테나로 관측할 수 있는 부분으로 한정된다. 빛의 속도가 정보교환 속도의 한계라는 점을 생각하라. 빛보다 빨리 여행할 수 있는 것은 없기 때문에 우리가 받을 수 있는 신호도 우리의 인과적 과거에 포함된 지역에서 오는 것만으로 한정된다. 다시 말해서 시간이 시작된 이래 빛의 속도로 우리에게 도달할 시간이 있었던 정보만 수신이 가능하다는 말이다. 예를 들면 태양은 지구로부터 8광분(光分) 떨어져 있다. 만일 태양이 지금 폭발한다고 해도 우리가 이를 알아채려면 8분이 지나야 하는 것이다. 가장 가까운 항성인 알파 센타우리는 지구에서 약 4.37광년(光年) 떨어져 있다. 우리가 하늘에서 이 별을 볼 때, 사실 우리는 4.37년 전의 모습을 보는 것이다. 빛이 우리에게 도달하는 데에 걸리는 시간 때문이다.* 은하수를 벗어나서 더 먼 곳으로 눈을 돌려보면 안드로메다, 약 250만 광년 떨어져 있는 우리의 이웃 은하가 있다. 우리가 보는 빛은 우리의 호미니드(사람과[科]) 조상이 아프리카 사바나에서 퍼져나갈 당시에 지구를 향해서 출발한 것이다. 우주의 깊은 곳을 들여다보는 것은 시간적으로 과거를

---

* 1광년은 빛이 진공 속을 1년간 달리는 거리이다. 이는 약 9조5,000억 킬로미터, 지구와 태양 사이의 평균 거리의 6만3,000배에 해당한다.

돌아보는 것이다.

얼마나 먼 과거까지 볼 수 있을까? 매우 멀리까지이다. 오늘날의 망원경은 아주 짧은 감마선에서 아주 긴 라디오파에 이르는 모든 파장의 전자기 복사를 탐사한다. 가장 먼 (그리고 가장 오래된) 파원(波源)들은 매우 희미하거나 보이지 않는다. 천문학자들은 극단적으로 강력한 망원경을 사용해서 이런 것들을 "본다." 다양한 관측을 결합해서 하나의 파원을 탐사하는 일도 흔하다. 가시광선에서 자외선, 라디오파에 이르는 다양한 빛을 한곳에 모아서 보는 것이다. 예를 들면 2008년 초에 미국의 럿거스 대학교와 펜실베이니아 주립대학교의 천문학자들은 지구에서 120억 광년 떨어진 곳에서 우리 은하수와 같은 나선은하의 아기 버전을 발견했다고 발표했다. 우주 자체의 나이가 140억 년(정확히는 137억3,000만 년)밖에 되지 않았는데, 이들 은하의 빛은 120억 년을 달려서 우리에게 도달했다. 태양과 지구가 존재하기 약 80억 년도 전에 출발한 빛이다.

우리는 태초의 순간까지도 볼 수 있을까? 더 강력한 전파 망원경만 설치하면 되는 문제일까? 불행히도 그렇지 않다. 먼 곳의 물체를 본다는 것은 거기서 나온 광자를 포획한다는 의미이다. 결국 이것은 그 물체를 떠난 빛이 상대적으로 방해를 받지 않고 우리 망원경이나 안테나까지 여행해야 한다는 뜻이다. 과거로 거슬러오르다보면 불투명한 벽, 즉 최초의 원자가 생성된 시기와 만나게 된다. 이 시기 이전에 광자는 전자와 양성자의 결합을 끊느라 바빴고, 공간을 가로질러 자유롭게 여행할 수 없었다. 바로 이때가 극초단파 우주 배경복사가 방출된 시기, 빅뱅 40만 년 후이다. 이 시기 이전의 우주를 탐사하려면 전자기 복사 이외의 단서를 찾아야 한다. 이미 우리는 그런 대상을 만났다. 헬륨과 리튬의 가벼운 원자핵은 우주의 나이가 약 1분일 때에 만들어진 것이다.

아주 어린 우주를 향한 길목에 불투명한 벽이 서 있다고 해도, 우리는 은하 그리고 우주의 극초단파 배경에 관한 천문학적 관측 결과들을 합쳐서 우리 우주에 대해서 몇 가지 중요한 진술을 할 수 있다. 첫째이자 가장 중요한 점은 충분히 넓은 지역을 들여다보면, 우리 우주는 평균적으로 어디나 균일해 보인다는 사실이다. 물론 별이 가득한 밤하늘은 이 진술과 부합되지 않는 것으로 보인다. 우리는 질서를 찾으려는 욕망 때문에 밤하늘을 우리의 환상과 바람으로 채운다. 사자와 게, 영웅과 용의 별자리가 있는 것은 그 때문이다. 이러한 패턴이 나오는 것은 별들을 하늘에 있는 2차원의 둥근 천장에 투영하기 때문이다. 실제로 3차원으로 보면, 각 별자리의 별들은 서로 수십, 수백, 수천 광년 떨어져 있고, 전혀 뚜렷한 패턴을 형성하지 않는다. 우주가 평균적으로 한결같아 보인다는 말은 수억 광년의 거리를 기준으로 그 속에 흩어져 있는 물체들을 보았을 때, 모두 비슷해 보인다는 뜻이다. 예를 들면 무더운 일요일 아침, 미국 플로리다 주 사우스 비치나 브라질 리우의 이파네마와 같이 붐비는 해안을 상상해보라. 가까이 다가가야만 빨간 머리와 노란 머리, 타월 위에 누워서 열심히 문자를 주고받는 10대, 모래성을 쌓는 아이, 조가비를 줍는 사람들의 세부적인 차이점을 다양하게 구별할 수 있다.

우주가 대체로 균일하고 등방성(어느 장소, 어느 방향이나 동일하다)을 가진다는 것은 심하게 단순화된 표현이다. 우리가 우주의 전반적인 역사에만 관심을 가져야만, 이 은하나 저 은하에서 무슨 일이 일어나는가와 같은 세부사항을 생략하고 전체 우주, 다시 말해서 우주가 시간의 진행에 따라 어떻게 진화하는가의 문제에만 집중할 수 있다. 이렇게 우주의 전체적인 진화에만 집중하는 것이 빅뱅 모델의 핵심이다. 은하의 생성이나 별의 탄생 같은 국지적인 세부사항은 별개의 이슈이다.

우리는 우주가 균일하다는 근사치를 신뢰할 수 있을까? 다행히도 그렇다. 천문학적 자료와 우주 초단파 복사가 이를 뒷받침한다. 사실 우주 배경복사는 믿을 수 없을 정도로 균일하다. 평균값인 절대 온도 2.73도를 벗어나는 변이는 극히 미미하다. 만일 우주가 40만 년이 되었을 때 물질이 매우 큰 덩어리들로 흩어졌다면, 그 주변 공간의 곡률은 극초단파 복사파의 광자들에 영향을 미쳤을 것이다. 광자의 에너지는 곡률의 영향으로 늘거나 줄게 된다. 이러한 일이 일어났다면 극초단파의 온도는 크게 요동쳤을 것이지만, 이는 관측 결과와 배치된다.

1989년에 NASA는 COBE(Cosmic Background Explorer, 우주 배경 탐사선)를 쏘아올렸다. 1965년에 펜지어스와 윌슨이 한 것보다 훨씬 더 정밀하게 극초단파 복사의 속성을 측정하기 위한 것이었다. 그 결과는 놀라웠다. 극초단파의 온도가 기막히게 균일했을 뿐만 아니라 평균값의 변동폭도 극단적으로 작아서 10만 분의 1에 불과했던 것이다. 이를 지구 표면과 비교해보자. 만일 우리가 지구상의 모든 산을 10만 분의 1로 수축시킨다면, 에베레스트(지구 표면의 평균 고도상 최대 폭의 "변동"에 해당한다)의 높이는 1미터에도 미치지 못할 것이다(정확히는 0.088미터, 8.8센티미터이다). 사람의 크기는 아메바의 약 40분의 1이 될 것이다. 우주 탐사 임무에서 이 정도의 정확성을 얻은 것은 대단한 기술적 업적이다. 2006년에 천체물리학자 존 매더와 조지 스무트가 COBE 프로젝트를 지휘한 공로로 노벨상을 수상했다.

은하들과 극초단파 배경복사를 관측한 결과, 우리 우주의 매우 중요한 속성이 또 하나 드러났다. 물질과 복사가 놀라울 만큼 균일하게 퍼져 있다는 사실과 별도로, 우리 우주는 또한 평평했다. 우리 우주는 매우 지루한 장소처럼 보이는데 사실이 그렇다. "우주가 평평하다"는 말이 정확히 무슨 뜻일까? 아인슈타인의 일반상대성 이론 그리고 물질과 기하 간의 관계를 생각해보자. 기하학 체계는 세 종류밖에 없다. 탁자의 윗면처럼 평평한(평면) 기하학, 이것은 우리에게 익숙한 종류이다. 공의 2차원 표면처럼 닫힌 기하학, 이것은 어디서나 곡률이 같다. 2차원 말의 안장 표면처럼 열린 기하학, 이것은 곡률이 두 방향이다. 안장의 양옆은 내리막이고 앞뒤는 오르막이다. 모든 예가 2차원 형태인 것은 이유가 있다. 우리는 3차원 표면을 보는 것이 어렵기 때문이다. 둥근 공이나 말의 안장을 마음속에 떠올리는 것은 쉽다. 이들 면을 거리를 두고, 즉 3차원의 시각에서 볼 수 있기 때문이다. 3차원의 면을 보려면 4차원의 공간으로 나가야 한다. 이는 수학만이 할 수 있는 일이다.

기하학 체계는 거리 측정과 관계가 있다. 평평한 탁자 위에서 두 점 사이의 거리는 두 점을 직선으로 이으면 잴 수 있다. 똑같은 일을 구의 면이나 안장의 면에서도 할 수 있다. 그러면 곧 이들 면의 기하학적 속성이 각기 다르다는 것을 알 수 있다. 예컨대 유클리드 기하학의 유명한 법칙, 삼각형의 내각의 합이 180도라는 것은 평면 기하학에서만 옳다. 닫힌 기하학에서는 180도보다 크고, 열린 기하학에서는 180도보다 작다. 거리와 각도를 재보면, 각각의 기하학을 구별할 수 있다. 우주가 평평하다는 것은 유클리드의 평면 기하학 법칙을 따른다는 뜻이다.

하지만 우주에서의 거리는 너무 큰 규모이기 때문에 천문학자들이 실제로 거리를 잴 때는 다른 방법을 이용한다. 우주는 극도로 균일하기 때문에 우리는 국지적 변이를 무시하고 전체로서의 우주가 시간에 따라서 어떻게 진화하는지를 연구할 수 있다. 이것이 바로 1929년에 허블이 탐사를 시작한 연구이고 오늘날 우리가 허블 우주 망원경과 지상 망원경을 이용해서 극도로 정밀하게 할 수 있게 된 연구이다. 빅뱅 모델에 따르면, 우주의 시간적 진화와 우주가 포함하는 물질의 양 사이에는 깊은 관계가 존재한다. 다시 말해서 우주가 팽창(혹은 수축)하는 속도는 우주에 얼마나 많은 물질이 있는지를 알려준다. 물질이 많은 우주라면, 자체 중력이 강하게 끌어당길 것이기 때문에 팽창하기가 어려울 것이다. 물질이 적은 우주라면, 보다 자유롭게 팽창할 수 있을 것이다. 지구나 달에서 로켓을 쏘아올리는 데에도 같은 추론이 적용된다. 지구의 중력이 당기는 힘이 달의 그것보다 (6배쯤) 크기 때문에 지구에서 로켓을 쏘려면 달에서보다 더 많은 에너지가 필요하다. 비디오에 나오는 우주 비행사들이 달 표면을 가볍게 껑충껑충 뛰는 것도 바로 이 때문이다. 은하들이 서로 멀어지는 속도와 극초단파 배경복사의 속성을 측정한 결과는 우리 우주가 평평하다는 쪽을 단호하게 가리킨다. 그 정확도는 98퍼센트이고 닫힌 기하학 쪽으로 아주 약간 편향되어 있다. 아직도 확신할 수는 없지만 측정이 더 정확해지면 아마도 평평한 우주에 더욱 가까운 것으로 드러날 것으로 보인다.

우주가 평평하다는 것은 물질과 에너지의 총량이 너무 많지도 적지도 않아서 미묘한 균형을 이루고 있다는 뜻이다. 지금보다 조금만 많으면 닫힌 우주가, 조금만 적으면 열린 우주가 될 것이다. 그 차이에 따라서 우주의 행태는 극적으로 달라진다. 닫힌 우주라면 한동안 팽창하다가 다시 수축해서 붕괴해버릴 것이다. 물질이 많으면 많을수록 "대붕괴(big crunch)"가 더 빨리 일어날 것이다. 이와 대조적으로 평평한 우주와 열린 우주는 팽창을 계속할 것이다. 열린 우주의 팽창 속도는 평평한 우주보다 빠르다. 보다 정확히 말하자면, 평평한 우주의 물질과 에너지 밀도는 임계 에너지 밀도라고 불리는 극히 특정한 값을 취한다. 우리 우주는 이 값이 1제곱미터당 수소 원자 약 10개에 해당한다. 평균적으로 보아서, 우리 우주는 텅텅 비어 있는 것이나 마찬가지이다.

우리는 우리가 보는 우주가 균일하고 평평하다고 자신 있게 말할 수 있다. 그리고 우리가 관측하는 범위, 우리의 지평선(수평선)이라고 불리는 것을 넘어선 바깥에는 더 넓은 우주가 있음이 틀림없다. 바다에서 수평선이란 하늘이 물과 맞닿은 것으로 보이는 먼 곳이지 실제로 바다의 끝은 아니다. 이는 우주에도 똑같이 적용된다. 우리의 수평선 바깥에는 더 넓은 우주, 우리의 망원경이 영원히 미칠 수 없는 우주가 있다. 우리 우주 중에서 보이는 부분을 지구를 중심으로 한 거대한 거품으로 생각하면, 그 수평선은 우리 과거의 가장 먼 지점에 해당한다. 사실 이것이 우리가 관측할 수 있는 우주이다. 숫자로 표현하자면, 관측 가능한 우주의 반지름은 광년으로 따질 때 우주 나이의 3배가 약간 넘는, 약 460억 광년이다.[9]

20
비틀거리는 빅뱅 모델

이제 우리 우주의 전체 모습이 어떤지를 알았다. 다음 과제는 왜 그런지 이유를 아는 것이다. 빅뱅 모델이 비틀거리기 시작하는 것은 이 지점이다. 우주의 균일성과 평평성은 모델이 예측한 것이 아니라 모델을 이해하기 위해서 사후에 삽입한 자유 상수이다. 집을 지으려면 벽돌과 시멘트가 필요하고, 이를 결합해서 집 모양을 만들 청사진도 필요하다. 청사진이 달라지면 같은 벽돌과 시멘트를 쓴다고 해도 다른 집이 나온다. 우주론에서 벽돌과 시멘트는 물리 법칙에 해당한다. 동일한 물리 법칙을 이용해도 청사진이 다르면 다른 우주가 나온다. 우리가 대답해야 하는 질문은 왜 하필 이 집일까 하는 것이다. 우리 우주의 청사진을 결정하는 것은 무엇일까, 그것이 균일하고 평평하다는 사실일까?

이것은 겉으로 보이는 것보다 더 절박한 문제이다. 우리는 우주 배경복사가 절대 영도보다 2.73도 높은 온도이며 매우 균일하다고 밝혔다.* 이것은 기묘한 역설을 낳는다. 당신이 우리 수평선의 중심에 있다고 생각해보라. 당신에게는 강력한 극초단파 안테나가 있어서 우주의 모든 방향으로부터 오는 복사의 온도를 측정할 수 있다. 이제 정반대 방향의 두 곳, 예를 들면 동쪽과 서쪽에서 오는 복사의 온도를 잰다고 하자. 그러면 양쪽 모두에서 2.725K라는 결과가 나올 것이다. 이것이 사전에 예측될 수 있는 결과일 수 있을까? 일반적으로

---

* 현재로서 가장 정확한 값은 2.725K이다. 이를 편의상 2.73K로 표현한다.

각기 다른 장소의 온도가 동일하다는 것은 그곳에 있는 물질들이 서로 접촉하고 있다는 뜻이다. 예를 들면 차가운 물이 반쯤 차 있는 욕조에 뜨거운 물 한 통을 붓는다면 온도가 일정해지는 데에는 시간이 걸릴 것이다. 새로이 일정해진 온도, 소위 **평형 온도**는 차가운 물과 뜨거운 물의 중간 지점 어딘가에 형성될 것이다. 물이 새로운 평형 온도에 도달하는 데에 걸리는 시간은 **평형 시간**이라고 불린다. 이는 차가운 물과 뜨거운 물 분자들 사이의 충돌에 의해서 결정된다. 뜨거운 분자는 더 빨리 움직이고 더 세게 부딪친다. 그래서 차가운 분자의 속도를 빠르게 하면서 자신은 에너지를 잃고 속도가 줄어든다. 온도는 분자가 운동하는 속도에 의해서 결정된다. 수많은 충돌이 생기고 나면 모든 분자의 속도는 비슷해진다. 열 평형이란 평균적으로 분자들의 속도, 따라서 온도가 같아진 상태를 말한다. 물론 평균의 주변에 변이는 있겠지만, 이는 크게 중요하지 않다.

우리의 우주적 수평선 내에 있는 우주 전체는 열 평형 상태의 복사로 가득 찬 구형의 욕조와 같다. 문제는, 동쪽 끝 지점과 서쪽 끝 지점은 우리로부터 같은 거리만큼 떨어져 있지만 양자 간의 거리는 2배에 이르고, 따라서 각각 상대측 수평선의 바깥에 있게 된다는 것이다. 우리가 수평선으로 이루어진 구체의 중앙에서 거리를 잰다는 점을 기억하자. 욕조 안의 뜨거운 물 분자와 차가운 물 분자와는 달리, 양쪽 지점은 그 거리를 감안하면 서로 인과적 접촉을 할 수가 없다. 그럼에도 불구하고 양쪽의 온도는 오차범위 10만 분의 1이라는 놀라운 정확도로 일치한다. 빛보다 빨리 전파될 수 있는 물질이나 복사는 없기 때문에 이 같은 평형 메커니즘은 확실히 정상이 아니다. 이는 물리 법칙에 위배되는 메커니즘이 아닐까? 이 미스터리에는 "지평선(수평선) 문제"라는 이름이 붙었다. 여기에 우주가 평평하다는 것을 해명할 메커니즘이 없다는 "평평성 문제"가 가세한다. 이 두 가지는 빅뱅 모델의 가장 심각한 한계로 꼽힌다. 우리에게는 새로운 아이디어, 상식을 뛰어넘는 발상이 필요하다.

21
우주의 시작으로 돌아가서

우리가 보는 우주는 균일하고 평평하다. 극초단파 배경복사의 온도가 일정하다는 것은 적어도 빅뱅 40만 년 후부터 지금까지, 다시 말해서 우주의 역사 대부분에 걸쳐서 계속 온도가 일정했다는 것을 의미한다. 사실 우리 우주는 생성되고 몇 분 후부터 계속 이런 상태였을 것이다. 그 몇 분이란 양성자와 중성자가 융합해서 가벼운 원자핵을 처음으로 생성하는 소위 원시 핵합성(primordial nucleosynthesis)의 시기를 말한다. 오직 균일하고 평평한 우주만이 가벼운 원소의 핵을 우리의 관측 결과와 일치할 만큼 많이 만들어낼 수 있었을 것이다. 이는 우리가 우주가 탄생한 지 약 1초밖에 되지 않았을 당시에 일어난 일까지 잘 이해하고 있다는 뜻이다. 이것은 현대 우주론의 놀랄 만한 업적이다.

와인버그의 『최초의 3분』은 여기서 끝난다. 이보다 더 이른 시기에 관한 극소수의 논평도 포함되어 있지만, 와인버그는 그것이 공허하다고 인정했다. 그렇지만 우주 역사의 첫 1초 속에는 새롭게 탐구할 영역이 많다는 생각도 포함되어 있다. 우주의 전체적인 속성을 규명했으니, 이제 우리는 빅뱅 모델을 넘어서 더 어려운 문제를 공략해야 한다. 우리 우주가 이러한 모습이 된 이유는 무엇인가?

내가 리우 가톨릭 대학교를 졸업하던 해인 1981년, 앨런 구스(현재 MIT 교수)가 급진적인 아이디어를 떠올렸다. 만일 어린 우주가 잠깐 동안 빛보다 빠른 속도로 팽창했다면 어떻게 될까? 그렇다면 설명될 수 있는 것들이……. "잠깐! 빛보다 빨리 움직일 수 있는 것은 없다고 생각했는데요." 주의 깊은 독자는 항의할 것이다. 물질과 복사는 그럴 수 없는 것이 사실이다. 그러나 공간은 할 수 있다. 이것을 금지하는 물리 법칙은 없다. 거리를 따라 가로등이 있는 장면을 다시 생각해보자. 여기서 각각의 가로등은 하나의 은하를 나타낸다. 우주의 팽창은 거리 자체가 고무처럼 늘어나는 것에 비유할 수 있다. 이 경우에 거리는 자신이 팽창하는 속도로 가로등이든 무엇이든 움직이게 할 것이다. 하지만 가로등의 전구에서 나오는 빛은 정상적인 속도로 일정하게 움직이고 있을 것이다. 빛의 속도는 정보가 전달될 수 있는 속도의 궁극적 한계이다. 우주에는 이 같은 한계가 없다.

구스의 아이디어는 시간의 초기에 공간 자체가 엄청난 속도로 팽창했다는 것이다. 당초에 가까이 있었던 두 지점은 빛보다 빠른 속도로 멀어졌을 것이다. 이 팽창이 제대로 작동하기 위해서는 지수적으로 빠른 속도였어야 한다. 그래서 우주론적 초팽창(cosmological inflation)이라는 이름이 붙었다.[10]

여기서 두 가지 질문이 명백하게 떠오른다. 우주가 빛보다 빨리 팽창하면 어째서 빅뱅 모델의 문제점이 해결되는가? 무엇이 우주를 그런 속도로 팽창하게 만들었는가?

먼저 우리는 초팽창(인플레이션)이 어떻게 빅뱅 모델에 도움을 주는지를 알아볼 것이다. 그것이 더 간단하기 때문이다. 우리가 파티에서 풍선을 불면 어떤 일이 일어나는가? 풍선 표면의 작은 부분 한 곳에 초점을 맞추면, 이 부분은 풍선이 팽창함에 따라 점점 평평해진다. 이제 10의 60승 배의 지수적 팽창을 생각해보자 — 이것은 우주의 초팽창이 효율적이기 위해서 필요한 숫자이다. 풍선의 표면은 엄청나게 평평해질 것이다. 비교를 위해서 지구가 이런 비율로 팽창했다고 생각해보자. 그러면 에베레스트와 같은 돌출 부위는 양성자의 100만 분의 1 크기로 줄어들 것이다. 이와 마찬가지로 이 같은 극적인 팽창이 일어난 뒤의 우주는 매우 평평한 모습으로 관찰될 것이다. 평평성 문제 이야기는 이 정도로 족하다.

지수적 팽창은 지평선 문제도 해결해준다. 물질과 복사가 서로 열 접촉을 할 수 있을 정도로 극도로 좁은 지역 안에 함께 갇혀 있다고 생각해보자. 이는 서로가 빠른 속도로 충돌하는 상호작용을 할 수 있다는 뜻이다. 그러면 둘은 일정한 온도로 열 평형을 이룰 수 있게 된다. 이 지역이 어마어마한 크기로 초팽창하면, 그 내부의 물질 입자와 복사는 평형 상태로 남게 된다. 초팽창은 다음의 시나리오를 가능하게 만들어준다. 시간이 시작될 때 물질과 복사가 열 평형을 이룰 정도로 아주 좁은 지역이 있었고, 그 지역으로부터 지금의 관측 가능한 우주 전체가 태어났다는 시나리오이다. 1초보다 엄청나게 짧은 시간 동안에 이 지역은 10의 60승 배 이상으로 팽창해서 우리가 보는 우주를 포함하는 전체 우주를 만들 수 있었다. 공간의 초광속 팽창은 어떤 물리 법칙도 위반하지 않고 인과의 한계를 극복하게 해준다.

초팽창은 아름다울 정도로 단순하고 효과적인 아이디어이다. 이제 우리는 논의를 거꾸로 되돌려, 관찰된 우주의 평평성과 균질성은 인플레이션(초팽창) 우주론에서 예측되는 것이라고 말할 수도 있다. 앞으로 보게 되듯이, 이 우주론은 관측 결과와 일치하는 다른 예측도 내놓았다.

커다란 설명력을 가진 단순한 이론은 과학자의 입장에서 엄청나게 매력적이다. 이론의 미학이 철학에 등장한 것은 최소한 10세기부터이다. 14세기 영국의 일류 스콜라 철학자이자 프란체스코회 수도사였던 윌리엄 오컴은 실재의 다양한 측면을 설명하려는 이론들을 조직화하고 단순화하는 기법을 최초로 개발한 인물이다. 그는 "불필요하게 복잡한 언명(言明)을 제시해서는 안 된다"고 썼다. 경합하는 이론들 중에서 하나를 골라야 할 때, 과학자들은 오컴의 면도날(Ockham's razor)이라고 불리는 척도를 이용한다. 이것은 동일한 현상을 설명하는 두 가지 방법이 있을 때 더 단순한 방법을 진리라고 가정하는 것이다. 뉴턴의 만유인력과 다윈의 진화론이 대표적인 사례이다. 설사 다른 설명이 가능하다고 해도 그만큼 경제적이지 않으며 따라서 부정확한 것으로 치부된다. 그렇기는 하지만, 심지어 옳다고 간주되는 논리라도 유효한 범위 내에서만 작동한다는 사실을 알아야 한다. 너무 멀리까지 밀고 나가면 이론은 틀리게 된다.[11]

오컴의 면도날은 유용한 것이기는 하지만, 혼자서는 작동하지 못한다. 이론의 타당성을 최종 결정하는 것은 언제나 자료들이다. 이는 미학적 아름다움과는 무관한 사항이다. 처음에는 옳은 것으로 보였던 더 단순한 이론이 새로운 관측 결과를 설명하지 못할 수가 있다. 이러한 경우에 과학자들은 새로운 공식을 개발하거나 옛 아이디어를 되살린다. 후자는 과거에 오컴의 시험을 통과하지 못했던 것일 수도 있다. 새로운 이론을 모색할 때는 오컴의 면도날이 선택 도구에 불과한 것으로, 주어진 이론의 타당성을 검증하는 데에 쓰여서는 안 된다는 것을 잊지 않는 것이 중요하다. 최종 판결을 내리는 것은 자연이다. 즉 더 단순한 이론이 항상 더 나은 이론인 것은 아니다. 이론 발명이 한창일 때는 미학적 가치를 선택 기준으로 삼아서 "아름다운" 혹은 "우아한" 아이디어를 올바른 아이디어와 혼동하기 쉽다. 우리의 미학적 바람과 상충되기는 하지만, 아름다움이 항상 진리인 것은 아니다.

22
색다른 원시 물질

인플레이션 이론은 강한 설명력을 갖추고 있기는 하지만 의심의 여지없이 확인된 이론은 아니다. 주요한 장애물은 이 이론이 무엇을 설명할 수 있는가가 아니라 어떻게 그런 일이 일어나는가, 즉 초팽창을 일으키는 물리적 메커니즘이 무엇인가 하는 문제이다. 상황이 나빠지기 시작하는 것은 이 지점부터이다.

무엇이 초기 우주를 빛보다 빠르게 팽창하도록 만들 수 있었는가? 이 질문에 대답하려면 물질과 에너지가 공간의 곡률을 결정한다는 아인슈타인의 일반상대성 이론을 상기할 필요가 있다. 물질의 종류가 다르면 공간의 기하학에 미치는 영향도 달라질 것이다. 실제로 최첨단 컴퓨터를 사용해도 이와 관련된 방정식을 풀기는 대단히 버겁다. 물질의 복잡한 분포는 매우 복잡한 기하학을 생성하기 마련이기 때문이다.

다행히 우주론에서는 사태가 훨씬 더 단순하다. 우리의 관심은 전체로서의 우주의 행태에 한정되어 있기 때문에 우리에게 필요한 것은 우주를 채우는 물질과 복사의 평균적 속성뿐이다. 실제로 우리는 모든 종류의 물질과 복사를 공기 비슷한 기체로 근사화했다. 이 방법의 장점은 기체를 기술하는 데에 필요한 속성이 압력과 에너지 밀도, 이 두 가지밖에 없다는 점이다. 우리는 압력이 무엇인지 본능적으로 안다. 그것은 표면에 가해지는 알짜 힘이다. 풍선에 바람을 불어넣으면 팽창하는 이유는 공기 분자가 안쪽에서 풍선의 고무막을 때려서 늘어나게 만들기 때문이다. 언제나 양의 값인 이런 종류의 압력은 분자 운동의 결과이다. 즉 분자가 빨리 움직일수록 압력은 더 높아진다. 에너지 밀도란 하나의 부피 속에 든 에너지의 양이다. 에너지에 기여하는 모든 것을 더할 때는 상대성 이론을 고려해야 한다. 입자의 질량($E=mc^2$, 즉 $m=E/c^2$이라는 공식은 질량에 에너지가 들어 있다는 것을 보여준다), 압력에 기여하는 입자의 운동 에너지(빨리 움직이는 입자일수록 에너지가 크고 그것이 발휘하는 압력도 커진다), 마지막으로 소위 위치 에너지(potential energy)가 있다. 물질 간의 상호작용으로 인해서 물질 속에 저장될 수 있는 에너지가 그것이다. 예를 들면 잡아 늘린 고무판이나 눌러놓은 스프링에는 에너지가 저장되어 있고, 우리는 이를 탄성 위치 에너지라고 부른다. 고무판이나 스프링을 놓아주면 이들은 장력이 없는 평형 상태로 되돌아간다. 이와 마찬가지로 서로 가까운 위치에 있는 전자와 양성자는 전기적 인력 때문에 전기 위치 에너지를 저장한다. 기차역에서 작별을 고하는 두 연인이 그렇듯이, 둘을 떼어내려면 힘을 가해야 한다.

물질과 복사를 기체로 모델화하면 우리는 에너지 밀도와 압력이라는 속성을 우주 팽창 방정식에 집어넣고 가능한 해를 연구해볼 수 있다. 우리가 알게 된 것은 어떤 종류의 물질(속도가 얼마나 빠르든 느리든)이나 복사(언제나 빛의 속도로 움직인다)도 빛보다 느린 속도의 팽창밖에 만들지 못한다는 것이다. 이러한 것들은 인플레이션 우주론에 도움이 되지 않는다. 차의 브레이크를 밟을 때와 마찬가지로, 이러한 정상적인 팽창은 모두 음의 가속도여서 시간이 지나면 점점 느려진다. 우주론에서 우주를 채우고 있는 물질의 중력에서 나오는 인력은 팽창에 "브레이크 역할"을 한다. 전자, 양성자, 중성자, 중성미자, 광자와 같은 정상적인 물질은 우주가 가벼운 원소의 핵, 나중에는 최초의 원자를 생성하는 시기에 우주의 팽창에 연료를 공급했던 물질이다.*

---

* 낮은 압력이 우주를 더 빠르게 팽창시킨다는 데에 주목하라. 이러한 특이성은 일반상대성 이론 때문이라고 할 수 있다. 팽창하는 풍선을 다루는 뉴턴 물리학은 물질과 에너지가 공간의

초광속 팽창은 그 자체로 이상한 개념인 것이 사실이지만, 이것을 만들려면 이상한 종류의 물질, 즉 음의 압력을 만드는 물질이 필요하다. 만일 음의 압력이 충분히 크다면 우주의 가속적인 팽창을 유발할 수 있다.[12]

정상적인 물질은 공간이 팽창함에 따라서 희석된다. 부피가 커지면 에너지 밀도와 압력은 줄어든다. 그러나 인플레이션 우주론에 필요한 이색적인 물질은 이와 다르다. 수축하면서 에너지를 내놓다가 갑자기 초기 상태로 늘어나는 고무판처럼, 이 물질의 에너지 밀도와 압력은 우주의 팽창과 함께 거의 일정하게 유지된다.

이쯤에서 화를 내는 독자가 있을 법하다. 물리학자들은 미쳐가고 있고 터무니없는 개념을 토론하며 시간(독자의 시간을 포함해서)을 낭비하고 있다고 말이다. 그러나 다행히도 그것은 사실이 아니다. 적어도 이 경우에는 그렇다. 정말로 음의 압력을 생성하는 물질이 존재한다. 이것은 이상하지만 불가능한 일은 아니다. 이와 관련해서 영감을 주는 것은 상전이(相轉移, phase transition)라고 불리는 매우 친숙한 현상이다. 우리는 물의 온도가 어는점 아래로 내려가면 액체가 고체로 변한다는 것을 알고 있다. 온도가 내려가면 물 분자들은 각기 질서를 가진 작은 덩어리, 작은 얼음결정이 된다. 다음 제3부에서 살펴보겠지만, 이 아이디어는 물질의 기본 입자들이 상호작용하는 방식에도 적용될 수 있다. 즉 온도가 내려가거나 올라감에 따라서 속성이나 행태가 질적으로 달라질 수 있다.[13] 전기와 자기가 공간에 미치는 영향을 장(場)의 측면에서 기술할 수 있는 것과 마찬가지로, 물질 행태의 질적인 변화에도 그와 관련된 장, 소위

___

곡률에 미치는 영향에 대해서 설명할 수 없다. 이와 대조적으로 일반상대성 이론에서는 에너지와 압력 모두가 우주의 팽창에 영향을 미칠 수 있다. 그리고 압력은 우리의 직관과 반대로 작용한다. 압력이 "질량"을 가졌다고 생각해보라. 그러면 높은 압력(많은 "질량")은 느린 팽창을 의미하게 된다. 그래서 우주를 더 빠르게 팽창하게 만들려면, 압력이 작아야 할 필요가 있다. 인플레이션 우주론은 이 같은 개념을 극단까지 가져갔다(음의 압력, 음의 질량이라는 의미이다/역주).

"스칼라(scalar)"장이 있다. 스칼라장은 현대 우주론의 벽돌과 시멘트에 해당된다. 물질과 힘의 통일 이론을 구축하고, 인플레이션 우주론의 초광속 팽창 모형을 구축하는 데에 두루 이용된다. 이는 물질의 기원―어쩌면 물질의 원천 그 자체―과 은하의 기원을 기술하는 주춧돌이다. 초기의 우리 우주를 연구하는 대부분의 현대 우주론은 이런저런 방식으로 스칼라장을 포함한다. 그러므로 이것의 속성과 용도를 조금 살펴볼 필요가 있다.

스칼라장이라는 특이한 이름은 수학에서 나왔다. 스칼라란 크기만 있고 방향성이 없는 물리량을 말한다. 땅 위에 있는 풀잎들의 높이, 어떤 방의 온도 같은 것이 그런 예이다. 우리는 어떤 방에서 모든 지점의 온도를 잼으로써 그 방에 "온도장"을 부여할 수 있다. 이와 대조적으로, 흐르는 강물이나 불어오는 바람은 공간상의 각 지점에서 그것이 향하는 방향과 속도를 각각 잴 수 있다. 이러한 것들은 "벡터(vector)"장이라고 부른다.

이들 스칼라장이란 무엇인가? 입자물리학의 표준모형(standard model)은 물질의 근본 입자와 그 상호작용에 대한 우리의 모든 지식을 결합시킨 것이다. 이에 따르면 스칼라장은 다른 모든 물질과 상호작용하는 어떤 종류의 물질을 대변하기로 되어 있다. (표준모형에 대해서는 다음 제3부에서 좀더 상세하게 설명할 것이다.) 이러한 스칼라장들(하나 이상이 있을 수 있다)은 과거의 에테르와 유사한 점이 있다. 언제나 배후에 존재하며 전자를 비롯한 물질 입자의 운동에 일종의 저항을 나타내는 매질이기 때문이다. 후자의 저항은 꿀 속에 떨어지는 돌멩이를 생각하면 된다. 운동은 관성―입자의 질량에 비례한다―과 관련되기 때문에 스칼라장은 입자의 질량에 영향을 미치는 것으로 생각된다. 사실 스칼라장들이 질량을 결정한다고 한다. 물질 입자들은 그 종류에 따라 스칼라장과의 상호작용이 각기 달라서―고유한 힘으로 상호작용한다―각기 다른 질량이 된다. 즉 상호작용이 강할수록 그 입자의 질량은 커진다. 표준모형에서 이 스칼라장은 힉스(Higgs)라고 불린다. 모든 것에 질량을 부여하는 그것의 존재와 역할을 제안한 스코틀랜드 물리학자 피터 힉스의 이름에서 따왔다.

이 글을 쓰는 지금까지도, 힉스(요즘 힉스는 장보다는 입자로 불리는 것이 보통이다/역주)는 아직 발견되지 않았다. 대형 강입자 충돌기(Large Hadron Collider, LHC)에서 그것이나 그 비슷한 것이 발견될 가능성이 상당히 크다. LHC는 물질 입자들이 질량을 가지게 되는 메커니즘을 밝히기 위해서 디자인된 거대한 입자 가속기이다. 이것은 스위스와 프랑스 국경지대의 지하 100미터에 자리잡은 27킬로미터 길이의 원형 터널인데, 인간이 만든 기계들 중에서 가장 크다. 2009년 중반부터 제대로 가동되기 시작해서 2010년에는 초기 자료들을 이용할 수 있을 것이라는 것이 희망적인 관측이다. 설사 힉스가 독립적인 입자로 존재하지 않는다고 해도, 스칼라 입자와 그에 관련된 장이 고에너지 물리학에서 핵심 역할을 한다는 개념은 이제 상식으로 통한다. 예컨대 두 입자의 상호작용이 너무 강력해서 마치 하나의 존재처럼 보이고, 하나의 스칼라장에서 나온 1개의 입자 같은 행태와 외관을 나타내고 있는 것일 수도 있다. 이들의 상호작용력에 버금가는 에너지를 이용해서 연구해야만 이들이 집단이라는 것을 파악할 수 있을 것이다. 수소 원자가 이와 어느 정도 비슷한 사례이다. 멀리서 보면 그 전하는 0이다. 전자의 전하가 양성자의 전하를 상쇄하기 때문이다. 따라서 원자는 전기적으로 중성인 것처럼 보인다. 하지만 원자 수준에 가까이 가서 보면 이야기는 전혀 달라진다. 멀리서 보면 단순해 보이는 대상이 실제로는 대단히 복잡할 수 있다. 어쩌면 힉스 입자가 그러한 합성 입자일 수도 있고 그렇지 않을 수도 있다. 이는 실험을 통해서만 확인될 수 있다. 어느 쪽이든 무엇인가 힉스 입자와 비슷한 것이 있으면 인플레이션 우주론에 큰 도움이 된다.

23
좁고 기묘한 구역

칼라장은 효과적인 기술방법일 수도 있고 근본적인 실체일 수도 있다. 어느 쪽이든 간에 이것은 인플레이션 우주론의 초광속 팽창을 추진하는 양(陽)의 가속도를 만들어낼 수 있다. 이 장이 평형 상태에서 많이 벗어나서 긴장 상태에 있다면, 과일을 한없이 내놓는다는 신화 속의 풍요의 뿔처럼 움직일 것이다. 스스로 평형 상태, 즉 가장 낮은 에너지 상태에 이를 때까지 말이다.

구스의 원래 모델에서 초팽창을 추동하는 만능 스칼라장은 표준모형을 넘어서는 어떤 이론에 바탕을 두고 있다. 물질의 소립자적 속성 전부를 결정하는 세 가지 상호작용 — 전자기력, 강한 핵력, 약한 핵력 — 의 통일을 시도하는 이론 말이다. "대통일 이론들(Grand Unified Theories)", 즉 GUT라는 초라한 (반어적 표현이다/역주) 명칭으로 통하는 이러한 이론 체계들은 지난 30년간 최종 이론을 향하는 주요 후보로 제시되어왔다. 완전한 통일은 자연의 네 번째이자 마지막 힘인 중력을 포함시킴으로써 궁극적으로 달성될 것이다. 불행히도 대통일 이론은 아직도 주요한 예측을 내놓지 못하고 있다. 이는 다음 제 3부에서 살펴볼 주제이다. 설상가상으로 구스의 원래 모델은 제대로 작동하지 않았다. 즉 우리 우주는 한없는 팽창을 계속한다. 이러한 단점에도 불구하고 구스를 비롯한 여러 사람들이 금방 깨닫게 된 사실이 있다. 초팽창의 배후에 있는 개념 자체는 특정 GUT 모델에 의존하지 않아도 된다는 사실이 그것이다.[14] 이에 따라서 초팽창과 GUT 이론 간의 분리를 시도하는 새로운 전략이 개발되었다. 그 논리는 다음과 같다. "입자물리학에서 유발된 구스의 최초의 동기는 잊어라. 우리는 우주의 가장 초창기에 무슨 일이 일어났는지 정말 모르고 있으며 GUT 모델의 타당성이 실험적으로 검증된 일도 없다. 이를 감안해서 그 시기에 어떤 형태의 스칼라장이 있어서 초팽창에 필요한 음(陰)의 압력(인력의 반대인 척력을 의미한다/역주)을 생성했다고 그냥 가정해버리자. 초팽창은 수많은 문제를 해결해주는 너무나 단순하고 멋진 아이디어라서 포기하기 어렵다. 그 추동력이 무엇이었든지 간에 효과적인 스칼라장 역할을 해냈다. 세부사항은 나중에 계산해낼 수 있다. 이 작업은 관측 우주론을 이용해서 입자물리학의 적당한 모델에 조건 제약을 가하면 가능할 것이다."

아마도 입자물리학과 우주론 간의 깊은 관계를 포기하고 GUT 스칼라장이 아니라 모종의 막연한 스칼라장을 초팽창의 추동력으로 상정하는 것이 최선일지 모른다. 이렇게 하면 설사 GUT 이론이 오류로 밝혀지더라도 — 터무니없는 가능성이라고 할 수는 없다 — 인플레이션 우주론은 살아남을 수 있다. 물론 이 경우에 아름다움과 우아함, 즉 초기 우주에 관한 우주론의 뼈대가 되어야 한다고 그토록 많은 사람들이 믿고 있는 전일성은 포기해야 한다.

1982년에 런던 킹스칼리지의 박사과정 초년생이던 나는 엄청난 충격을 받았다. 구스의 원래 모델이 작동하지 않으며 여타의 모든 GUT 스칼라장도 작동하지 않을 개연성이 아주 높다는 사실이 그해에 밝혀졌기 때문이다. 만일 초팽창을 일으키는 스칼라장이 수많은(그럴 수도 있다) 장들 중의 하나에 불과하다면, 통일 이론과 우주론을 결합한다는 그 이론의 유일무이성은 사라지고 만다. 모든 것은 우주 초기 시절에 활성화된 모종의 스칼라장으로 귀결된다. 언덕에서 굴러내려갈 준비가 되어 있는 공처럼, 최저 에너지 상태에서 크게 벗어나 있는 스칼라장이 그것이다. 현행 인플레이션 모델들에 따르면 우리 우주가 생성되기 위해서는 평형 상태를 벗어난 하나의 스칼라장으로 채워진 아주 작은 공간만 있으면 족하다. 좁고 기묘한 구역만 있으면 되는 것이다. 여기에 원대하거나 유일무이한 성격은 조금도 없다. 수학적 계산에 따르면 스칼라장에서 나오는, 적당량의 에너지를 갖춘 음의 압력은 공간의 작은 구역을 팽창하는 거인으로 바꾼다. 새로운 우주론에서는 초팽창이 자연의 근본적 힘을 통일하는 이론과 반드시 얽히지 않아도 된다. 우아함을 잃은 대신에 일반성을 획득한 것이다. 우리 우주가 존재할 수 있기 위해서 완전성은 필요하지 않다. 우리 우주는 불균형을 필요로 한다.

내가 아직 건드리지 않은 대단히 중요한 논점이 하나 남아 있다. 만일 우리 우주가 애초에 하나의 스칼라장으로 대부분 채워져 있었다면 전자, 광자, 중성미자는 어디에서 왔을까? 이 질문은 결국 또다른 질문과 연결된다. 초광속으로 팽창하던 우리 우주는 어떻게 속도를 줄여서 저속 팽창하는 빅뱅 모델의 우주로 바뀌었을까? 이 같은 이행 문제는 오늘날 많은 토론의 주제가 되고 있다. 아직 세부사항을 모르기 때문에 이 시점에서 우리가 말할 수 있는 것이라고는 초팽창이 진행되면서 스칼라장이 그 에너지가 다른 입자들(우리가 아는 정상 입자가 아니라는 뜻이다/역주)로 바뀐다는 것뿐이다. 즉 하나의 입자가 둘 이상의 다른 입자로 바뀌는 방사능 붕괴와 유사한 과정을 거쳐서, 스칼라장은 다른 종류의 물질을 구성하는 입자들이 된다. 최초의 붕괴에서 생성된 이 같은 입자들은 결국 좀더 정상적인 입자로 바뀐다. 이 같은 견해에 따르면, 인플레이션을 주도한 최초의 스칼라장은 물질의 첫 공통 조상이 될 것이다. 이는 보기처럼 그렇게 이상한 일은 아니다. 입자들이 붕괴해서 서로 바뀌는 일은 상시적으로 일어난다. 원자 이하의 세계에서는 불안정과 변환이 규칙이다. 예를 들면 하나의 외로운 중성자는 약 10분 안에 양성자, 전자, 반중성미자로 붕괴한다. 현재의 해석에 따르면 초팽창이 끝나갈 무렵에 물질로 전환되는 과정은 광란하듯이 이루어진다. 스칼라장은 남아 있는 에너지를 폭발적으로 방출해서 입자의 소용돌이를 만들어 우주를 뜨거운 물질로 채우게 된다. 현대의 견해에 따르면, 빅뱅과 연결되는 것은 인플레이션 말기의 이 같은 폭발적인 입자 생성이다. 달리 말해서 빅뱅은 시작이 아니다. 하지만 그 세부사항은 아직 모호하다. 우리는 어떤 입자들이 스칼라장과 상호작용하고 스칼라장이 어떻게 입자들로 붕괴했는지, 그 입자들이 어떻게 결국 우리가 아는 통상 입자가 되었는지 모른다. 초팽창과 GUT 이론들과의 연관성이 사라지자, 이러한 현상들에 대한 우리의 설명도 증발해버렸다. 현재로서 할 수 있는 최선은 새로운 모델들을 개발하고 그 생존능력을 연구하는 것이다.

이제 출현한 지 30여 년이 지난 인플레이션 우주론의 역사는 물리학 연구가 어떻게 이루어지는지에 대해서 매우 중요한 무엇인가를 보여준다. 원래의 동기는 매우 분명했다. 빅뱅 모델에는 지평선 문제와 평평성 문제를 비롯해서 여러 쟁점이 있었기 때문이다. 여기서 대통일 이론(GUT)의 자극을 받은 단순하고 뛰어난 해답이 제시되었다. GUT 스칼라장은 초팽창을 부채질함으로써 빅뱅 모델의 문제점을 모두 해결했다. 이것은 매우 작은 것의 물리학과 매우 큰 것의 물리학을 연결하는 설득력 있는 이론이었다. 만일 타당한 것으로 증명되었다면, 이는 최종 이론을 향한 결정적 진보가 되었을 터였다. 그러나 머지않아서 인플레이션에 대한 GUT 접근법은 작동하지 않는 것으로 드러났다. 즉 이 같은 우주는 결코 통상적인 빅뱅으로 이행하지 못했다.[15] 오늘날까지도 GUT 사업은 여전히 투기의 영역에 속한다. 여기서 벗어나기 위해서 여러 모델들이 인플레이션을 최대로 단순화했다. 언덕을 구르는 공처럼 평형 상태를 벗어난 가상의 스칼라장이 초기 우주에서 초광속 팽창을 유발할 수 있을 만큼 충분히 넓은 영역을 채웠다. 이제 남아 있는 우아함은 초팽창 아이디어의 단순성이다. 인플레이션을 유발하는 스칼라장은 포착하기 어려운, 실제 존재하는지의 여부가 불투명한 이론적 개념이다. 그럼에도 불구하고 이 개념은 기존 우주론의 문제점들을 너무나 많이 해결해주고 있어서, 무엇인가 그 비슷한 일이 일어났어야만 한다. 이것이 통일 이론과 조금이라도 관련될 필요는 없다.

지금까지 우리가 배운 것을 종합하면, 빅뱅 모델과 관련된 이슈들 대부분은 스칼라장 가설들을 이용해서 해결할 수 있지만 그 근원은 완전한 미스터리로 남아 있다. 통일 이론가들은 이에 대해서 곧바로 주장을 펼 것이다. 이러한 장들은 틀림없이 아직 밝혀지지 않은 진정한 통일장 이론의 귀결일 것이라고 말이다. 어쨌든 초끈 모델들에는 모든 종류의 스칼라장들이 풍부하게 등장한다. 어쩌면 GUT 이론들은 실제로 작용하고 있는데, 우리가 그것이 어떻게 작용하는지를 모를 뿐일 수도 있다. 사실 그럴지도 모른다. 하지만 그럴지도라는 말은 전혀 과학적인 단어가 아니다. GUT에 의한 통일이 제시된 지는 35년이 넘었지만 아직도 이를 뒷받침하는 관찰 증거가 나타나지 않고 있다. 이는 초끈 모델들에도 똑같이 적용된다. 사실 초끈 모델의 상황은 더욱 나쁘다. 아주 특수한 예외를 제외하고는, 우리는 아직 초끈 이론들의 특유한 증거를 어디서 찾아야 할지조차 모르고 있다. 초팽창을 일으켜서 우리 우주를 생성한 근원은 스칼라장일 수도 있고 그렇지 않을 수도 있다. 그 시기에 생성된 화석을 찾아내지 못하는 한—찾을 가능성은 아주 적다—우리는 결코 진실을 알아내지 못할 수 있다. 그리고 설사 찾아낸다고 해도, 그 자료에 모델들을 서로 차별화할 만큼의 상세한 정보가 담겨 있지 않을 수도 있다. 찾는 노력을 계속해야 하는 것은 당연하지만, 우리가 우주 탄생의 세부사항을 영원히 알지 못할 수도 있다는 가능성도 염두에 두어야 한다. 어쩌면 우리 우주는 최종 이론을 향한 우리의 꿈에 대해서 무엇인가를 말하고 싶어하는 것인지도 모른다. 어쩌면 우리가 살고 있는 우주는 우리의 믿음보다 훨씬 더 평범하고 불완전할지도 모른다. 장엄한 설명과 고차원의 대칭성에 대한 우리의 기대가 우리에게 가지게 한 믿음보다 말이다. 어쩌면 정말 필요한 것이라고는 아주 작고 기묘한 공간뿐일지도 모른다.

24
암흑이 깔린다

지난 몇백 년간을 돌아보면, 우주에 대한 우리의 견해가 계속 바뀌어왔다는 것을 알 수 있다. 콜럼버스에게 지구는 만물의 중심에 고정되어 있으며 우주의 경계는 별들이 떠 있는 (수정) 구면이었다. 신이 모든 것을 지배하면서 언제나 사람들의 삶 속에 함께했다. 벤저민 프랭클린에게는 태양이 중심이었으며, 태양계는 그가 죽기 9년 전인 1781년에 발견된 천왕성에서 끝났다. 해왕성은 아직 알려지지 않던 시기였다. 신은 우주와 우주 법칙을 창조했지만 세상사에는 개입하지 않는 존재였다. 1917년에 아인슈타인은 자신의 새로운 일반상대성 이론을 이용해서 최초의 현대적 우주 모형을 제시했다. 자료가 부족해서 오컴의 면도날을 사용한 그는 우주가 정적인 구 모양이라고 가정했다. 아인슈타인이 마지못해서 생각을 바꾼 것은 1931년이었다. 은하들이 후퇴하고 있다는 허블의 발견을 알게 되자 우주가 정적이어야 할 필요는 없다고 양보했다. 그의 신은 하나의 추상적 개념, 인간의 정신이 접근할 수 있는 자연의 수학적 질서를 은유한 것이었다. 최초의 달 착륙은 팽창우주의 시대, 우주의 나이가 수십억-200억 년 이상으로 추정되던 시대에 이루어졌다. 모두가 물질은 주기율표에 있는, 자연적으로 생성되는 원소 94종으로 구성되어 있는 것으로 믿었다. 또한 중성미자와 광자가 우주를 채우고 있고 이들은 질량이 없는 입자라고 믿던 시절이었다. 닐 암스트롱의 역사적인 월면(月面) 보행으로부터 40년이 지나는 동안, 인류의 우주관은 극적으로 변했다.

1930년대 초반에 이미 우주 공간에 있는 물질들 중에서 일부는 보이지 않는다는 것을 시사하는 결과가 나왔다. 그 존재가 추론된 것은 별들과 은하들—다시 말해서 통상적인 물질이 모여서 빛을 내고 우리 눈에 보이게 된 물체들—을 끌어당기는 중력 때문이었다. 태양의 인력이 행성들을 자신의 주위 궤도로 돌게 하는 것을 생각해보라. 은하들도 이와 마찬가지 방식으로 운행하는 것처럼 보였다. 은하들은 마치 모종의 보이지 않는 물질이 이들을 끌어당기고 있는 것처럼 움직이고 있었다.*

1970년대 초반에 천문학자 베라 루빈과 W. K. 포드는 심지어 개별 은하 내에서도 별들이, 그곳에 다량의 보이지 않는 물질이 존재하고 있어야 설명이 가능한 방식으로 움직인다는 사실을 증명했다. 이는 겉보기처럼 그렇게 미스터리한 일은 아니다. 예를 들면 우리도 보이지 않는 존재이다. 우리는 가시범위의 전자기 복사를 만들지 않는다. 눈에 보이지 않는 적외선을 방출한다. 어두운 들판에 있는 사람은 찾기 어렵다. 행성과 위성도 마찬가지이다. 스스로 빛을 내지 않으며 주된 항성의 빛을 반사할 뿐이다.[16] 따라서 은하들을 당기고 있는 존재의 후보로 가장 자연스럽게 생각할 수 있는 것은 통상 물질로 이루어진 물체이다. 예컨대 질량이 작아서 빛을 내지 못하는 항성, 수소 원자로 이루어진 대형 구름에 무거운 원소가 점점이 박혀 있는 상황 등이 그런 예이다. 은하 주변에 몰려 있는 것으로 생각되는 중성미자도 약간의 기여를 할 수 있다. 하지만 상황은 그렇게 단순하지 않은 것으로 드러났다. 이는 많은 사람들을 놀라게 하고, 또다른 많은 사람들을 기쁘게 했다.

이 보이지 않는 물질은 천문학에서 암흑 물질(dark matter)이라고 불린다. 놀라운 것은 그것의 존재가 아니라 그것이 통상 물질로 구성될 수 없다는 점이

---

* 행성들도 태양을 끌어당기고 있음을 기억하라. 인력은 양쪽으로 작용한다. 뉴턴의 운동법칙 제3번인 작용 반작용의 법칙에 설명된 대로이다. 하지만 태양은 질량이 훨씬 더 크기 때문에 행성들의 인력에 거의 반응하지 않는다.

다. 간단히 말해서 은하들의 자전이나 은하단 내에서 은하들이 서로의 주위를 도는 공전을 설명하기에 평범한 물질로는 충분하지 못했다. 하지만 만일 암흑 물질이 통상적인 양성자와 전자로 만들어지지 않았다면 도대체 무엇으로 만들어졌다는 말인가? 이 같은 딜레마에 직면한 물리학자들 중의 일부는 은하들을 이상하게 움직이게 하는 암흑 물질 같은 것은 없다고 설명했다. 그저 우리가 중력에 대해서 잘 알지 못하는 탓이라는 것이다. 이들은 아인슈타인의 일반상대성 이론이 아주 먼 거리에서는 달리 작용할지도 모른다고 추론했다. 거기 있는 것은 통상 물질일 뿐이고 우리에게 필요한 것은 새로운 중력 이론일 뿐이라는 것이다. 그러한 아이디어들은 많이 제시되었지만 대체로 믿음이 가지 않는 것들이었다. 새로운 중력 이론에는 견고한 개념적 기반이 필요한데, 이러한 모형들은 이를 전혀 제공하지 못했다. 더구나 암흑 물질이 미친 영향에 대한 관측 사실 중의 하나는 중력 이론을 어떤 식으로 수정해도 적절한 설명이 불가능했다.

아인슈타인의 이론에 의하면 물질은 공간을 구부린다. 그러므로 만일 아주 먼 곳에서 온 빛이 굽은 공간을 통과하면 유리 렌즈를 통과할 때처럼 진로가 구부러지고 왜곡된다. 중력 렌즈라는 이름이 붙은 이 현상은 아인슈타인 이론의 아름다운 귀결이다. 이는 암흑 물질을 설명하는 데에 대단히 중요한 속성이다. 빛이 굽어지는 정도는 물질의 총량과 그 공간적 분포에만 반응할 뿐, 그 물질이 빛을 내는가의 여부와는 무관하기 때문이다. 그래서 멀리 있는 광원에서 나온 빛이 만드는 우리 근처 은하단의 이미지를 보면, 천문학자들은 그 빛이 은하단을 통과하면서 구부러지고 왜곡된 정도를 알 수 있다. 이로부터 눈에 보이든 보이지 않든 그 은하단에 있는 모든 물질의 양과 분포를 계산할 수 있다. 관측 결과는 정말 아름다웠다. 개별 은하와 은하단에 포함된 물질의 양은 빛나는 물질의 양보다 훨씬 더 많다는 사실을 의심의 여지없이 보여주었다.[17] 오늘날 최선의 추정치에 따르면, 정상 물질과 암흑 물질의 구성비는 1 : 6

에 약간 못 미친다. 다시 말해서 우주에 있는 암흑 물질은 통상 물질의 6배에 이른다. 문제는 그것이 무엇으로 만들어져 있는지 아무도 모른다는 점이다.

지난 30년간 많은 암흑 물질 후보들이 제시되었다. 작은 블랙홀, 별난 상태의 물질로 구성된 별이 그러한 예이다. 내가 동료들과 함께 제안한 것도 있다. 스칼라장으로 구성된 별이 그것인데 이를 보존 별(boson star)이라고 한다. 이 모두가 별난 암흑 천체의 사례이지만, 지금까지 이들 중에서 어느 것도 확인되지 않았다. 하지만 가장 인기 있는 후보는 별과 같은 큰 물체가 아니라 아원자 입자들로서 강한 핵력이나 전자기력을 통해서 상호작용하지 않는(따라서 전하를 띠지 않는다) 종류이다. 이는 전자나 양성자 혹은 중성자가 아니라는 의미이다. 이러한 것들의 존재는 표준모형의 확장을 통해서 예측되었지만, 전혀 확인되지는 않고 있다. 만일 암흑 물질이 정말로 아원자 입자로 이루어져 있다면 다량으로 우리 몸을 통과하고 있어야 하며 조금만 노력하면 탐지될 수 있을 것이다. 이 글을 쓰는 순간에도 탐색은 계속되고 있지만 검출된 것은 없다. 한편 암흑 물질의 존재 가능성은 일부 뛰어난 소설에 영감을 제공했다. 필립 풀먼의 『황금 나침반(*His Dark Materials*)』 3부작이 그 예이다.

색다른 종류의 암흑 물질이 존재한다는 강력한 관찰 증거는 우리 우주가 대체로 우리와는 다른 물질로 이루어져 있음을 나타낸다. 향후 10년이나 20년 내에 암흑 물질의 구성을 알아낼 수 있으리라는 희망이 고조되어 있다. 나는 그 희망이 실현되기를 바란다. 그 정체가 무엇이든 간에 우리의 존재는 암흑 물질 덕분이다. 만일 그것이 없었다면 우주 역사의 첫 10억 년 사이에 최초의 별들과 은하들은 생성되지 못했을 것이다. 모든 것은 인플레이션(초팽창)으로 시작된다. 인플레이션을 일으킨 장(場)은 다른 장과 마찬가지로 양자 불확정성 때문에 요동했다. 모든 물질에 고유한 양자 요동은 스칼라장이 젤리처럼 아주 약간 흔들리게 만들었다. 스칼라장의 공간 값은 호수에서 일렁이는 물결처럼 평균치를 중심으로 요동쳤다. 최초에는 매우 작았던 이 같은 장 값(value of the field)의 요동은 인플레이션 기간 동안에 극적으로 증폭되어서 우리 우주의 다양한 지역에서 우주적 규모로 커졌다. 즉 일렁이는 파도가 해일이 되었다. 장은 에너지를 보유하기 때문에 공간의 이러한 영역들은 그 속에 많은 에너지를 보유하게 되었다. 수십만 년이 지난 후에 스칼라장의 이러한 거대한 덩어리들은 암흑 물질 입자들을 중력으로 끌어들여서 자기들 주위에 대량의 구름으로 모이게 만들었다. 대량의 암흑 물질 구름의 인력은 주위의 공간을 휘게 만들었다. 폭우가 오면 웅덩이에 물이 고이듯이, 이 같은 공간의 웅덩이들은 결국 양성자와 전자들을 끌어모았고 이들이 응축되어서 최초의 별들과 은하들이 탄생했다. 최초의 별들은 단기간 격렬하게 타오른 다음에 격렬하게 폭발해서 분해되었고 이는 새로운 별의 탄생을 촉발했다. 수십 년 후에 이 같은 창조와 파괴의 춤은 특정 가스 성운이 붕괴하게 만들었고, 그 결과 우리의 태양과 태양계가 형성되었다. 우리는 일반적인 양성자와 전자로 만들어졌을지 모르지만 우리의 기원은 궁극적으로 암흑 물질 그리고 인플레이션 기간 중의 양자 요동과 연결되어 있다.

만일 내가 15년 전에 이 책을 썼다면, 우주론 이야기는 이쯤에서 끝났을 것이다. 그러나 우주에 대한 우리의 견해가 얼마나 바뀌기 쉬운지를 증명이라도 하듯이, 1990년대 후반에 이 모든 것을 바꾸는 놀라운 소식이 등장했다. 그것이 무엇이냐고? 암흑 물질은 우주를 가리는 가장 중요한 종류의 어둠조차 되지 못한다는 사실이다.

25
암흑의 지배

19^{98년에 물리학자와 천문학자 공동체는 폭풍에 휘말렸다. 두 그룹의 천문학자들이 관측한 초신성(超新星, supernova) 때문이었다. 한 그룹은 버클리 소재의 로렌스 리버모어 국립연구소의 사울 펄머터가, 다른 그룹은 오스트레일리아 소재의 스트로믈로 천문대의 애덤 리스가 이끌고 있었다. 이들 그룹이 수십억 광년 떨어진 곳에 위치한 초신성들을 관측한 것은 초신성들이 얼마나 빨리 빛을 잃고 희미해지는지를 조사하기 위해서였다. 결과는 완전히 뜻밖이었다. 즉 우리 우주는 팽창하고 있을 뿐만 아니라 팽창 속도가 점점 더 빨라지고 있었다. 인플레이션 우주론에서 그랬듯이, 이번에도 모종의 음의 압력이 우주의 옷감을 빛보다 빠른 속도로 잡아 늘리면서 그 속의 은하들을 움직이게 하고 있었다. 더 놀라운 사실은 이 같은 가속이 과거의 특정 시점, 약 50억 년 전에 시작된 것으로 보인다는 점이었다. 특이한 관측 결과가 나오자 강한 의심이 대두되었고 정밀한 조사가 이루어졌다. 나 자신도 그 상황 전체를 강하게 의심하고 있었음을 고백하겠다. 과학사에는 잘못된 경보가 많았다. 상온 핵융합의 경우처럼, 놀라운 발견이 오류로 드러난 일이 많았다. 가속 팽창하는 우주라는 것은 사실이라기에는 너무 괴상하고 자의적이었다. 자연이 그토록 변덕스럽지는 않을 것이 분명했다. 그러나 그로부터 10년이 지나는 동안, 가속 팽창은 살아남았다. 가속 팽창과 그것이 극초단파 배경복사에 미치는 영향이 다른 수단을 통해서 확인된 것이다. 그 장본인은 암흑 에너지(dark}

energy)라는 이름으로 불렸다. 에너지라는 단어가 이를 암흑 물질과 구분짓는다. 암흑 물질은 아원자 크기이든 천체물리학적 크기이든 간에 국지적인(특정한 곳에 있는) 물체로 구성되어 있다. 그러나 암흑 에너지는 광범위하게 퍼져 있으며 형태도 없고 균질하다. 과거의 에테르와 매우 흡사하다. 우리는 마치 유령을 통과하듯이 이들을 통과한다. 태양계도 은하도 마찬가지이다. 오직 우주 자체의 크기에 필적할 만큼 아주 먼 거리에서만 그것의 존재를 느낄 수 있다.

여기서 무수한 질문이 제기된다. 무엇이 우주의 팽창을 가속화할까? 무엇이 측정된 가속치를 결정할까? 무엇이 특정한 시기에 가속을 촉발했을까? 우리는 아무런 해답도 가지고 있지 않다. 우주 역사에 있었던 또다른 가속 팽창인 인플레이션에 영감을 받은 일부 사람들은 암흑 에너지가 특이한 종류의 스칼라장이라고 말한다. 그 이름은 아리스토텔레스에 대한 경의에서 "제5원소(quintessence)"라고 붙였다.* 다른 사람들은 에테르와 비슷한 이 존재가 빈 공간의 본래 속성인 양자 요동의 최종적 결과라고 한다. 진공 속에서 무수한 입자들이 생성되었다가 사라지는 양자 요동은 양자역학의 불확정성 원리에 예측되는 현상이다. 만일 이 설명이 옳다면, 사실 옳을 가능성이 상당하지만, 가장 작은 척도에서 일어난 현상이 우주 전체의 운명을 결정할 것이다. 가장 작은 것의 물리학과 가장 큰 것의 물리학이 아름답게 맺어지는 셈이다. 물론 암흑 물질의 경우와 마찬가지로, 우리의 중력 이론이 우주적 거리에서는 실제로 틀렸고 가속 팽창은 새로운 중력 이론에 의해서 설명될 가능성도 항상 존재한다. 이 시점에서 분명한 것은 아무것도 없다. 다만 관측 결과는 제5원소 모

---

* 그렇게 된다면 나머지 네 원소는 자연의 근본 힘인 중력, 전자기력, 강한 핵력, 약한 핵력이 된다. 제5원소는 잘못된 명명이다. 힘은 원소가 아니고, 가설상의 이 스칼라장은 근본 힘이 아니기 때문이다. 아마도 나머지 네 원소는 우주를 채우고 있는 다른 종류의 재료일 가능성이 있다. 암흑 물질, 광자, 양성자와 중성자(바리온, 즉 중입자[重粒子]에 속한다. 다음 제3부를 보라), 중성미자와 전자(렙톤, 즉 경입자[輕粒子]에 속한다)이다.

형의 창을 착실하게 닫고 있는 중이다. 우리가 정말로 아는 것은 암흑 에너지가 우주의 73퍼센트를 구성하는 재료라는 점이다. 나머지는 암흑 물질(23퍼센트), 우리의 하찮은 양성자와 전자(4퍼센트)이다. 현대 우주론이 밝혀낸 놀라운 사실은 우리 우주의 96퍼센트가 미지의 것이라는 점이다. 많이 알게 될수록 앞으로 알아야 할 것이 점점 더 많아진다.

나는 현재의 암흑 시대가 다가올 발견의 시대의 전조라고 확신한다. 때가 되면 우리는 암흑 물질과 암흑 에너지의 미스터리를 해결할 수 있을 것이다. 하지만 특히 암흑 에너지 문제는 시간이 꽤 오래 걸릴 수도 있다. 물리학자 레너드 서스킨드는 약간 절망적인 분위기를 담아서 사려 깊게 말했다. "앞으로 1,000년간 인류의 우주론은 오류를 벗어날 수 없을지 모른다. 심각한 오류 말이다."[18] 그는 많은 사람들이 그렇게 느끼고 있다고 추정한다. 그렇다면 나는 이렇게 반론하겠다. 우리의 우주론은 언제나 "오류"였으며 앞으로도 언제까지나 그럴 것이라고 말이다. 우리가 도달해야 할 최종적 "올바름" 같은 것은 없다. 우주를 기술하는 좀더 나은 방법이 차례로 나타날 뿐이다. 모든 시대, 심지어 모든 세대가 기술하는 우주의 모습은 그 이전에 기술된 것과 철저하게 다른 모습이 될 것이다. 우리가 콜럼버스 시대의 지구 중심 우주관을 재미있어하듯이, 미래의 우주론자들은 암흑 물질에 몰두하고 있는 오늘날의 우주관을 똑같이 재미있어할 것이 틀림없다. 희망하건대, 그들이 우리보다 더 우월하다고 느끼지 않고 자신들이 더 나은 도구와 이론을 갖추고 있음을 인식해주었으면 한다. 그들이 우리가 희망하는 만큼 현명하다면, 자연의 작동방식을 찾아나선 우리의 초기 여행에 감사할 것이다.

지난 몇십 년간 우주에 대한 우리의 견해는, 우주 자체가 그러하듯이, 지속적으로 요동쳤다. 이는 거듭 확인된 사실이다. 지금쯤이면 우리는 우주에 대한 현재의 묘사에 너무 강하게 매달리는 것은 무의미하다는 사실을 배웠어야 마땅하다. 그것이 바뀌리라는 것이 분명하기 때문이다. 새로운 기술이 그렇게 만들 것이다. 우리가 이해하는 우주의 모습은 우리가 누구인가를 반영한다. 그리고 우리가 누구인가, 즉 우리가 주변 세계와 우리 자신을 보는 방식은 우리의 조사 도구가 달라지면 바뀌게 된다. 설사 우리가 주관적 판단을 배제하고 모두가 접근할 수 있는 공통 언어를 공유한 공정한 과학을 창조하는 데에 성공한다고 해도 우리 우주는 언제나 인간이 해석하는 우주라는 한계를 벗어나지 못할 것이다. 우리의 측정 내용이 우주의 모습을 결정한다.

오늘날 우리는 가속 팽창하는 우주에 살고 있으며 이 우주를 구성하는 세 종류의 주된 물질은 대단히 정밀한 균형을 이루어서 전체적으로 평평한 기하학을 구성하고 있다. 이 같은 균형은 똑바로 세워진 바늘이 그러하듯이 무너지기 쉽다. 지금보다 앞서서 초기 우주에 가속 팽창의 시기가 있었다는 인플레이션 우주론이 제안되었던 이유는, 우리가 관측한 우주가 왜 이렇게 평평한가의 문제를 포함해서 빅뱅 모델이 가진 일부 한계에 대처하기 위한 것이었다. 군더더기를 제거하고 최소한의 요점만 살펴보면, 인플레이션에 필요한 것은 오직 좁고 기묘한 구역, 가속 팽창을 유발하기에 충분한 에너지와 (음의) 압력을 가진 초기 우주의 한 구역뿐인 것으로 보인다. 인플레이션 이론을 끌어낸 원래의 개념 — 대통일 이론의 요소인 스칼라장이 공간의 초광속 팽창을 유발했다는 개념 — 은 실패했다. 인플레이션과 대통일 사이에는 직접적인 상관관계가 전혀 없다. 현 시점에서 인플레이션은 우주를 가속 팽창시킬 수 있는 스칼라장 (혹은 장들)이 존재할 수 있다는 가정하에 현상을 기술한 것에 지나지 않는다. 수없이 많은 모델들이 그 자리를 놓고 경쟁하는 중이다. 심지어 대통일 이론의 후보로서 제시된 초끈 이론마저 광활한 "초끈 경치(superstring landscape)" 속에서 길을 잃었다. 즉 경우의 수가 말도 안 되게 많아지면 모든 것이 가능해진 것이다. 도저히 존재할 수 없었을 것 같은 우리 우주도 여기에 포함된다. 양자 다중우주에서 탄생한 이 희귀한 거품은 평평한 모습을 띠기에 알맞은 양의 인플레이션, 은하의 형성과 별의 탄생을 촉발하기에 알맞은 양의 암흑 물질, 현재의 팽창을 추동하기에 알맞은 양의 암흑 에너지가 있다고 한다.

　나의 동료들 중의 일부는 그러한 확률적 설명에 강하게 반대한다. 아인슈타인을 모방하는 그들은 배후의 질서, 즉 만물에 대한 결정론적 설명이 존재한다고 믿는다. 통일론자로 시작했던 나 역시 무력감에 시달렸고, 모든 것이 설명 가능한 것은 아닐 수 있다는 가능성 때문에 힘이 빠졌다. 하지만 양자역학에서 그랬듯이, 우리는 이제 집착을 버릴 때가 되었다. 양자 불확정성이 원자와 입자의 세계에 대한 우리의 이해를 언제까지나 제한할 것이듯이, 물리적 세계에 대한 우리의 지식이 한정되어 있기 때문에 우리는 만물에 대한 이론을 구축할 수 없다. 그러한 이론은 개념 자체가 터무니없다. 알아야 할 모든 것을 알고 그것을 통일한다는 것을 전제로 하기 때문이다. 무엇을 통일한다는 말인가? 만일 우리가 모든 것을 알 수 없다면, 자연세계에 대한 우리의 지식에는 언제나 불확실한 요소가 남게 될 것이다. 달성해야 할 최종적 통일이라는 것은 없다. 우리가 측정할 수 있는 물리적 실재를 기술하는 좀더 나은 모형이 있을 뿐이다. 설사 우리의 도구가 개선되고 지식이 늘어난다고 해도, 우리의 무지의 저변도 그에 따라서 또한 확대된다. 더 멀리 볼 수 있게 될수록, 보아야 할 것은 더 많아지는 법이다. 따라서 역사상의 어느 시점이 된다고 해서, 우리가 모든 것을 알게 되리라고는 도저히 생각할 수 없다. 지식의 불확정성은 양자 불확정성과 마찬가지로 영원한 것이다. 설사 받아들이기 어려울지라도, 이는 인간 지식의 근원적 한계이다. 이를 분명히 보지 못하고 앞으로 나아가려고 하는 것은 오로지 우리의 지적 허영일 뿐이다. 과학에서 추구해야 할 통일된 꿈이 없다고 해도, 자연을 설명한다는 과학의 웅대한 과업은 축소되지 않는다.

　설사 어느 날 초끈 이론들이 우리 우주를 타당하게 설명하는 것으로 밝혀지고 스스로가 고안된 목적을 달성한다고 해도, 이 이론들이 최종 결론이 될 수는 없을 것이다. 자연에 대한 우리의 설명은 결코 최종적인 것이 될 수 없다. 점점 더 정확해지는 자료들을 점점 더 효과적으로 설명할 수 있게 될 뿐이다. 우리의 설명은 우리가 구축하는 담론일 뿐이다. 도구를 만들고 그 도구로 측정한 것들을 이해하는 우리의 주목할 만한 능력으로 만드는 담론 말이다. 최근 몇십 년간의 과학적 발견을 감안하면, 우리는 눈을 크게 뜨기만 하면 우리의 담론이 새로운 방향을 향하고 있다는 것을 알 수 있다. 즉 우리 우주가 특별한 우주라서 특별한 존재를 만든 것이 아니라, 우리 우주는 평범한 우주이지만 특별한 존재를 만든 것이다.

우리가 점점 더 빠른 속도로 배우고 있는 사실은 웅대한 계획이나 우주의 청사진, 우리 우주를 굽어보는 설명 같은 것은 존재하지 않는다는 것이다. 우리 우주는 거의 존재할 수 없었을 우주이지만 실제로 여기에 있다. 즉 하나의 거품 속에서 하나의 우주가 탄생했다. 이 우주는 우연히 가지게 된 어떤 속성들 덕분에 자체 붕괴하지 않고 살아남았고, 물질적 구성요소 간의 상호작용을 통해서 점점 더 복잡한 형태의 출현을 촉진했으며, 이는 결국 생명이 있는 존재의 출현으로 이어졌다. 우리가 자연에 부여하는 질서는 우리가 우리 자신 속에서 찾는 질서이다. 세계가 정말로 아름다운 것은 우리가 그것에 대해서 생각하기 때문이다.

제3부
물질의 비대칭성

26
대칭성과 아름다움

대칭성에 대해서 질문을 받은 물리학자라면, 아마도 다음과 같은 취지의 답변을 하기 십상일 것이다. "자연은 대칭적이다. 우리는 수학을 통해서 이 같은 대칭성을 밝혀낸다. 우리의 방정식과 이론들은 만물에 고유한 이 같은 속성을 구체화한 것이다. 대칭성은 아름다운 것이고 아름다운 것은 진리이다." 통일 이론가들은 여기에 다음과 같이 덧붙일 것이다. "가장 근본적인 수준에서 자연현상을 요약하고 굽어보는 대칭성이 있다. 물질의 근본 입자와 그들 간의 상호작용은 하나의 통일장 이론에 표현된 이 같은 하나의 대칭성이 구체화한 것이다. 이를 찾아내면 우리는 자연을 가장 깊은 수준에서 이해하게 될 것이다. 통일 이론이야말로 궁극적 진리이다."

우리가 대칭성을 갈망한다는 것은 의문의 여지가 없다. 우리는 대칭적으로 디자인된 물체들에 둘러싸여 있다. 컴퓨터, 식기, 자동차, 의자 등이다. 인간은 서로를 쳐다보며 대칭성을 본다. 왼쪽 눈이 오른쪽 눈보다 1센티미터 아래에 위치한 사람은 괴상해 보이고 매력이 없다. 대칭성과 질서는 심지어 일신론이 등장하기 전에도 신에 대한 우리의 묘사에 반영되어왔다. 종교적 도상(圖像)을 보면 신들과 천사들은 아름답게 묘사되어 있다 이들의 얼굴은 좌우가 완벽한 대칭을 이룬다. 반면에 악마는 추악하다. 이들의 얼굴은 뒤틀려 있다. 좀더 일상적 수준에서 봐도, 무해하고 양성인 큰 사마귀 하나가 얼굴의 전체 균형을 깨트린다. 10대들은 뾰루지 하나만 생겨도 낙담한다.

왼손잡이는 인구의 약 10퍼센트밖에 되지 않는 소수이다. 이들은 미친 행동을 많이 한다는 것이 전통적인 인식이다. 이탈리아어로 왼쪽은 la sinistra인데 그 어원은 불길한을 뜻하는 sinister이다. 이와 대조적으로, 오른쪽을 의미하는 la destra는 좋은 징조의를 뜻하는 dexter이다. 초등학교 시절, 오른손으로 글씨를 쓰라고 강요하는 서양 마녀처럼 무섭게 생긴 담임선생님 때문에, 나는 스스로를 괴물처럼 느꼈다. 그녀는 거듭해서 "네가 글씨 쓰는 방법은 끔찍해, 정상이 아니야"라고 소리를 지르곤 했다. 나는 그녀의 괴롭힘에도 불구하고 내가 왼손잡이로 남았다고 말할 수 있어서 자부심을 느낀다.

어느 시대에나 부적응자, 괴물, 육체적 기형이 있는 피조물은 사람들이 꺼리는 대상이었고 왕궁이나 전시회, 서커스의 구경거리였다. 중세에 머리 둘 달린 송아지나 몸이 붙은 쌍둥이의 탄생은 비정상적이고 괴기스러운 일이었고, 앞으로 어려운 시절이 닥친다는 징조로 받아들여졌다. 만일 세기말에 이런 일이 생기면 그야말로 인류 종말의 날이 다가온다는 전조였다.

우리는 아름답고 조화롭고 비례가 잘 맞는 것을 찾도록 진화적으로 프로그램된 존재이다. 여성들 중에서는 허리의 비율이 엉덩이의 약 70퍼센트인 여성이 가장 출산력이 높다. 황체 호르몬의 이상적인 균형 덕분이다. 2만8,000여 년 전에 조각된 구석기 시대의 비너스의 입상들, 르네상스 시대의 루벤스의 통통한 모델들, 심지어 1960년대의 말라깽이 모델 트위기까지도 각자의 시대에 가장 바람직한 형상이었다. 모두가 위의 70퍼센트 비율에 맞았다.

숲 속의 사냥꾼은 자기 주위의 공간적 패턴을 예민하게 인식한다. 거기에 생존이 달려 있기 때문이다. 포식자나 적 전사의 존재는 일상적인 풍경의 중단으로 나타나며 이는 불안을 일으키는 이유가 된다. 낮이 가면 밤이 온다든지, 계절이 되돌아온다든지 하는 천체의 주기적 운행은 시간 속의 정기적인 패턴이다. 혜성, 일식과 월식, 운석을 비롯한 주기성의 교란 현상은 두려움의 대상이었고, 화가 난 신들이 무력한 인간들에게 벌을 내리려고 한다는 메시지로 해석되었다. 아주 초창기부터 질서는 안전과 동일시되었고, 대칭성은 예측 가능성의 동의어였다.

음악이나 미술에서 현대적인 것은 비대칭적인 경우가 흔하다. 20세기 초반에 전통 미술과의 결별은 대체로 사연과 인간의 모습에서 대칭적 패턴을 무너뜨리는 것으로 표현되었다. 지금도 피카소 그림의 여성들은 처음 접하면 "못생겨" 보인다. 음악에서 조화를 중심에 놓는 옛 미학과 현대 미학을 가르는 징표는 무조성(無調性)이다. 아널드 쇤베르크와 알반 베르크가 작곡한 무조 작품들은 이상한 소리, 많은 사람들에게 참기 어려운 소리로 들린다. 1913년에 쇤베르크가 작곡하고 베르크가 비엔나에서 연주한 「피터 알텐베르크의 그림엽서 구절에 대한 5개의 노래」 공연은 난장판으로 끝났다. 이고르 스트라빈스키는 그보다 작은 죄로도 나름의 야유를 받았다(같은 해에 파리에서 초연한 「봄의 제전」이 강렬한 리듬과 원시적인 선율로 물의를 빚은 사태를 말하는 것으로 보인다/역주).

비대칭은 불편하다. 깊은 공포, 오래 전에 잊혀진 공포까지도 그 일부가 드러나게 한다. 그 두려움의 뿌리는 일신론의 종교 전통으로까지 거슬러올라간다. 비대칭의 세상은 완벽한 신의 작품일 리가 없다. 그러므로 만일 세상이 비대칭이라면, 신이 없는 것이 분명할 것이다. 만일 세상에 신이 없다면, 우리는 혼자일 것이다. 홀로 남겨져서 스스로의 문제를 처리하고, 포식자와 적들에 대처하면서 잘못된 선택을 하고, 그에 따른 손실을 감당해야 한다. 비대칭의 세상은 무섭다. 인간들은 대칭의 품, 질서 있는 세상의 품에 안겨 보호받고 싶어한다.

기원전 580년경, 소크라테스 이전의 철학자인 아낙시만드로스는 우주에 대한 최초의 기계적 모형을 만들었다. 그 기반은 모든 형태들 중에서 가장 대칭적인 것, 즉 원이었다. 1609년에 화성의 궤도가 타원임을 케플러가 보여줄 때까지, 원이 천문학을 지배했음은 이미 본 바와 같다. 심지어 케플러에게도 이같은 이행은 쉽지 않았다. 그는 몇 년 동안이나 자기 회의에 시달린 뒤에야 스스로의 혁신적인 결론을 받아들일 수 있었다. 이는 그의 취향이 아니었을 것이다. 하지만 그는 튀코의 정확한 관측 자료를 무시할 수는 없다는 것을 알았다. 케플러는 죽는 날까지 실재의 깊은 층에는 신의 완전성을 반영하는 우주의 완전성이 숨겨져 있다고 확신했다. 그는 깊게 파들어가기만 하면 되었다.

과학자들은 엄청나게 망설인 후에야 비로소 대칭성을 포기한다. 그들이 그렇게 하는 데에는 적어도 두 가지의 훌륭한 이유가 있다. 첫째, 대칭성이 자연을 기술하는 데에 극도로 효과적인 도구임이 증명되었기 때문이다. 우주론에서 입자물리학에 이르기까지 우리가 배운 것들 중에서 많은 부분이 각기 다른 형태의 대칭성에 좌우된다. 부엌의 소금에서 다이아몬드에 이르기까지 고체의 결정 구조는 이들의 속성을 이해하는 데에 결정적으로 중요하다. 대칭적 체계는 수학적으로 기술하기가 더 쉽다. 대칭적 방정식은 풀기가 더 쉽다. 특정한 형태의 대칭성을 부여하면 그에 따른 예측이 나오는데, 이것이 실험에서 극적으로 확인되는 경우가 가끔씩 생긴다. 마치 생각이 자연에 선행하거나 자연의 질서 깊숙한 곳에 미학이 내재하기라도 한 듯하다. 입자물리학이 특히 그렇다. 물질 입자들의 상호작용을 기술하는 이론에 수학적 대칭성을 부여함으로써 물리학자들은 예전에는 존재가 알려지지 않았던 새로운 입자들의 존재를 예측할 수 있었다. 이 같은 사례는 곧 살펴볼 예정이다.

우리가 대칭성과 오랜 사랑에 빠져 있는 두 번째 이유는 그것이 아름답다는 점 때문이다. 오늘날 아름다움을 정의하기란 쉽지 않다. 심지어 다른 것들보다 정확한 과학적 맥락 내에서도 어렵다. 아름다운 이론은 단순하고도 강력하다. 최소한의 가정에 의존하면서 폭넓은 현상을 설명한다. 또한 아름다운 이론은 완벽에 가깝다. 작은 조각을 제거하면 전체가 무너진다. 와인버그는 『최종 이론의 꿈(Dreams of a Final Theory)』에서 다음과 같이 썼다. "우리가 일반상대성 이론이나 표준모형에서 느끼는 아름다움은 일부 예술작품에서 느끼게 되는 아름다움과 매우 비슷하다. 필연적이라는 느낌 ─ 음표 하나, 붓질 한

번, 글 한 줄이라도 바꾸고 싶지 않다는 느낌 — 이 그것이다."[1]

이 책은 반(反)대칭성 선언이 아니다. 독자들이 이를 이해하는 것은 매우 중요하다. 만일 그러한 선언을 한다면, 그것은 바보 같고 온당치 않은 일일 것이다. 대칭성은 우리 이론의 핵심 요소이다. 지금도 그렇고, 앞으로도 그럴 것이다. 대칭성은 아름답고, 내가 위에서 정의한 의미에서 우리의 이론도 아름답다. 자연의 많은 구조들이 실제로 대칭적이다. 그저 해바라기나 개미, 수정(水晶)만 보아도 쉽게 판단할 수 있는 일이다. 문제는 지나치게 대칭성에 집착해서 그것을 도그마로 신봉할 때 시작된다. 대칭성은 아름답다. 하지만 아름다움이 반드시 진리인 것은 아니라고, 존 키츠가 말하지 않았던가. 혹은 진리가 반드시 아름다운 것은 아니라고 말이다.

지금까지 우리는 우리 우주가 약 137억 년 전에 진공에서 갑자기 튀어나온, 무작위적인 양자 요동의 결과인 듯하다는 것을 보았다. 또한 미지의 암흑 물질이 우리를 둘러싸고 있으며, 이들 물질이 은하의 탄생과 우주의 궁극적 운명과 어떻게 연결되어 있는지도 보았다. 그러나 우리는 그 정체가 무엇이며, 왜 우리가 측정하는 양(量) 속에 등장하는 것인지를 알지 못한다. 사실 우주 전체에 퍼져 있는 매질인 암흑 에너지는 정말 신비하다. 우리가 원하든 원하지 않든, 이것이 우리 우주의 모습이다. 50년 전과는 다른 모습이고 50년 후에는 또 달라질 모습이다. 그 안에 많은 아름다움이 있는 것은 분명하다. 하지만 그 아름다움은 다른 종류의 것이다. 존재가 아니라 생성의 아름다움, 균형과 정체(停滯)가 아니라 변화와 변형의 아름다움, 완전함의 아름다움이 아니라 불완전함의 아름다움이다. 과학에는 새로운 종류의 미학, 새로운 종류의 아름다움이 필요하다. 오래된 일신론적 신앙이 주입한, 질서와 대칭성에 대한 기대는 뒤에 남겨놓아야 할 것이다. 이 새로운 미학은 단 하나의 원칙에 근거를 둔다. 자연의 창조는 불균형으로부터 이루어진다는 깨달음이 그것이다.

27
대칭성에 대한 좀더 자세한 탐구

사람의 얼굴, 자동차, 와인 잔, 공, CD, 이 모든 것은 대칭적이다. 눈으로 보아 본능적으로 알 수 있다. 모두가 수학으로 표현될 수 있는, 하나나 그 이상의 대칭성이 있다. 이것들은 공간 대칭성의 사례이다. 공간 감각, 즉 거리 측정 및 비례와 관련되어 있다는 점에서 그렇다. 대칭을 올바르게 이해하려면 두 가지 요소가 필요하다. 그것은 대칭 조작과 조작되는 물체이다. 만일 하나의 공이 완전히 깨끗하고 전혀 흠이 없다면, 그것은 매우 대칭적일 것이다. 즉 공을 어느 쪽으로 돌려도 그 모습은 똑같다. 이때 조작되는 물체는 공이고 대칭 조작은 공을 그 중심 주위로 회전시키는 것이다. 사람의 얼굴은 좌우 대칭 혹은 거울 대칭이라고 불리는 예에 해당한다. 즉 한쪽 면이 반대쪽 면과 똑같다. 물론 거의 그렇다는 뜻이다. 사람의 얼굴은 거의 대칭적일 뿐이다. 우리는 누구나 얼굴의 좌우가 완벽히 똑같지는 않다는 사실을 알고 있다. 흉터나 사마귀, 주름살, 가르마처럼, 완벽한 대칭을 깨트리는 무엇인가가 항상 존재한다. 거울 대칭 물체의 더 좋은 사례는 신품 자전거이다. 대칭 조작이란 한쪽 면에 있는 모든 점을 중심으로부터 똑같은 거리만큼 그 반대쪽 면으로 옮기는 것이다. 해당 물체가 거울 대칭이라면 양쪽 면은 똑같아 보일 것이다.

플라톤은 실제 세계의 완벽한 대칭성이라는 개념을 매우 의심스러워했다. 그것이 불가능하다고 보았던 것이다. 완벽함이 존재할 수 있는 것은 마음속 세계뿐이었다. 원을 구체적으로 표시한 형상은 결코 원의 개념만큼 완전할 수 없다. 이 같은 플라톤의 이상주의는 피타고라스 학파의 수비(數秘)주의와 결합해서 폭발적인 결론에 도달한다. 형태와 숫자 간의 수학적 관계에는 자연의 궁극적 실재에 이르는 비밀이 숨겨져 있다. 자연의 숨겨진 코드는 완벽한 형태의 언어로 쓰어 있다. 이 영역에 입장하기 위한 암호는 대칭성이다. 이 같은 개념, 아니 이상(理想)은 자연과학 전체에 스며 있다. 물리학과 화학을 배우는 학생들은 누구나 원통, 원, 구와 같은 대칭적 형태를 배우는 것부터 시작한다. 어떤 물체나 물리계(2개나 그 이상의 원자로 된 분자, 서로가 서로의 주위를 도는 별들)가 근사적으로만 대칭적일 때, 우리는 이를 완벽한 대칭에서 약간의 왜곡(혹은 섭동[攝動])이 있는 계로 취급한다. 시간이 지나도 섭동이 더 커지지 않기를 희망하는 것이다. 그렇지 않으면 사태가 매우 복잡해진다.

물리학은 근사치의 학문이다. 물리학 문제들 중에서 쉬운 해법이 있는 극소수는 높은 수준의 대칭성을 가진 것들뿐이다. 우리는 진자운동(진폭이 작을 경우에만) 문제를 쉽게 풀 수 있다. 그리고 가장 단순한 원자인 수소 원자의 에너지 상태를 계산하기 위해서 양자역학을 사용하는 방법을 알고 있다.[2] 이보다 복잡한 진동이나 전자가 여러 개인 원자는 (가능한 경우) 복잡한 근사법을 이용해서 푼다. 이 방법은 대칭적 해나 상태를 벗어나는 요동이 작아야만 사용할 수 있다. 당연히 컴퓨터는 이 같은 상황을 극적으로 바꾸어놓았다. 몇 년 전까지만 해도 최고의 수학자들도 풀 수 없었던 문제들을 요즘 대학교 1학년생들은 랩톱 컴퓨터로 푼다. 대체로 분석적 능력은 프로그래밍 능력에 자리를 내주었다. 라플라스가 말한 초지성은 아직 입수할 수 없지만, 그 사촌격인 실리콘 칩은 우리의 지성을 크게 확장해주었다. 이론상으로 컴퓨터는 아무리 많은 섭동, 아무리 비대칭적인 형태와 계도 모두 다룰 수 있다. 물론 실제상으로는 기계나 프로그래머에게도 나름의 한계가 있다. 그렇다고 하더라도 컴퓨터 덕분에 공간적으로 비대칭인 계도 이제 더 이상 극복할 수 없는 장애의 대명사가 아니다. 비대칭성도 주류에 편입되었다.

앞으로 나는 "외부" 대칭이니 "내부" 대칭이니 하는 표현을 자주 사용할 것이다. 이제 그 차이를 분명히 할 때가 되었다. 외부 대칭은 공간과 시간을 통해서 드러난다. 공간 대칭인 형체는 이미 많이 언급했다. 공, 자동차, CD 등이다. 정사각형도 매우 대칭적이다. 중심 주위로 90도를 회전시켜도 똑같다. 이것은 회전 대칭이다. 정사각형은 거울 대칭이기도 하다. 한쪽이 반대쪽을 거울에 비춘 모양과 같다. 대칭성을 생각하는 좋은 방법은 변화 후에도 변하지 않는 속성, 즉 불변성을 보는 것이다. 대칭 조작을 한 뒤에도 아무 일 없었던 듯이, 원래의 모양 그대로 남아 있는가를 보는 것이다.

입자물리학에서 대칭성은 이보다 미묘하다. 물론 외부적인 공간 대칭과 시간 대칭은 존재한다. 어떤 실험의 결과는 동일한 조건(고도, 온도 등)이 유지되기만 한다면, 그것을 미국에서 하든 브라질에서 하든, 월요일에 하든 토요일에 하든 상관없이 동일할 것이다. 또한 실험실이 북향이든 남향이든 (지자기[地磁氣]가 실험에 영향을 미칠 수 없다면) 동일할 것이다. 모든 대칭성이 낳는 가장 심오한 결과 중의 하나는 보존법칙과의 관계이다. 물리계의 모든 대칭성은 어떤 보존되는 양(量), 즉 시간이 지나도 변화하지 않는 양과 관계가 있다. 대상이 무엇이든, 다시 말해서 경사면을 구르는 공, 길 위를 움직이는 자동차, 태양 주위를 도는 행성, 전자를 때리는 광자, 팽창하는 우주 등 무엇이든 간에 그러하다. 그리고 특히 외부 대칭(공간 및 시간 대칭)은 운동량 및 에너지의 보존과 각각 관련되어 있다. 시간적, 공간적으로 대칭적인 계의 전체 에너지와 운동량은 변화하지 않는다.*

물질의 기본 입자가 사는 세계는 우리가 사는 세계와 크게 다르다. 그 세계

---

* 이러한 내용을 처음 접하는 사람들을 위해서 설명하자면, 한 물체의 운동량은 그 물체의 질량과 속도의 산물이다. 에너지가 스칼라 양인데 비해서 운동량은 방향을 가진 벡터 양이다. 운동량은 바뀔 수 있으며(예를 들면 한 계의 여러 부분들이 서로 충돌한다) 그동안 에너지의 속성도 바뀔 수 있다(예를 들면 화학 에너지에서 전기 에너지로 바뀐다). 그러나 보존적인 계에서 이들의 총량은 변화하지 않는다.

를 상징하는 속성은 변화이다. 입자들은 각자가 다른 입자로 바뀌어서 정체(正體)가 달라질 수 있다. 이러한 변화들은 자발적으로 일어날 수 있다. 고립된 중성자 하나가 양성자 하나와 전자 하나, 그리고 반(反)중성미자("반"의 의미는 곧 설명하겠다)로 바뀌는 것이 그 예이다. 입자들은 서로 충돌했을 경우에도 정체를 바꿀 수 있다. 태양으로부터 여행해온 양성자 하나가 지구 초고층 대기의 공기 분자를 때리거나 입자 가속기에서 양성자를 다른 양성자와 충돌시키는 실험을 할 때에 그런 일이 일어난다. 입자물리학의 목표는 이 같은 변화를 관장하는 규칙을 밝히는 것이다. 100년에 걸친 입자물리학 연구에서 확립된 사실은 다음과 같다. 입자들의 상호작용과 상호변환은 일련의 엄격한 보존법칙을 따른다. 개별 보존법칙은 외부 대칭(공간이나 시간과 관련된다)이나 "내부" 대칭과 관련이 있다. 외부 대칭이 입자들이 상호작용할 때, 에너지와 운동량이 어떻게 흐르는가를 규정하는 데에 비해서, 내부 대칭은 입자들이 정체를 바꾸는 방식을 규정한다. 하나의 입자는 다양한 다른 입자가 될 잠재력이 있다. 마치 다중인격 장애를 앓는 사람처럼 말이다. 어떤 특정한 정체가 될 것인가는 상호작용이 일어나는 특정 환경에 좌우된다. 예컨대 고립된 중성자는 양성자 하나, 전자 하나, 반중성미자 하나로 변신할 수 있다. 하지만 그 중성자가 안정된 원자핵의 일부라면, 다시 말해서 안정된 환경에서 다른 양성자 및 중성자와 상호작용을 한다면, 중성자라는 정체성을 계속 유지한다. 20세기 입자물리학의 가장 위대한 승리 중의 하나는 물질 입자의 다양한 변신과 그 배후의 대칭 원리를 관장하는 규칙들을 찾아낸 것이다. 이 규칙들에서 발견한 가장 놀라운 사실 중의 하나는 일부 대칭성이 깨지며, 이것이 매우 심원한 결과를 낳는다는 것이다.

28
에너지는 흐르고 물질은 춤춘다

입자물리학의 역사는 끊임없는 발견의 역사이다. 최초의 발견은 원자가 실제로는 더 이상 쪼갤 수 없는 것이 아니라는 사실이었다. 소크라테스 이전 시대의 철학자 레우키푸스와 데모크리토스가 생각했던 것과 달리, 원자는 더 작은 구성요소로 이루어져 있었다. 1897년에 J. J. 톰슨은 전자를 발견했다고 발표했다. 이것은 최초로 확인된 물질의 기본 입자였다. 톰슨이 보여준 것은 다음과 같다. 각기 다른 화학원소들은 전자를 가지고 있다. 모든 전자는 동일한 질량과 전하를 가지고 있다. 전자의 무게는 모든 화학원소들 중에서 가장 가벼운 수소보다도 훨씬 더 가볍다. 그는 전자가 모든 원자의 성분이라고 추론했다. 만일 그것이 사실이라면 똑같은 성분으로 만들어진 화학원소들이 어떻게 그토록 서로 다른 성질을 가질 수 있는가?

톰슨 시대의 과학자들은 각각의 화학원소는 무게가 서로 다르다는 사실을 알고 있었다. 이보다 여러 해 전인 1869년에 드미트리 멘델레예프는 주기율표의 첫 번째 버전을 제시했다. 당시까지 알려진 화학원소들을 원자 무게가 무거워지는 순으로 배치한 것이다. 그는 화학적 성질이 비슷한 원소들(예를 들면 금속이나 알칼리 토류)은 족(族)이라고 불리는 주기적인 패턴으로 나타난다는 것을 발견했다. 자연의 규칙성에 대한 믿음으로, 그는 명성을 얻었다. 그러나 주기율표에는 구멍이 있었다. 원자 무게나 화학적 친화성은 잘 정의되어 있으나, 존재하지는 않는 원소가 차지하는 자리가 있었다. 이를 알아차린 그는 그러한 원소가 존재해야 한다고 예측했다. 얼마 지나지 않아서 멘델레예프가 예측한 속성을 정확히 갖춘 게르마늄, 갈륨, 스칸듐이 발견되었다. 규칙성이나 주기성에 대한 이런 종류의 추론은 우리가 물질을 이해하는 데에 주된 역할을 한다.*

톰슨이 전자를 발견한 것은 원자에 대한 우리의 이해에 혁명을 일으켰다. 1918년에 어니스트 러더퍼드는 수소 원자핵이 단 하나의 양성자로 되어 있고, 양성자는 전자의 전하를 정확히 상쇄하는 양전하를 띠고 있으며, 질량은 전자의 약 2,000배일 것이라고 추론했다. 이 같은 (정확한) 모형에 따르면, 원자는 전기적으로 중성이고 질량은 대부분 핵에 모여 있다. 1932년에 제임스 채드윅이 중성자, 즉 원자 모형의 마지막 주전 선수를 발견했다. 이 같은 발견은 놀랄 만한 단순화로 이어졌다. 주기율표에 등장하는 100개가 넘는 천연 및 인공 원소들은 단지 3개의 입자 — 중성자, 양성자, 전자 — 의 조합일 뿐이다.

화학원소의 정체성을 결정하는 것은 핵에 있는 양성자의 수이다. 중성자의 숫자 때문에 동위원소라고 불리는 변이들이 나타날 수 있다. 예를 들면 하나의 양성자를 가진 수소는 세 가지 형태로 존재한다. 정상수소, 이중수소, 삼중수소이다. 각 수소의 핵에 있는 양성자는 하나뿐이다. 다만 이중수소와 삼중수소는 매우 희귀한 원소인데, 핵 속에 각각 1개와 2개의 중성자를 가지고 있다. 이 둘은 수소의 동위원소이다.

1920년대와 1930년대에 실험을 통해서 핵 구성 물질의 연금술적 유연성이 더욱 많이 드러났다. 원소들은 입자들의 폭격을 받은 뒤에 서로 다른 것으로 바뀌거나, 방사능 붕괴를 통해서 자발적으로 바뀐다. 방사능은 원자핵에서 입자들이 방출되는 것에 불과하다. 우라늄 동위원소 U−238(양성자 92개, 중성

---

* 엄밀히 말하면 멘델레예프의 배열은 틀렸다. 원소들은 원자량 — 핵 속의 양성자와 중성자의 합 — 이 아니라, 원자번호 — 핵 속의 양성자 수 — 로 그룹이 나뉘어야 한다. 중성자가 양성자보다 아주 조금 더 무겁고, 이는 일부 원소가 주기율표에서 차지하는 위치에 논란을 일으킨다.

자 146개)이 알파 입자(양성자 2개와 중성자 2개를 가진 헬륨 원자핵)를 방출하면, 토륨의 동위원소인 Th-234(양성자 90개, 중성자 144개)로 변환된다. 저절로 일어나는 이 같은 연금술적 변신에서 에너지와 운동량은 보존된다. 전하도 보존된다. 즉 이전과 이후의 전하량은 언제나 동일하다(반응 전후의 전체 양성자 숫자만 비교하면 된다). 전하량 보존은 내부 대칭의 한 예이다. 이러한 규칙을 위반하는 변환은 "금지된다." 다시 말해서 관찰된 일이 없다. 더 많은 실험이 이루어지고 그에 따른 증거가 쌓이자, 소수의 보존법칙과 그에 관련된 대칭 원리로 물질과 에너지의 변환을 기술할 수 있다는 사실이 드러났다. 물질적 대상은 그 행태를 결정하는 규칙에 비해서 부차적인 존재가 되었다.

폴 디랙은 중성자가 발견되기 4년 전에 양자역학을 특수상대성 이론과 결합시키려는 시도를 했다. 만일 전자가 핵 주위를 돈다면 그 속도는 상대론적인 것에 가까울 것이다. 양자역학의 예측에 약간이라도 상대론적인 보정이 필요해야 옳다. 게다가 슈뢰딩거의 양자역학에는 전자의 핵심적인 속성 중의 하나인 자전이 포함되어 있지 않았다. 이 부분은 손으로 계산해서 더해야 했다. 디랙은 자신의 상대론 방정식에서 서로 상반되는 전하를 가진, 두 개의 해(解)를 얻고 놀라지 않을 수 없었다. 하나의 해는 음전하를 띤 회전하는 전자가 분명했다. 그러나 다른 해는……. 그의 첫 짐작은 이것이 양성자를 기술한다는 것이었다. 로버트 오펜하이머는 나중에 제2차 세계대전 중에 맨해튼 계획의 책임자가 된, 현대사에서 가장 비극적인 인물들 중의 한 사람이다. 그는 디랙의 또 하나의 해가 회전하는 "양의 전하를 띤 전자"를 기술한다는 것을 금방 알아차렸다. 새로이 존재가 예측된 입자에는 (positron), 즉 양의 전하를 띤 전자라는 뜻의 이름이 붙여졌다. 채드윅이 중성자를 발견한 해인 1932년에 미국인 물리학자 칼 앤더슨은 디랙과 오펜하이머의 예측을 전혀 알지 못한 채 양의 전하를 띤 전자를 발견했다.

상세한 관측 결과, 양전자는 지구상에서 자연히 나타나지는 않는다는 점이 확인되었다. 대신에 좀더 정상적인 입자의 붕괴나 충돌 시에 출현한다. 그것이 나오는 원천은 핵융합 과정의 일부로서 양성자들이 통상적으로 분출되는 곳, 즉 태양이다. 이 같은 우주선(宇宙線) 양성자들은 1억5,000만 킬로미터를 여행한 뒤에 지구의 최상층 대기에 도달한다. 여기서 이들은, 예를 들면 질소의 원자핵을 때려서, 많은 입자들을 내놓는다. 이들 입자들은 더 많은 핵을 때리고, 그래서 더욱 많은 입자들이 생성된다. 수없는 충돌이 일어나서 흔히 샤워라고 불리는, 모든 종류의 2차 산물을 만든다. 그중 하나가 앤더슨이 탐지한 양성자이다. 이 같은 연쇄반응은 아인슈타인의 $E=mc^2$의 관계가 구현된 것이다. 즉 지구에 도착하는 양성자의 운동 에너지는 문자 그대로 물질의 새로운 입자와 광자로 바뀌었다. 에너지는 흐르고 물질은 춤춘다.

양전자를 만드는 방법 중의 하나는 고에너지 감마선 광자로 양성자를 때리는 것으로 시작된다. 광자의 에너지는 양성자에 큰 충격을 주어서 전자-양전자 쌍을 내놓게 할 만큼 강력하다. 이 반응을 식으로 써보면 다음과 같다.

광자 + 양성자 $\rightleftarrows$ 전자 + 양전자 + 양성자

이제 우리는 물질의 유연성이 가진 모든 아름다움을 본다. 질량이 없는 복사(광자)가 질량을 가진 입자가 된다. 위의 식에서 화살표가 양방향인 것은 그 역도 또한 가능함을 나타낸다. 전자와 양전자가 서로를 상쇄해서 없애고 한 줄기 감마선 복사(강력한 에너지를 가진 광자)로 바뀐다. 아원자 입자의 세계에서 일어나는 일을 이해하려고 노력하다 보면, 왜 보존법칙들이 핵심인지를 알게 된다. 위의 반응에서도 에너지는 보존되어야 한다. 광자의 에너지가 충분하지 않다면 양성자를 때려도 전자-양전자 쌍은 생성되지 않는다.* 운동량 보

---

* 전자와 양전자의 질량은 동일하기 때문에, 감마선 광자는 전자 질량의 2배(광속 제곱을 곱한)에 해당하는 최소 에너지를 가져야만 한다.

존법칙은 입자들이 날아가는 방향을 결정한다. 전하 보존법칙은 반응 전후의 전하량이 동일할 것을 요구한다. 만일 좌변에 양전하 한 단위(양성자)가 있으면 우변에도 그것이 있어야 한다. 그러므로 우변에 양성자 1개가 나타나면(위의 경우처럼) 추가 생산물의 전하의 총계는 0이 되어야 한다. 실제로 정확히 이러한 일이 일어난다. 전자와 양전자는 서로 반대 방향인 똑같은 양의 전하를 띠고 있기 때문이다. 에너지 보존법칙이나 전하 보존법칙에 위배되는 입자 반응 사례는 단 한 건도 없다. 오늘날 우리가 관측할 수 있는 정확도의 범위 내에서는 이들을 자연 법칙이라고 서술할 수 있다. 물질이 생성되고 파괴되는 명백히 무작위적인 춤의 뒤에는 안무가 존재했던 것이다.

29
아름다운 대칭성이 깨지다

양전자는 전자의 반입자(antiparticle)로 불린다. 최초로 발견된 반물질(anti-matter)의 사례이다. 디랙은 양자역학과 특수상대성 이론을 결합한 자신의 상대론적 양자역학이 내놓은 방정식이 양성자와 그 반물질인 반양성자(antiproton)도 기술할 수 있다는 사실을 곧 깨달았다. 방정식의 해는 항상 2개였다. 하나는 물질 입자, 다른 하나는 반물질 입자를 나타냈다. 양전자가 전자와 반대 방향의 전하를 띠듯이, 반양성자도 양성자와 반대의 전하를 띤다. 디랙은 반물질의 존재가 양자역학과 상대론을 결합하면 필연적으로 나타나는 결과임을 보여주었다. 수학적 구조에서 예측된 물체의 존재가 나중에 자연에서 확인되는 극소수의 사례는 정말 인상적이다. 디랙이 오직 아름다운 방정식만이 옳은 방정식일 수 있다고 믿은 것은 놀랄 일이 아니다. 상대론적 전자에 대한 그의 방정식은 두 가지 모두에 해당한다. 그것은 분명한 예측을 내놓았다. 즉 모든 물질 입자에는 그 동반자인 반입자가 있다. 양측의 속성은 질량이나 스핀 등 대부분이 동일하다. 입자가 안정적이면 반입자도 안정적이다. 전자와 양전자가 그러한 예이다. 중성자처럼 입자가 불안정하다면 그 반입자도 불안정하다. 수명, 즉 불안정한 입자가 붕괴하는 데에 걸리는 시간은 서로 동일하다. 이제 우리는 디랙이 왜 그토록 힘들어서 자기홀극의 존재를 확립하려고 했는지, 전자기 이론이 완벽한 대칭성을 가지게 만들려고 했는지를 알 수 있다. 오직 그렇게 될 때에만 맥스웰의 이론이 진정으로 아름다운 이론이 될 수 있다고, 그가 마음 한구석에서 믿었기 때문일 것이다. 나는 그렇게 생각한다. 그러나 디랙을 포함한 다른 많은 사람들의 노력에도 불구하고 일은 계획대로 흘러가지 않았다. 언제나 그렇듯이 자연은 그보다 더 창의적이다.

그리고 자연은 분명한 선호(選好)가 있다. 즉 우주에는 반물질이 거의 전혀 없다. 반물질의 세계는 물질세계의 복사판(複寫版)이다. 하지만 그 복사가 완전하지 않다. 반입자의 전기적이고 자기적인 속성은 입자와 거꾸로이다. 원자핵보다 짧은 거리에서 일어나는 입자와 반입자의 상호작용과 관련이 있는 다른 속성들도 역시 거꾸로이다. 둘 사이의 이 같은 차이는 현대 입자물리학이 해결하지 못한 가장 큰 미스터리 중에서 하나의 핵심에 자리잡고 있다. 또한 자연의 비대칭성 중에서 가장 중요한 것으로 꼽힌다. 상대론적 입자를 기술하는 방정식에서는 물질과 반물질이 동일한 지위인 것으로 보임에도 불구하고, 실제로 반입자는 매우 드물게만 나타난다. 우리가 보는 반입자는 물질 입자들 간의 충돌에서 만들어진다. 그 충돌이 우주선(宇宙線)에 의한 것이건, 입자 가속기 안에서 일어나는 것이건, 모두 그렇다. 일부 반입자는 블랙홀이 항성 하나를 삼키는 것과 같은 격렬한 천체물리학적 사건에 의해서 만들어질 수도 있다. 이유는 모르겠지만, 우주는 어린 시절에 반물질보다 물질을 선택했다. 이 같은 불완전성은 우리의 존재 여부를 좌우한, 가장 중요한 단 하나의 요인이다. 만일 우주 역사의 초기에 물질과 반물질이 같은 양으로 공존했다면, 이들은 서로를 소멸시켰을 것이고, 그 결과 지금의 우리 우주는 거의 복사 에너지로만 구성되어 있을 것이다. 생명은 존재하지 못했을 것이다.

자연이 근본적으로 왜 이처럼 비대칭적인가의 뿌리를 탐구하는 데로 나아가기에 앞서, 우리는 이 같은 비대칭성이 단지 국지적인 효과가 아니라 정말로 우주 전체의 지배적인 현상이라는 점을 확립할 필요가 있다. 혹시 우주의 다른 영역은 반물질로 만들어져 있을 수도 있을까? 예컨대 반물질로 구성된 은하들이 있을 수 있을까?

양자역학에 따르면, 그렇다. 반원자(antiatom)가 존재하므로, 완전히 반물질로만 이루어진 은하들이 존재할 가능성도 완벽하게 가능하다. 실험실에서는 반수소도 만들어졌다.* 이제 우리는 달이 반물질로 만들어져 있지 않음을 안다. 만일 그렇지 않았다면, 불쌍한 닐 암스트롱과 달 착륙 모듈 전체는 달 표면에 닿는 순간에 엄청난 폭발을 일으켜서 사라져버렸을 것이다. 대부분의 태양계 행성과 일부 그 위성들도 마찬가지이다. 그곳에 탐사기가 갔고 살아남아서 우리에게 정보를 송신해왔다. 우리는 우리 은하 전체가 물질로 구성되어 있다고 추론할 수 있다. 만일 반물질이 많이 있었다면, 항성과 반항성의 충돌이나 성운과 반성운의 충돌에서 과도하게 생성되는 감마선을 탐지할 수 있었을 것이다.

현재의 감마선 감지기는 물질로만 이루어진 우주의 경계를 우리 은하의 훨씬 더 바깥인 약 6,500만 광년까지 밀어놓고 있다. 우리는 얼마나 더 멀리까지 갈 수 있을까? 나에게 묻는다면, 관측 가능한 우주 전체라고 말하겠다. 1980년대 후반에 나는 캘리포니아 대학교 산타바버라 이론물리연구소에서 박사후 펠로로 있으면서 이 의문의 답을 찾기 위한 연구를 수행했다. 동료는 UCLA 출신의 데이비드 클라인, NASA 고다드 우주비행 센터의 플로이드 스테커, UCLA 대학원생 Y. 가오였다. 우리 우주에 오직 반물질만 포함하고 있는 광대한 영역이나 거품이 있었을 수 있을까? 만일 그런 것이 존재했다면 이런 영역들의 경계에서는 물질과 반물질이 충돌해 소멸하면서 은하계 밖의 감마선 순 배경복사를 상당히 증가시켰을 것이다. 이론적 모형을 이용해서 우리는 소멸 경계에서 감마선 생성량을 추정하고 물질 영역과 반물질 영역의 밀도와 크기에 따라서 감마선 강도가 어떻게 달라질 것인지를 조사했다. 그 다음에는

---

* 반수소 원자의 핵에 있는 반양성자 주위에는 양전자가 있다. 만일 반헬륨이 있다면 그 원자핵에는 2개씩의 반양성자와 반중성자가 있고 그 주위에는 2개의 양전자가 있을 것이지만, 결코 발견된 일은 없다.

우리의 계산 결과를 실제로 알려진 은하계 밖의 감마선 배경복사 자료와 비교했다. 우리의 결론은, 만일 그러한 영역이 있었다면 진작에 탐지되었어야 한다는 것이었다. 우리는 물질로 이루어진 우주에 살고 있다.

빅뱅 우주론은 반물질의 존재에 더욱 큰 제약을 가한다. 빅뱅 모델이 이룩한 승리 중의 하나는 수소에서부터 리튬-7(양성자 3개와 중성자 4개)에 이르기까지, 가벼운 원소들이 우주에 풍부하게 존재할 것임을 정확하게 예측했다는 점이었다.* 이러한 주목할 만한 결과는 단 하나의 자유 상수, 즉 물질과 반물질의 양이 상대적으로 비대칭이었다는 데에서 나온다. 구체적으로 말하면 빅뱅 약 1초 후에 해당하는 원시 핵합성 시기에 물질 입자 10억1개당 반물질 입자 10억 개가 있었어야 한다는 말이다. 이는 보기보다 큰 차이이다. 물질 1그램에 들어 있는 원자의 개수가 1조의 몇 조 배라는 사실을 생각해보라.† 그러므로 어느 정도의 비대칭이 필요한가 하면, 10억 개의 반원자가 들어 있는 물질 샘플에는 10억1개의 원자가 있을 것이다. 100억 개의 반원자가 들어 있는 물질 샘플에는 100억10개의 원자가 있을 것이고, 1,000억 개의 반원자가 들어 있는 샘플에는 1,000억100개의 원자가 있을 것이다. 이 같은 논리에 따르면 반원자 1그램(숫자로는 약 10^{24}개)이 완전히 소멸되고 나면 1,000조(10^{15}) 개의 원자가 남아 있게 된다.

초기 우주로 돌아가서, 당시에 반물질의 양이 물질의 양과 똑같았다면 이들은 쌍소멸해서, 남는 것이라고는 감마선 복사 그리고 서로 동일한 양의 양성자와 반양성자 조금뿐이었을 것이다.[3] 이것은 우리 우주의 모습과 전혀 다르다. 초기에 물질 입자가 아주 조금 많았던 것은 오늘날의 우주에 물질이 반물질보다 압도적으로 많은 이유를 설명하기에 충분하다. 우리를 포함한 모든 것

---

* 이 예측은 앞의 제2부에서 다루었다.
† 좀더 정확히 말해서, 탄소-12의 12그램에는 6×10^{23}개의 원자가 들어 있다. 이것이 그 유명한 아보가드로의 수이다.

의 재료가 되는 물질의 존재는 원시 우주의 불완전성, 즉 물질−반물질의 비대칭성에 달려 있다.

일단 비대칭이 입증되었으니, 다음 단계는 이를 설명하는 것이다. 반물질 입자 10억 개당 물질 입자 10억1개가 있어야 하는 이유는 무엇일까? 초기 우주의 어떤 과정이 이 같은 불균형을 유발했을까? 이 같은 의문에 대한 답이 될 가능성이 있는 것들을 검토하기 전에, 우리는 입자물리학의 대칭성과 비대칭성을 좀더 상세히 알아볼 필요가 있다. 우리 우주의 불완전성의 핵심이자 궁극적으로 우리를 존재할 수 있게 만든 것들이기 때문이다. 만일 이미 쿼크, 렙톤, 글루온, 3개의 약력 게이지 보존 등에 대해서 알고 있다면 다음 장은 건너뛰어도 좋다. 그렇지 않은 독자들은 나와 함께 아원자 입자와 그 상호작용의 놀라운 세계를 탐사해보자.

30
물질세계

제2차 세계대전 이후의 몇십 년간은 물질의 연구에 진정한 혁명이 일어난 시기이다. 원자핵과 원자핵, 전자와 양전자, 양성자와 반양성자를 점점 더 강한 에너지로 부딪치게 할 수 있는 기계들 덕분에 물질의 놀랍고도 풍요로운 구조가 드러났다. 이 구조는 양자 혁명의 원로들이 상상할 수 있었던 것과는 매우 달랐다. 에너지가 흐를 때, 물질은 놀라운 방식으로 춤춘다.

먼저 자연의 네 가지 근본 힘, 즉 물질 입자들 간의 상호작용을 알아보자. 인간의 척도로 볼 때, 우리는 중력과 전자기력에 익숙하다. 우리가 이에 대해서 안다는 사실은 이들의 영향력이 미치는 범위가 넓다는 점과 관계가 있다. 즉 두 가지 모두 거리의 제곱에 반비례한다. 만일 태양과 지구 사이의 거리를 지금보다 2배 벌려놓는다면, 중력에 따른 상호 인력은 4분의 1로 줄어들 것이다. 중력과 전자기력의 차이, 사실상 중력과 다른 모든 것들과의 차이는 중력이 언제나 인력으로만 작용한다는 점에 있다. 한 덩어리의 물질은 다른 물질에 항상 중력 인력을 발휘한다. 전자와 달리, "양의 중기량(gravitational charge, 중력 질량이라는 뜻이다/역주)"을 음의 중기량으로 중화하는 일은 있을 수 없다. 우주의 규모로 볼 때, 중요성을 가진 유일한 상호작용이 중력인 이유는 여기에 있다. 즉 다른 힘들은 상쇄하거나 무시할 수 있을 정도로 약한 데에 비해서, 중력은 원자 하나하나의 힘을 모두 더한다.

다른 두 힘인 약한 핵력과 강한 핵력은 원자핵이나 소립자 정도의 거리에서만 작용한다. 강한 핵력은 원자핵 내에서 양성자들이 전기적 반발력에도 불구하고 서로 붙어 있게 만든다. 이것은 또한 중성자들을 결속시켜서 안정하게 만드는 접착제로도 작용한다. 1950년대의 실험에서 강한 핵력을 통해서 상호작용하는 입자들이 임청나게 많이 생성되었다. 새로운 입자들이 너무 많아서 물리학자들은 절망하기 시작했다. 물질의 기본 입자들이 이렇게 계속 발견된다면 이들을 기본 입자라고 해야 할 이유가 있을까? 이 이야기는 다른 곳에서도 많이 되풀이되었으므로 여기서는 간략히 정리하겠다.[4] 물리학자들은 사태를 단순화하기 위해서 이들 입자에 하드론(hadron, 강입자)이라는 공통된 이름을 붙였다. 부피가 크다는 뜻의 그리스어에서 따온 이름이다. 강입자에는 두 가지 유형이 있다. 양성자와 중성자 등의 바리온(baryon)과 파이 메존(pion, 파이 중간자라고도 한다) 등의 메존(meson)이 그것이다. 1930년대에 일본 물리학자 유카와 히데키는 원자핵을 안정되게 만드는 것이 파이 중간자라는 예측을 내놓았다. 양성자와 중성자는 파이 중간자를 교환함으로써 상호작용을 한다. 서로에게 눈덩이를 던지는 아이들과 어느 정도 비슷한 방식이다. 유카와는 핵 내의 상호작용이 미치는 범위를 결정하는 것은 파이 중간자의 질량이라고 추론했다. 즉 그 입자가 매개하는 힘이 크면 클수록 이를 내쏘는 데에 더 큰 에너지가 필요하고 힘이 미치는 범위는 더 짧을 필요가 있다는 것이다. 모두가 알고 있듯이, 눈뭉치가 무거울수록 멀리 던지기가 더 힘들다.

하드론(강입자)의 급증은 걱정스러운 현상이었다. 물질을 구성하는 근본 벽돌을 찾겠다는 사업은 공상적인 꿈에 불과했을까? 나는 1950년대 이래로 얼마나 많은 입자물리학자들이 당황스러워하며, 자신들의 곤경에 대한 책임을 탈레스를 비롯한 소크라테스 이전 통일론자들에게 물었을지 궁금하다. (적어도 과학사에 대해서 조금이라도 알고 있는 학자들은 말이다.) 이들은 이오니아 학파의 마력에 지배를 받으며 계속 가야 했을까? 혹은 이들은 물질세계의 근본적 성질을 크게 오해했던 것일까?

이제 머리 겔만과 조지 츠바이크 이야기로 들어가보자. 1964년에 이들은 각기 독자적으로 뛰어난 아이디어 하나를 제시했다. 원자가 오직 3개의 입자로만 이루어져 있듯이, 강입자들도 몇 개 되지 않는 구성요소로 이루어져 있다면 어떨까? 겔만은 그러한 후보 입자를 쿼크(quark)라고 불렀고, 츠바이크는 에이스(ace)라고 불렀다. 쿼크라는 이름 쪽이 입에 착 감겼다. 이보다 몇 해 전에 겔만은 새로 발견된 많은 강입자들을 8개의 그룹으로 분류할 수 있음을 깨달았다. 분류 기준은 전하 그리고 그가 "기묘도(strangeness)"라고 이름 붙인 속성이었다. 기묘도는 어떤 입자들이 가진 별도의 성질이라고 생각할 수 있다. 즉 우리가 운전면허증, 사회보장증, 여권 등 여러 개의 신분증을 가질 수 있는 것과 마찬가지로, 입자들도 양자 수(quantum number)라고 불리는 다양한 신분증을 가질 수 있다. 양자 수 중에서 가장 친근한 것은 전자기 상호작용과 관련되는 전하이다. 기묘도는 또다른 하나의 성질일 뿐이다.

불교의 "팔정도(八正道, 8가지 수행방법이다/역주)"에서 영감을 얻은 겔만의 접근법은 엄청나게 성공적이었다. 멘델레예프의 주기율표 작업에 영향을 받은 겔만은 자신의 8가지 분류표에 빈자리가 있다는 것을 알아차렸다. 1964년에 겔만의 분류표에서 예측한 오메가 마이너스 입자가 발견되자 기묘도의 타당성이 입증되었다. 또 한번 자연은 대칭성에 대한 우리의 요구에 응했다.

겔만은 패턴을 찾는 데에 천재적인 자질이 있었다. 1969년에 그는 노벨상을 받았다. "기본 입자의 분류법 및 상호작용과 관련된 발견과 기여" 덕분이었다. 당시 쿼크에 대한 직접적인 언급은 없었다. 심지어 그때까지도 쿼크 개념은 제대로 인정받지 못하고 있었다. 물리학자 공동체가 쿼크의 존재를 완전히 확신하지 못하는 데에는 훌륭한 이유가 있었다. 양성자를 구성하는 쿼크는 분수 전하를 가져야 했는데, 많은 사람들이 이 같은 개념을 꺼렸다. 또한 누구도 자유 상태의 쿼크를 보지 못했다. 겔만은 1964년의 놀랄 만한 논문(단 2쪽에 불과했다!)에서 다음과 같이 썼다. "만일 쿼크가 유한한 질량을 가진 물리 입자라면, 어떤 행태를 보일까 추측해보는 것도 재미있는 일이다."[5] 이는 그가 쿼크의 존재를 실질적인 가능성으로 보았다는 것을 뜻한다. 일부 저자들은 적어도 초기에는 그의 입장이 그렇지 않았다고 주장하지만 말이다. 이 논문은 다른 점에서도 독특했다. 겔만은 쿼크라는 독특한 단어의 참고 문헌으로 제임스 조이스의 소설 『피네간의 경야 (*Finnegan's Wake*)』를 실었다.

간단히 말해서 오늘날 쿼크는 강입자의 구성요소로서 널리 받아들여지고 있다. 바리온은 3개의 쿼크로, 메존은 1개의 쿼크와 1개의 반쿼크, 즉 쿼크의 반입자로 구성되어 있다. 쿼크에는 6종(혹은 향[香])이 있다. 즉 업(up), 다운(down), 참(charm), 스트레인지(strange), 보텀(bottom), 탑(top)이 그것이다. 예를 들면 양성자는 uud(업 쿼크 2개, 다운 쿼크 1개)의 3개항으로, 중성자는 udd(업 쿼크 1개, 다운 쿼크 2개)의 3개항으로 구성된다. 그러므로 원자핵은 모두 업 쿼크와 다운 쿼크로 구성된다. 0의 전하를 가진 파이 중간자의 경우는 업 쿼크와 반업 쿼크 하나씩 혹은 다운 쿼크와 반다운 쿼크 하나씩으로 구성된다. 모든 메존과 바리온은 불안정하다. 다시 말해서 자발적으로 붕괴해서 다른 입자로 바뀐다. 유일한 예외는 양성자뿐이다. 대통일 이론이 옳은 것이 아닌 한, 그렇다. 이 문제는 곧 다룰 것이다.

쿼크 수준의 강한 상호작용은 글루온(gluon)이라는 입자가 중개한다. 글루온의 역할은 광자가 전자기 상호작용에서 하는 역할과 비슷하다. 하지만 쿼크만이 가질 수 있는 성질, 즉 이들의 색에 민감하다. 쿼크와 글루온의 상호작용으로 강입자들이 만들어지는 과정을 기술하는 이론은 대칭성이 작동하는 강력한 사례이다. 이 이론은 양자색역학(量子色力學, quantum chromodynamics), 줄여서 QCD라고 부른다. 여기서 가능한 색은 빨간색, 녹색, 파란색의 세 가지이다. 원자의 전기적 성질이 중성이어야 하는 것과 마찬가지로 모든 강입자의 색은 중성이어야 한다. 바리온을 구성하는 3개의 쿼크는 모두가 각기 다른 3개의 상보적인 색을 가진다(그래서 합치면 흰색, 즉 중성의 색이 된다). 이와 달리 메존들은 하나의 색과 하나의 반대색을 가진다.

만일 쿼크가 존재한다면, 자유 입자로서 관측될까? 여기서 상황이 재미있어진다. 애초에 겔만을 비롯한 연구자들은 쿼크가 아마도 우주선(宇宙線) 속에서 확인될 수 있을 것으로 믿었다. 그러한 행운은 없었다. 쿼크들은 강입자 속에 갇혀 있고 밖으로 나올 수가 없다. 이 같은 가둠(confinement, 혹은 색 가둠)은 쿼크를 규정하는 속성 중의 하나이다. 중성의 색을 띠는 바리온이나 메존으로부터 쿼크 1개를 끄집어낼 수는 없다. 이러한 시도를 하면 쿼크-반쿼크의 쌍, 다시 말해서 또 하나의 메존을 만드는 결과가 되고 만다. 이것은 흔히 1개의 자석을 2개로 절단할 때 일어나는 일에 비유된다. 즉 각각의 남북극을 가진 2개의 자석이 생긴다. 거칠게 말하자면, 2개의 쿼크를 양쪽에서 당겨서 떼어놓으면 마치 둘 사이에 고무줄이 있어서 당겨지기라도 하듯이, 둘 사이의 인력이 늘어난다. 이 고무줄은 글루온으로 만들어져 있다. 쿼크들 사이를 더 멀리 떼어놓으려고 더 많은 에너지를 계속 가하면, 한 쌍의 쿼크는 툭 끊어지면서 두 쌍의 쿼크가 된다. 1개의 고무줄이 끊어져서 2개의 고무줄이 되는 것과 마찬가지이다. 떼어놓기 위해서 가한 에너지는 새로운 쿼크-반쿼크의 쌍, 즉 메존으로 변환된다.

또다른 극단을 보자. 쿼크들을 가까이 붙여놓으면 이들은 서로를 무시하고 마치 자유 입자처럼 행동하기 시작한다. 짧은 거리 내에서 일어나는 일을 조사한다는 것은 더 많은 에너지를 사용한다는 것과 같은 뜻이 되기 때문에, 쿼크들의 이 같은 속성은 고에너지 충돌에서만 볼 수 있다. 2004년에 데이비드 그로스, 데이비드 폴리처 그리고 프랭크 윌첵은 점근적 자유성(asymptotic freedom)이라고 불리는 쿼크의 이 같은 이상한 행태를 설명하는 이론을 개발한 공로로 노벨상을 받았다. 이 속성은 초기 우주를 이해하는 데에 매우 중요하다. 초기 우주로 가까이 갈수록 물질이 점점 더 작은 부피 속으로 압축되고 온도가 높아진다는 사실을 떠올리자. 빅뱅으로부터 약 100만 분의 1초쯤 지

낮을 때, 온도는 메존과 바리온들의 질량과 관련된 값에 이른다. 쿼크와 반쿼크는 속박에서 풀려나 자유 입자로서 행동한다. 원시 우주의 수프에는 강입자 대신에 쿼크와 글루온이 들어 있었다.*

킹한 핵력 이야기는 이 정도로 해두자. 그럼 약한 핵력은 어떨까? 이것이 유명한 이유는 방사능의 원인이 되는 힘이기 때문이다. 이 힘은 실제로 다운 쿼크를 업 쿼크로 바꿀 수 있다. 그래서 중성자(udd)를 양성자(uud)로 변환시킨다. 전자기력이나 강한 핵력과 마찬가지로 약한 핵력은 힘을 운반하는 별도의 3개의 입자를 통해서 작동한다. 양성자 질량의 80~90배에 이르는 이들 힘 운반자들은 매우 무겁다. 그 결과 약한 상호작용이 미치는 거리는 매우 짧아서 원자핵보다 작은 거리에서만 작동한다. 약한 핵력을 매개하는 입자들은 W^+, W^-, Z^0이라는 그리 흥미롭지 못한 이름이다. 심지어 이보다 더 나쁜 이름인 약력 게이지 보존(weak gauge boson)으로 불리기도 한다. 이전에 언급했던 셸던 글래쇼, 압두스 살람, 스티븐 와인버그는 1960년대에 이런 입자들의 존재를 예측했다. 1980년대에 이들이 발견됨으로써 근본적 힘에 대한 우리의 이론적 이해는 타당성을 크게 인정받았다. 전자기력, 강한 핵력, 약한 핵력의 세 가지 힘은 모두 매우 비슷한 방식, 힘을 운반하는 입자의 작용으로 기술된다. 이들 광자, 글루온, 약력 게이지 보존 사이의 큰 차이는 광자들은 서로 간에 상호작용을 하지 않는다는 점이다. 이 때문에 강한 핵력과 약한 핵력은 더 복잡하고 당연히 더 풍부한 성질을 가지게 된다.

물질 입자들에 대한 간략한 강의를 마치기 전에 렙톤(lepton, 경입자)을 잠시 살펴보자. 이 단어는 "가볍다"라는 뜻의 그리스어에서 왔다. 렙톤은 강한 핵력을 통해서 상호작용하지 않기 때문에, 원자핵의 구성요소는 아니다. 렙톤

---

* 우주론에서는 온도를 에너지와 연관짓는 것이 관행이라는 것을 상기하자. 우주의 온도는 통상 도처에 존재하는 광자들의 온도로 정의된다. 그러므로 초기 우주의 고온은 고에너지에 대응하고 그 역도 마찬가지이다.

은 6가지 종류가 있고 그중에서 전자와 전자 중성미자가 유명하다. 다른 렙톤으로는 뮤온(muon)과 그 중성미자, 타우(tau)와 그 중성미자가 있다. 쌍에 주목하라. 즉 음전하를 띤 3개의 렙톤에는 그 짝인 (전기적으로 중성인) 중성미자가 있다. 이는 전자가 약력을 통해서 상호작용할 경우에 그 중성미자를 볼 수 있을 것으로 기대된다는 뜻이다. 뮤온의 경우에는 뮤온 중성미자를 볼 수 있어야 한다. 1936년에 칼 앤더슨은 뮤온이 전자와 비슷하지만, 무게는 약 200배 무겁다는 사실을 발견했다. 그는 이보다 4년 전에 반물질의 존재를 증명한 인물이기도 하다. 앤더슨이 발견한 뮤온은 우주선(宇宙線)이 지구 최상층 대기와 충돌해서 생긴 부산물이었다. 하늘은 우리에게 보이지 않는 많은 선물을 비처럼 내려준다. 뮤온은 안정적인 전자와 달리, 약 100만 분의 1초 만에 붕괴한다. 일반적인 붕괴 경로는 뮤온 → 전자 + 전자 반중성미자 + 뮤온 중성미자이다. 타우 렙톤의 수명은 더욱 짧아서 약 1조 분의 1초 만에 붕괴한다. 그 무게는 양성자의 약 2배에 이를 정도로 무겁다. 이래서야 가벼운 입자라는 뜻의 렙톤이라는 이름은 잘못 붙여진 것이 아닐 수 없다.

이 모든 정보를 종합하면 원자를 구성하는 입자들인 양성자, 중성자, 전자가 유일하게 안정된 (혹은 적어도 수명이 극단적으로 긴) 입자임을 알 수 있다. 우리가 다른 강입자나 경입자들로 만들어진 물체를 통상 보지 못하는 것은 당연하다. 이 덧없이 사라지는 입자들을 포획할 수 있는 것은 강력한 가속기와 그에 딸린 검출기들뿐이다. 이것들은 실재를 파악하는 우리의 능력을 크게 증폭시켜주는 도구이다.

이제 쿼크와 렙톤과 그 상호작용에 조금 익숙해졌으니, 정말 우리에게 중요한 것을 탐구하는 데에 이 지식을 사용해보자. 입자물리학의 대칭성과 비대칭성이 그것이다.

31
틈새의 과학

물질의 기본 입자와 그 상호작용에 대한 모든 정보를 집대성한 것이 전에 언급했던 입자물리학 표준모형이다. 이것은 인간 지성의 놀라운 성취이다. 무수한 관찰 결과를 설명하는 이론을 고안해냈을 뿐만 아니라, 관찰을 가능하게 하는 수많은 기술적 도구를 개발해냈다는 점에서도 그러하다. 수백 개에 이르는 물질 입자를 단 12개(6개의 쿼크와 6개의 렙톤)로 줄인 것은 엄청난 단순화를 이룩한 것이다. 스티븐 와인버그가 『최종 이론의 꿈』의 한 장(章)에 "환원주의를 위한 두 가지의 성원(聲援)"이라는 이름을 붙인 것도 놀랄 일이 아니다. 세계의 물질적 구성을 설명하려는 탐구의 장정은 철학에서 처음으로 제기된 의문과 함께 시작되어서 오늘날까지도 진지하게 진행되고 있다. 탈레스는 만물이 단 하나의 구성요소, 즉 물로 환원될 수 있다고 믿었다. 여기서의 요점은 구체적 사항이 아니라 그 해답이 가진 성질이다. 이 해답은 수많은 물질의 배후에는 어떤 통일 원리가 있다는 깊은 믿음을 드러낸다. 달리 말해서 최초의 이오니아 철학자는 통일론자였다. 그로부터 25세기 후의 우리는 본질적으로 그때와 같은 목표를 좇고 있다. 우리가 물질에 대한 통일된 기술방법을 계속 추구하는 것이 옳을까? 정말 그러한 것이 우리의 발견을 기다리며 존재할까? 혹시 우리는 수천 년에 걸친 일신론적 문화가 지탱해온 이오니아 학파의 마력 탓에 맹목적이 된 것이 아닐까? 아마도 우리는 이사야 벌린의 "이오니아 학파의 오류"보다 한걸음 더 나아가서, 이것을 "이오니아 학파의 망상"이라고 불러야 하지 않을까?

한 가지 쉬운 대답은 "글쎄, 아직 모르니까 계속 찾아보는 수밖에 없지"이다. 당연한 이야기이다. 우리는 계속 찾아볼 수밖에 없다. 탐구와 호기심은 지식의 진보를 추진하는 힘이다. 많은 사람들이 점점 더 복잡해지는 이론을 세우면서 연구를 계속하고 있다. 추정에 바탕을 둔 환원주의의 최종 목표에 다가가기 위해서, 자연의 숨겨진 코드를 밝혀내기 위해서이다. 돛을 펴고 이들의 원정에 따르는 모든 위험을 무릅쓰기 위해서는 용감한 탐험가들이 필요하다. 하지만 찾아야 할 최종 목표가 확실히 존재한다는 것이 신화이자 황금의 도시가 된 것은 언제부터일까? 무모한 집착이 탐사의 동력이 된 것은 언제부터일까? 이 탐색은 끝나지 못할지도 모른다. 붙잡기 어려운 최종 "진리"가 항상 실험의 범위 바깥으로 밀려날 수 있는 까닭이다. 최종 이론이라는 것은, 자연세계에 대해서 가장 짧은 거리의 규모에 이르기까지 완벽한 지식을 가지고 있다는 것을 전제하기 때문에, 애초에 불가능한 것이다. 이 사실을 받아들이지 않으면, 통일에 대한 집착은 비극으로 변할 수 있다. 입자물리학의 엄격한 환원주의 프로젝트 내에서조차 그러하다. 우리는 측정한 것만을 알 수 있을 뿐이고, 모든 것을 측정할 수는 없다. 아인슈타인의 말을 바꾸어서 표현해보면(그는 칸트의 표현을 바꾸어서 표현했다), 실험이 없는 이론은 맹목이고 이론이 없는 실험은 절름발이이다.

우리의 물리학은 독특한 상황에 이르렀다. 실험이 하나의 이론을 확증할 수는 있으나 결코 반박할 수는 없는 상황 말이다. 예를 들면 하나의 주어진 이론이 새로운 입자의 존재를 예측한다고 상상해보자. 예측의 세부사항은 하나의 자유 상수에 달려 있는데, 이는 조정될 수 있는 것이다. 합리적인 추론에 따르면, 그 질량은 양성자의 100배여야 한다. 만일 실험으로 그 입자가 예측된 질량 범위 내에서 발견되면 그 이론은 확증된다. 하지만 발견되지 않는 경우, 이론가들은 언제라도 자유 상수를 조정해서 이 입자의 질량이 현재의 실험으로 탐사할 수 있는 범위보다 훨씬 더 크게 만들 수 있다. 사람들은 실험으로부터 아무런 안내도 받지 않는 이론화를 매우, 대단히 오랫동안 할 수 있다. 이는 얼마 전에 물리학자이자 작가인 데이비드 린들리가 강한 설득력을 가지고 분명히 지적한 논점이기도 하다.[6] 언제 그만두어야 할지 그들이 어떻게 알 수 있을까? 최종적으로 분석해볼 때, 중요한 것은 이 과정에서 우리가 발견하게 되는 과학이라고 주장하는 사람이 있을 수 있다. 나는 어느 정도까지 여기에 동의한다. 케플러가 세상의 가공의 조화를 찾는 과정에서 이룩한 모든 일들을 생각해보라. 다름 아닌 행성 운동의 3대 법칙, 실제 현상을 대상으로 한 확증 가능한 진술이 아니었던가. 그러나 상당한 시간이 흐른 뒤에도 그 업적이 미미하다면, 우리는 이 원정의 타당성에 의문을 품을 수 있다. 과거의 탐험가나 선원들과 비유하는 것이 영감을 불러일으키기는 하지만, 흠도 있다. 만일 아메리카 대륙이 없었다면, 스페인과 포르투갈의 선박들은 머지않아 지구를 돌아서 고향으로 돌아갔을 것이다. 그들은 지구가 유한하다는 것을 충분히 잘 알고 탐험을 시작했다.[7] 이는 심지어 목적지가 존재하는지조차 알지 못하는 채로 항해를 떠나는 것과는 크게 다르다. 미지의 세계를 탐험하려면, 설사 비용이 많이 들더라도 배를 보내야 하는 것은 맞다. 그러나 만물의 이론이라는 개념은 과학적 증거에 기초를 두지 않은 문화적 개념임을 잊어서는 안 된다.

현재로서는 초끈 이론이 중력 그리고 알려진 세 힘을 통합해서 기술하는 유일하게 생명력이 있는 후보이다. 그렇기 때문에 이 이론은 열렬한 지지와 비판을 함께 받았다. 나는 초끈 이론과 만물의 이론을 동일시하는 것은 종교적 도그마에 가깝고 따라서 과학이 아니라고(어떤 통일 이론도 최종적인 것으로 증명될 수 없기 때문에) 주장할 예정이다. 그럼에도 불구하고 나는, 그들의 입장에서 이 이론을 추구하는 것이 의미가 있는 한, 추구를 계속해야 한다고 믿는다. 우리는 환상 속에서 계속 살고 싶어하지 않는 것과 꼭 마찬가지로, 유망한 아이디어를 포기하고 싶어하지 않는다. 앨버트 마이컬슨을 생각해보라. 자신이 발견한 것에도 불구하고, 그는 죽을 때까지 발광 에테르의 존재를 믿었다. 그것이 부정된 지 수십 년 뒤까지도 말이다. 나는 여기서 끈 이론의 장점과 단점을 하나하나 비평하려는 의도는 없다. 나는 끈 이론을 현재진행형 이론이라고 생각한다. 이를 연구하는 중인 나의 유능한 동료들이 발전을 이룰 것이라고 믿기 때문이다. 끈 이론들은 장래의 가망성이 많음에도 불구하고, 수많은 개념적 도전에 직면해 있다. 그중에서 가장 시급한 것은 실제 세계에 부응하는 하나의 해석을 선택하는 문제이다. 빅뱅 우주론과 양립 가능한, 팽창하는 우주 내에서 표준모형의 입자와 힘들을 기술하는 그러한 해석 말이다.

최근에 출간된 두 권의 책은 끈 이론을 기술적인 이유와 심지어 사회학적인 이유에서 비판하고 있다. 리 스몰린의 『물리학의 문제(The Problem with Physics)』와 피터 보이트의 『초끈 이론의 진실(Not Even Wrong)』이 그것이다. 누구나 상상할 수 있듯이, 이들의 책은 끈 이론이 통일을 향한 가치 있는 길인가의 여부에 대한 많은 관심을 일깨웠다. 당연히 저명한 끈 이론가들은 저자들과 이 책들에 대한 강한 비판으로 응수했다. 일부는 공격적이기까지 했다. 내가 보기에 이런 식의 결투는 요점을 벗어난 것이다. 사람들은 자신이 원하는 것은 무엇이든 자유롭게 연구할 수 있어야 한다. 자신들의 목표가 실현 가능한 것인지의 여부에 책임감을 가져야 하는 것은 물론이지만 말이다. 아인슈타인은 그의 생애의 마지막 몇십 년을 중력과 전자기력을 통일하는 이론을 찾는데에 바쳤다. 많은 물리학자들이 그를 비판했다. 그가 시간을 낭비했다는 이유에서이다. 비판의 대상은 최종 이론에 대한 아인슈타인의 신념이 아니었다. 이것은 그를 비판하는 많은 이들도 공유하는 것이다. 비판은 그가 자신의 연구 대상을 전통적인 중력과 전자기력에만 한정하고, 강한 핵력과 약한 핵력은 남겨두었다는 데에 있다. 다시 말해서 아인슈타인을 비판하는 사람들은 최종 이론이 오직 자연의 알려진 네 가지 상호작용을 포함할 때만 달성할 수 있는 목표라고 믿는다. 근본 힘의 숫자는 달라졌지만, 믿음은 그대로 남았다. 나는 다음과 같은 것들을 의심하고 조사하는 것이 건전하고 시급한 일이라고 믿는다. 최종 이론에 대한 탐구의 배경이 되는 동기는 무엇인가. 이들 동기는 우리가 세계를 생각하는 방식과 세계 내의 우리의 존재에 대해서 무엇을 말해주는가. 우리 모두는 자신이 신앙인인지의 여부에 관계없이, 과학에서의 이 같은 전일성 추구가 지혜로운 것인지, 그 때문에 지난 세기에 어떤 일들이 일어났는지를 비판적으로 검토해야 한다.

우선, 나로서는 그 끝에 반드시 매혹적인 상(賞)이 있어야 하는지가 의문이다. 자연의 깊은 비밀을 추구하려면 최종 진리가 있다고 믿어야 할 필요가 있는가? 만일 그렇게 믿는다면, 이 믿음은 자연에 대해서 무엇인가를 알려주는가, 아니면 우리 자신에 대해서 무엇인가를 알려주는가? 우주는 이해받을 가치가 있기 위해서 "아름다워야" 할 필요가 있는가? 어째서 전일성과 아름다움을 관련시키려고 고집을 피우는가? 이제는 다른 종류의 아름다움, 자연의 불완전성에서 느끼는 아름다움을 축하할 때가 되지 않았는가? 월첵의 말을 인용해보자. "통일의 가능성에 대한 신앙은 우리를 일종의 부인(否認) 상황으로 이끈다…… . 겉으로 보이는 것 ― 혹은 그에 대한 우리의 해석 ― 은 우리를 현혹시키고 있음이 분명하다." 월첵은 계속해서, 현대 물리학은 통일을 나타내고 있으며 이를 시사하는 힌트들이 있고 우리는 망상에 빠져 있는 것이 아니라고 주장한다. 우리는 적절한 때에 그러한 힌트들을 들여다볼 것이다. 와인버그나 월첵 등의 과학자들을 찬탄해 마지않는 나로서는 하기가 쉽지 않은 이야기이지만, 내가 볼 때 이러한 힌트들의 설득력은 그들을 비롯한 많은 사람들의 생각만큼 크지 못하다. 그들의 책에는 희망이라는 단어가 자주 등장한다. 와인버그는 "나는 진정으로 끈 이론이 최종 이론의 기반을 제공해주기를 희망한다"고 썼다.* 월첵은 이보다 조심스럽게, "중력을 포함하는 통일은 어떻게

---

* 본서의 앞머리에 인용된 와인버그의 글에서 알 수 있듯이, 상황은 달라지는 중인지도 모른다.

마무리될 것인가? 우리가 듣기를 희망하는 그런 것이 될 것인가?"라고 썼다.*
나에게는 모종의 망상이 정말로 진행되는 중인 것으로 보인다. 최종 이론의 힌
트들―주로 현재 우리의 지식에서 빠져 있는 틈새이자 모든 힘의 통일을 통
해서 채워질 것이라고 많은 사람들이 기대하는 틈새로 구성되어 있다―은 널
리 퍼져 있는 믿음처럼 그렇게 명백한 것도 아니고, 심지어 정황상 그럴 법한
것조차 아니다. 나는 어느 정도 슬픈 심정으로 말한다. 나도 과거에 통일을 추
구하던 때에는 아무리 사소한 증거의 조각일지라도 앞으로 나아가기에 충분
한 근거로 간주했다. 그러나 우리가 과거의 어느 때보다, 믿을 만한 끈 이론
혹은 대통일 이론에 가까이 다가갔다는 즐거운 소식들은 시간이 흐르면서 오
류이거나 엄청나게 부풀려진 것임이 확인되었다. 심지어 과학이 우여곡절을 통
해서 진보하는 일도 흔하다는 것을 잘 알고 있었음에도 불구하고, 나는 통일
사업 전체를 의심의 눈으로 바라보게 되었다. 설상가상으로, 실패한 이론들을
살려내려는 시도들은 억지스럽고, 물리적 실체와 더욱더 동떨어진 것으로 느
껴졌다. 통일을 추구하는 입장 전체가 과학보다는 믿음인 것으로 보였다.

이 상황은 과학과 종교 간의 전쟁에서 등장하는 "틈새의 하느님(God of the
gaps, 현존하는 과학 지식으로 설명할 수 없는 실재의 여러 측면을 의미한다/
역주)"―과학이 멈추는 곳에서 하느님이 시작된다는 주장이다―논란을 반
영한다. 이는 커다란 역설이 아닐 수 없다. 과학이 발전하고 인간이 자연에 대
해서 좀더 많은 것을 배우게 됨에 따라, 신은 굴욕스럽게도 점점 더 작아지는
틈새 속에 우겨넣어진다. 신앙인들은 이 틈새가 결코 완전히 닫히지 않으리라
고 믿는다. 통일 이론에서 이에 해당하는 주장인 "틈새의 통일"은 다음과 같

---

* 윌첵이 『존재의 가벼움(Lightness of Being)』에서 사실과 추정을 분리하려고 많은 노력을 기
울였음은 강조할 필요가 있다. 하지만 그는 2008년 말에 나에게 다음과 같이 썼다. "만일 대
자연이 장난으로 우리를 유혹해온 것이라면, 나는 대자연에 크게 실망할 것이다. 사실 여부는
앞으로 밝혀질 것이다."

이 나타날 것이다. 통일은 우리의 현재 이론이 멈추는 데에서 시작된다. 우리가 모르는 것을 통일이 설명해줄 것이다. 과학이 발전하고 인간이 자연과 자연의 대칭성 깨짐에 대해서 좀더 많은 것을 배우게 됨에 따라, 통일은 굴욕스럽게도 점점 더 작아지는 틈새 속에 우겨넣어진다. 이론들은 허둥지둥 고쳐지고 자유 상수는 바뀌며 통일의 사명 전체가 다시 정의된다. 암흑 에너지의 발견이 적절한 사례이다. 1998년 이전에 통일 이론들의 명시적 목표는 진공의 양자 요동을 무효화하는 것이었다. 이것이 우주론에 미치는 영향을 없애기 위해서였다. 즉 이러한 요동들에 포함된 에너지는 아인슈타인의 우주 상수(cosmological constant)가 그랬듯이(제2부 참조) 우리 우주를 가속 팽창시키게 될 것이다. 1998년에 우주가 가속 팽창한다는 사실이 발견된 이후에 유한한 진공 에너지 — 우리 우주 혹은 다른 형태의 "암흑 에너지"를 가속 팽창시키는 유한한 우주 상수 — 를 받아들이는 것은 불가피한 것으로 보인다. 그러자 사람들은 갑자기 통일론의 주장에 맞게 진공 에너지의 값을 합리화하려고 노력하고 있다. 많은 사람들이 암흑 에너지의 관측 값을 정당화하기 위해서 심지어 인본 원리(anthropic principle)까지 들먹인다. 인본 원리란, 우리 우주는 생명이 그 안에서 번성할 수 있도록 하기 위해서 지금과 같은 모습을 하고 있다는 주장을 말한다. 놀랄 만한 반전이 아닌가!

세상을 보는 우리의 시각은 영원히 미완성이라고, 발견되어야 할 최종 진리 같은 것은 없다고 단순히 인정하는 것이 최선이 아닐까? 우리가 최종 진리에 도달했는지 아닌지를 판정할 수 있을 만큼 완전한 정보를 갖추는 것은 영원히 불가능하다는 단순한 이유에서 말이다. 앞서 언급했듯이, 흔히 많은 통일론자들은 아인슈타인의 통일 이론 모색이 성공할 수 없었던 것이 다음과 같은 이유 때문이라고 말한다. 즉 양자역학과 강한 핵력, 약한 핵력 — 그의 사후까지도 충분히 이해되지 못하고 있다 — 을 빼놓고 통일을 시도했기 때문이라는 것이다. 이어서 그들은 이제 상황이 달라졌다고, 이제는 우리가 아는 것이 더 많아졌다고 주장하는 것으로 나아간다. 하지만 그렇게 확신할 수 있을까? 발견을 기다리는 또다른 힘, 아마도 입자와 그 상호작용에 관련된 더 깊은 층위의 힘이 있는지 여부를 어떻게 알 수 있을까? 우리의 검출기가 미치는 범위 바깥의 어둠 속에 언제나 새로운 지식의 조각이 숨어 있어서 우리의 통일 노력이 언제까지나 미완성을 벗어나지 못하게 만들지는 않을까? 그렇지 않으리라고 어떻게 확신할 수 있을까? 이론은 우리를 인도할 수 있지만, 그 이상의 일은 하지 못한다. 실재를 결정할 수 있는 것은 오직 실험뿐이다.*

세상에 대해서 현재 우리가 알고 있는 것은 알아야 할 모든 것에 미치지 못하는 것이 분명하다. 이와 반대되는 어떤 주장도 인류의 오만을 드러내는 것일 뿐이다. 그러므로 모든 것을 통일한다는 것은 — 심지어 기초 물리의 수준에서조차 — 숙명적으로 실패하기 마련이다. 인간의 생각으로 최종 진리를 파악할 수 있다는 믿음은 신앙에 기초한 오류이다. 이 오류는 인간 이상의 존재, 전지적 존재가 되고자 하는 우리의 욕구를 먹고 살며, 그 뿌리는 상실의 두려움, 우리가 가진 너무나 많은 한계에 대한 두려움이다. 최종적 통일은, 심지어 입자물리학의 제한된 영역 내에서라고 할지라도, 불가능하다. 우리가 할 수 있는 최선은 세계에 대해서 우리가 발견하는 내용을 가능한 한 최대로 조리 있게 수집하는 것이다. 일단 이를 받아들이면, 우리는 언제나 창조적이며 놀라움을 가져다주는 자연의 불완전한 아름다움에 경탄할 수 있다. 일단 이를 받아들이면, 우리는 전지적인 신을 닮고 싶어하는 자의 렌즈가 아니라 인간의 눈으로 자연을 바라볼 수 있다. 소크라테스의 말을 바꾸어서 표현하자면, 우리는 알면 알수록 더 겸손해져야 한다.

나는 자연의 궁극적 완전성보다는 불완전성에 초점을 맞추자고 제안한다.

---

* 그리고 이 장면에서도 우리는 조심해야만 한다. 어떤 양을 측정할 것인지, 어떤 방식으로 필터를 조정할 것인지를 결정하는 것은 실험가들이다. 필터의 기능은 "바람직하지 않은" 것으로 추정되는 자료들을 버리는 데에 있다.

나중에 보게 되듯이, 이 새로운 접근법은 과학 분야를 넘어서는 영향을 미친다. 세계를 우리가 바라는 모습이 아닌, 있는 그대로의 모습으로 바라보도록 한다. 대칭성은 뛰어난 도구이지만, 최종 법칙은 아니다. 모든 불완전성의 배후에는 구조와 복잡한 행태를 생성하는 메커니즘이 존재한다. 불완전성과 불균형성은 생성의 씨앗이다. 완전한 자연이란 정적이고 형태가 없을 것이며 오직 플라톤 철학의 영역 속에만 존재하는, 실재와 동떨어진 무엇일 것이다. 또다시 암흑 에너지가 완벽한 사례가 된다. 그것은 "추하고" 예상되지 않은 것이며, 그 측정 값은 상식에 배치된다. 하지만 이것이 은하 그리고 생명 자체를 생성할 수 있을 만큼 우주를 평평하게 만들어준다.

극미 세계에서 대칭성 깨짐의 역할을 좀더 구체적으로 보기 위해서는 먼저 통일 이론의 업적을 비판적으로 들여다보고, 그것이 대답하지 못하고 있는 수많은 질문들 중에서 일부를 검토할 필요가 있다.

32
물질의 대칭성과 비대칭성

최초의 통일은 전기력과 자기력의 통일이었다. 전하나 자기가 없을 때의 맥스웰 방정식 해들은 전기와 자기의 아름다운 대칭을 보여준다. 전기장과 자기장이 서로를 지탱하면서 빈 공간을 따라 빛의 속도로 퍼져나간다. 그러나 일단 전기나 자기의 원천이 등장하면 대칭성은 불완전해진다. 정지 상태의 개별 전하에 해당하는 자기홀극은 존재하지 않는다. 만일 존재한다면, 그것들을 찾기 위해서 우리가 기울인 최선의 노력에도 불구하고 빠져나간 것이다.[8]

입자물리학으로 가보면, 우리는 물질과 반물질의 비대칭을 만난다. 내적 대칭과 외적 대칭이라는 관점에서 볼 때, 물질 입자를 비물질 입자로 바꾸는 내적 대칭 조작(사실상 수학적 조작이다)은 존재한다.* 전하켤레 변환(charge conjugation)이라고 불리는 이 조작은 대문자 C로 표시된다. 관측된 물질-반물질 비대칭은 자연이 전하켤레 변환을 보이지 않는다는 것을 나타낸다. 즉 입자와 그 반입자가 상호 변환되지 않는 사례가 일부 존재한다. 구체적으로 말하자면, C-대칭성은 약한 상호작용에서 깨진다. 범인은 알려진 모든 입자들 중에서 가장 이상한 행태를 보이는 중성미자이다. 이제 중성미자 이야기를 할 때가 되었다.

---

* 수학적 조작은 매우 간단할 수 있다. 어떤 수에 1을 더하거나 정육면체를 손으로 회전시키는 경우가 그에 해당한다. 입자물리학에서 사용하는 조작은 이보다 복잡할 수 있지만, 최종적으로 분석하면 결국 조작은 숫자나 기하학적 대상에 가해지는 것이다.

제1차 세계대전 직전, 양자물리학자들을 잠 못 이루게 하는 수많은 악몽에 이상한 실험 결과 하나가 추가되었다. 1932년에 중성자를 발견했던 제임스 채드윅은 베타 붕괴, 즉 방사능 핵에서 전자가 방출되는 현상을 조사하고 있었다. 중성자를 너무 많이 가지고 있는 원자핵은 중성자 하나를 양성자로 바꾸면 안정성이 커진다. 전하 불변성에 따라 양성자의 양전하는 음전하에 의해서 균형이 맞추어져야 한다. 전하 불변성을 유지하기 위해서 전자가 튀어나온다. 절대로 지켜져야 하는 에너지 보존을 검사한 채드윅은 충격을 받았다. 베타 붕괴 전자들은 고정된 에너지 값, 붕괴 전후의 원자핵의 질량 차이에 광속을 제곱한(c^2) 값을 가져야 한다.* 그런데 그렇지가 않았다. 전자의 에너지는 광범위한 값에 걸쳐서 각기 다르게 나타났다. 일부는 고속, 일부는 저속으로 원자핵에서 방출되었다. 아무도 그 이유를 알 수 없었다. 1929년이라는 비교적 최근에 닐스 보어는 다음과 같이 썼다. "우리에게는 베타선 붕괴에서 [에너지 보존법칙을] 유지할 아무런 논거가 없다. 원자핵의 존재 및 속성을 결정하는 원자적 안정성과 관련된 특징들은 우리에게 에너지 균형이라는 개념 자체를 버리도록 만들지도 모른다."

주목! 위대한 닐스 보어는 에너지 보존법칙을 포기할 준비가 되어 있었다! 이보다 조심스러웠던 러더퍼드는 기다리면서 상황을 지켜보기로 했다. 희망적인 디랙은 선언했다. "나는 무슨 수를 써서라도 에너지의 엄밀한 보존을 유지하는 쪽을 선택하겠다." 다른 모든 사람들도 그럴 터였다. 하지만 어떻게?

1930년 말에 볼프강 파울리에게 미친 아이디어가 떠올랐다. 그는 자신의 일기장에 다음과 같이 썼다. "오늘 나는 매우 나쁜 짓을 해버렸다. 검출할 수 없는 입자의 존재를 제안한 것이다. 이것은 어떤 이론가도 결코 해서는 안 되는

---

* 베타 붕괴를 원자핵-1 → 원자핵-2 + 전자라고 써보자. $E = mc^2$을 이용하는 에너지 보존법칙은 방출된 전자의 에너지가 두 핵의 질량 차이(에 광속의 제곱을 곱한 값)와 반드시 동일할 것을 강요한다.

짓이다." 파울리는 방사능을 논의하기 위해서 튀빙겐에 모인 동료들에게 편지를 보냈다. "방사능을 연구하는 신사 숙녀 여러분. 나는 극단적인 탈출구에 도달했습니다. 더 정확히 말하자면, 원자핵 속에는 제가 중성미자라고 부를, 전기적으로 중성인 입자들이 존재할 가능성이 있다는 것입니다……."[9] 중성미자들은 각기 다른 양(量)의 에너지를 가지게 되는데, 이를 핵에서 방출된 전자의 에너지와 합치면 그에 따른 총에너지양은 붕괴 전후의 원자핵의 질량 차이와 맞아떨어지게 된다. 중성미자의 에너지 값을 붕괴 전후의 질량 차이와 일치하도록 각기 다르게 상정하면 만사가 계획대로 된다. 에너지 보존은 지켜졌다.

사실 베타 붕괴에서 방출되는 것은 중성미자가 아니라 반중성미자이다. 그 이유는 약한 상호작용 때에 보존되는 또다른 내부 대칭인 렙톤 수에 있다.[10] 렙톤 수는 전하와 비슷한 것으로 생각할 수 있다. 모든 렙톤은 (전자와 마찬가지로) 양(陽)의 렙톤 수 한 단위를 가진다. 모든 반렙톤은 (양전자와 마찬가지로) 음의 렙톤 수 한 단위를 가진다. 만일 베타 붕괴에서 렙톤 수가 보존되면, 전자의 렙톤 수(+1)는 반중성미자의 렙톤 수(−1)에 의해서 상쇄되어야 한다. 이에 따라서 베타 붕괴는 다음과 같이 기술된다.

중성자 → 양성자 + 전자 + 반중성미자

중성자와 양성자는 강입자이기 때문에 이들의 렙톤 수는 0이다. 수학은 깔끔하게 작동한다. 즉 좌변의 전체 렙톤 수는 0(중성자), 우변 역시 0이다.

약력을 통해서만 상호작용하는 중성미자는 검출하기가 극단적으로 어렵다. 이들은 태양 내부에서 수소가 헬륨으로 융합할 때에 다량으로 생성된다. 낭신이 알아차리지 못하는 사이에 매초 1조 개의 태양 중성미자가 당신의 몸을 통과한다. 태양은 햇빛과 온기 외에도 우리와 깊은 관련이 있다.

중성미자의 유령 같은 성질에도 불구하고, 그것은 검출이 될 수 있다. 그리고 1956년에 마침내 검출되었다. 파울리의 예측 이후에 실제로 검출되기까지 26년이 걸린 셈이다. 이론과 실험 사이의 이 같은 지체는 흔히 심원한 발견을 하려면 한동안은 기다리기만 해야 하는 경우가 있다는 것을 보여주는 사례로 원용된다. 적어도 고에너지 물리학과 우주론에서는 기술이 이론을 뒤따라가는 것이 보통이다. 아이디어는 기계보다 비용이 덜 든다. 예컨대 힉스 입자는 40여 년 전에 제안되었지만 아직도 검출되지 않고 있다. 제2부에서 논의했듯이, 나는 거대 강입자 충돌기가 힉스나 그 비슷한 것을 발견하기를 희망한다. 이론과 실험 사이에는 시간 지연이 있을 수 있다. 그러나 나는 이를 근거 삼아서 통일 이론을 뒷받침하는 자료들이 없는 현재 상황을 두둔하려는 주장에 대해서는 신중한 태도를 취할 것이다. 우리는 역사에서 입자물리학을 배울 수 없다(과거의 사실이 아니라 현재의 실험 결과에서 배워야 한다는 뜻이다/역주). 앞으로 살펴보겠지만, 만일 중성미자가 무엇인가를 증명한다면 그것은 자연이 얼마나 비대칭적인가일 것이다. 중성미자는 우주의 불완전성을 계몽하는 존재이다. 이를 이해하려면, 반전성(反轉性, parity)이라고 불리는 또다른 종류의 공간 대칭성을 도입할 필요가 있다.

반전성 조작은 대문자 P로 표시하는데, 이는 물체를 그 거울상으로 바꾼다. 반전성 변형은 평행 이동이나 회전으로는 할 수 없다. 우리의 얼굴은 거의 반전성 불변이지만(사마귀나 점을 무시한다면) 우리의 신체는 그렇지 않다. 즉 당신의 거울상은 심장이 오른쪽에 있게 된다.[11]

입자는 스핀(spin)을 가진다. 즉 팽이나 지구처럼 자전한다. 그러나 입자는 팽이가 아니다. 양자적 물체이기 때문에 이들의 스핀도 양자화된다. 입자가 회전할 수 있는 방법은 몇 가지 되지 않는다. 팽이가 분당 몇 회라도 관계없이 회전할 수 있는 것과 다르다. 오래된 구식 레코드판이 전축에서 분당 $33^{1/3}$, 45, 78회의 속도로밖에 회전할 수 없는 것과 비슷하다.* 모든 물질 입자, 다시 말

---

* 주의사항은, 입자의 회전이 고전적 단어라는 것이다. 가끔 쓸모 있는 단어이지만 이는 입자를

해서 모든 쿼크와 렙톤은 회전 방식이 두 가지뿐이다. 이들은 2분의 1의 스핀 값을 가진다. 이는 가능한 회전의 최소량, 회전의 양자에 해당된다.[12] 단순화를 위해서 수직 방향을 축으로, 왼쪽이나 오른쪽으로, 같은 속도로 회전하는 입자를 생각해보라. 한쪽의 회전 방향은 사실상 다른 쪽의 거울상이다. 이는 거울 앞에서 공이나 드라이버 공구로 실험해보면 확인할 수 있다. 회전하는 입자에 반전성 대칭 조작을 가하면, 그 입자의 스핀 방향을 거꾸로 만들 수 있다.

중성미자를 방출하는 베타 붕괴는 또다른 비장의 무기가 있다. 베타 붕괴는 중성미자가 반전성(反轉性) 대칭이 아니라는 것을 보여주는 데에도 이용될 수 있다. 자연은 거울 대칭이 아니다. 즉 선호하는 공간적 지향이 있다. 마치 시계 반대 방향으로만 도는 팽이와 비슷하다! 1956년에 중국 출신의 물리학자 양전닝과 리정다오는 약한 상호작용에서 반전성 불변이 깨질 것으로 예측했다. 이로부터 불과 몇 개월 만에 우젠슝 여사가 이끄는 연구 팀이 많은 사람들을 낙담시키며, 이들의 예측이 맞다는 것을 확인했다. 중성미자는 물질과 좌선성(左旋性)으로만 반응한다. 중성미자가 위로 움직인다면 동에서 서로만 회전한다. 이와 반대로 반중성미자는 우선성(右旋性)으로, 서에서 동으로만 회전한다. 자연은 좌우 방향에 대해서 명백한 편향성이 있다.

우선성 중성미자가 존재할 수도 있지만, 결코 검출된 일은 없다. 이것은 이들이 정상 물질과 믿을 수 없을 정도로 약하게 상호작용하거나 아니면 매우 무겁다는 뜻이다(혹은 그저 존재하지 않을 수도 있다). 어느 쪽이든 우선성 중성미자는 모든 곳에 존재하는 좌선성 사촌에 비해서 뚜렷이 구별되는 것이 분명하다. 하지만 잠깐! 아직 할 이야기가 남아 있다.

C, 즉 전하켤레 변환과 P, 즉 반전성(反轉性) 변환을 함께 해보자. 좌선성 중성미자에 C 조작을 가하면 좌선성 반중성미자를 얻게 된다. 문제는 자연에

회전하는 작은 공처럼 생각하게 만든다. 실제로 입자의 스핀은 그런 것이 아니다. 그렇지만 이미 그렇게 표현했으니, 계속 그런 이미지를 유지해도 큰 문제는 없다.

좌선성 반중성미자가 존재하지 않는다는 점이다. 중성미자가 느끼는 유일한 (중력은 제외하고) 상호작용인 약한 상호작용에서 전하켤레 대칭성이 깨지는 이유가 그것이다. 만일 우리가 좌선성 중성미자에 C와 P 변환을 모두 가하면, 우선성 반중성미자를 얻게 될 것이다. 즉 C 변환은 중성미자를 반중성미자로, P 변환은 좌선성을 우선성으로 바꾼다. 그리고 사실 반중성미자는 우선성이 맞다! 우리는 운이 좋은 것 같다. 약한 상호작용은 C와 P를 개별적으로는 위배하지만, 결합된 CP 대칭 조작은 만족시키는 것이 분명하다. 실제로 이는 우선성 입자와 관련된 반응들이 좌선성 반입자와 관련된 반응들과 동일한 비율로 일어난다는 뜻이다. 모두가 안도했다. 알려진 모든 반응에서 자연이 CP 대칭이라는 희망이 존재했다. 아름다움을 되찾았다.

그러나 이 같은 흥분은 오래가지 못했다. 1964년에 제임스 크로닌과 발 피치는 K^0, 즉 중성 K 중간자(kaon)의 붕괴 과정에서 CP 대칭이 약간 깨지는 것을 발견했다. 요약하면, K^0와 그 반입자는 CP 대칭 이론이 예측하는 비율로 붕괴하지 않는다. 물리학자 공동체는 충격을 받았다. 아름다움은 사라져버렸다. 또다시.

CP 깨짐은 이보다 더 깊고 신비한 함축을 담고 있다. 즉 입자들은 각자 선호하는 시간 방향도 선택한다. 팽창우주의 트레이드마크인 시간 비대칭성이 미시세계에서도 일어난다! 이는 엄청난 일이다. 이 문제를 다루려면 새로운 패러다임이 필요하다.

시간이 앞으로 흐른다는 사실은 누구에게나 명백해야 한다. 우리는 계란으로 오믈렛을 만들지만, 그 반대로는 하지 못한다. 커피에 녹인 각설탕은 저절로 다시 모여서 육각형 모양이 되지 않는다. 식물은 꽃에서 씨로 돌아가지 않는다. 우리는 도로 젊어지지 않는다. 누군가가 요리를 하거나 식물이 자라는 장면을 촬영한 뒤에 이를 역방향으로 재생한다면 시간 방향이 역전되었다는 것이 명백할 것이다. 그러나 이보다 단순한 계에서는 이 같은 구분이 명백하지 않다. 진자는 좌에서 우로, 우에서 좌로 움직인다. 흔들리는 움직임만 보고는 적절한 시간 방향이 무엇인지 알 수 없다. 당구공 2개가 충돌한다든지, 광자 하나가 전자 하나를 때린다든지 하는 경우도 이와 마찬가지이다. 이 같은 계는 시간반전 불변성(time-reversal invariant)이라고 불린다. 여기에는 뚜렷한 시간의 화살이 없다. 우리는 한 계의 시간을 반전시키는 대칭 조작을 할 수 있고, 이는 대문자 T로 표시한다. 만일 하나의 공이 왼쪽에서 오른쪽으로 움직이고 있다면, T를 가하고 난 뒤에 이 공은 오른쪽에서 왼쪽으로 움직일 것이다. 우리는 제2부에서 팽창우주가 우주론적 규모에서 시간반전 불변성을 깨트리는 것을 보았다. 즉 은하의 기원과 궁극적으로 우리 자신의 기원을 전체로서의 우리 우주에 연결시키는 우주적 시간 방향이 존재했다. 아원자의 세계에서는 사태가 이와 다를 것이라고 예상했다. 가능하면 대칭적일 것으로 예상했다. 그러나 그렇지 않았다. 입자물리학의 표준모형은 이 같은 비대칭성들을 편입시켜야 한다.

CP 깨짐과 시간의 화살 사이의 연관성을 볼 수 있는 방법이 또 있다. 입자물리학 이론들은 결합된 3중 CPT이다. (그렇다. 세 가지를 차례로 가하는 것이다. 입자에서 반입자로, 좌선성에서 우선성으로, 시간 앞쪽 방향으로의 움직임에서 시간 뒤쪽 방향으로의 움직임으로 말이다.) 대칭을 반드시 따라야 한다. 이 대칭을 포기한다는 것은 아인슈타인의 특수상대성 이론, 즉 물질 입자들 간의 상호작용을 기술하는 이론들의 뼈대가 틀렸거나 적어도 심각하게 불완전하다는 의미가 될 것이다. 다행히 CPT 깨짐 사례는 현재까지 관찰된 일이 없다. 이것이 사실이라면 그리고 CP 대칭은 이미 깨졌으므로, T 역시 깨져야만 한다. 두 조작을 모두 가한 결과가 불변이 되려면, 그래야 한다. –1에 –1을 곱해서 1을 만들듯이 말이다. 따라서 CPT가 유지되는 한, CP 깨짐은 미시세계에 특정한 시간의 화살이 있다는 것을 의미한다.

오늘날 다른 입자 족에도 CP 깨짐 사례가 있다. B 메존이 그렇다. 자연은 좌우를 선택할 뿐만 아니라 시간 감각도 갖추고 있다. 해결되지 않은 문제는 이 현상이 왜 약한 상호작용에서만 일어나는가 하는 것이다. 많은 사람들이 강한 상호작용에서도 CP 깨짐이 일어날 것으로 예상한다. 그러나 그렇다는 실험적 증거는 없다. 오히려 증거는 그 반대 방향을 가리킨다. 강한 상호작용에 CP 깨짐이 없는 데에는 여러 가지의 설명이 제시되었다. 가장 인기 있는 설명은 액시온(axion)이라는 가벼운 입자의 존재를 예측하는 내용이다. 그러나 많이 찾아보았음에도 불구하고, 액시온은 발견되지 않았다. 강한 상호작용과 전자기 상호작용에 CP가 보존된다는 사실은 이들을 사실상 약력과 다른 존재로 만든다. 세 가지 힘을 통일하려면, 이 차이를 극복할 수단을 찾아야 한다. 그것은 쉬운 일이 아니다.

33
우주 내의 물질의 기원

내가 보기에 CP 깨짐은 신의 선물이다. 우리 우주는 물질과 반물질의 양이 동일한 혹은 거의 동일한 초기 상태에서 시작했지만, 현재는 물질이 반물질보다 많다. CP 깨짐은 그 이유를 이해할 수 있게 해준다. 즉 우리 우주는 진화하면서 비대칭성이 발달한 것이다. 그렇지 않은 경우의 대안은 원시 양자 수프에서 우연히 출현한 우리 우주에 정확한 범위 내에서 원래부터 물질이 반물질보다 많았다는 것이 된다. 이 경우, 물질 입자가 반물질 입자보다 "1억 개당 1개"꼴로 더 많은 이유는 설명할 수 없는 어떤 초기 조건 탓이었을 것이다. 기회가 주어지면, 물리학자들은 자연현상의 배후에 있는 메커니즘을 이해하기를 좋아한다. 물질이 반물질보다 많다는 현상도 예외가 아니다.

물질의 과다와 CP 깨짐 사이의 연관성을 최초로 제안한 사람은 러시아의 위대한 물리학자이자 평화 운동가인 안드레이 사하로프였다. 1967년에 그는 선견지명이 있는 논문을 써서 초기 우주에서 물질이 과다할 수 있는 세 가지 조건을 개관했다. 물질을 반물질보다 더 많이 생성하기 위해서는 입자들 사이의 상호작용에서 쿼크가 반쿼크보다 더 많이 만들어져야 하고, 이 같은 과잉 상태는 우주가 팽창함에 따라 보존되어야 한다. 이것을 좀더 자세히 설명하면 다음과 같다.

1. 바리온 수 깨짐이 반드시 있어야 한다. 전자를 비롯한 렙톤들이 렙톤 수를 가지

듯이 바리온 입자들은 바리온 수를 가진다. 그래서 양성자와 중성자의 바리온 수는 +1이다. 그 반입자들의 바리온 수는 −1이다. 입자들 사이의 상호작용에서 바리온이나 반바리온의 어느 한쪽이 더 많이 생성되려면 반드시 바리온 수를 위반해야 한다. 상호작용이 일어나기 선과 후의 순 바리온 숫자가 같아서는 안 된다. 만일 바리온 수의 순 숫자(양의 숫자와 음의 숫자를 상쇄하고 남은 값을 의미한다/역주)가 커진다면 바리온이 너무 많아질 것이고, 만일 줄어든다면 반바리온이 너무 많아질 것이다.[13]

2. 전하켤레 변환(C) 깨짐과 CP 깨짐이 반드시 있어야 한다. 바리온이나 반바리온의 어느 한쪽을 더 많이 생성하는 것만으로는 부족하다. 우리에게는 왜곡, 더 많은 바리온을 선호하는 편향이 필요하다. 이는 C 깨짐과 CP 깨짐을 통해서 달성할 수 있다. 깨짐의 양은 최종적으로 물질−반물질 비대칭을 결정하는 데에 핵심적 역할을 한다.

3. 열 비평형 조건이 반드시 있어야 한다. 열 평형 상태에서는 모든 것이 동일한 평균값을 가진다는 점을 돌이켜보라. 그러므로 바리온이 더 많이 생성될 당시에 만일 우리의 초기 우주가 열 평형 상태에 있었다면, 반바리온 역시 같은 양이 만들어졌을 것이고, 결국 바리온 초과 상태는 사라지게 되었을 것이다. 조건 1, 2에 의해서 만들어진 과다 바리온이 보존되려면 우리 우주는 한동안 열 평형이 아닌 상태로 남아 있어야 한다.

우리 우주는 어떤 방법으로 열 평형에서 빠져나올까? 제2부에 나왔던 놀라울 정도로 균질한 극초단파 배경복사 온도와 이와 관련된 빅뱅 모델의 지평선 문제를 돌이켜보라. 우주론에서 열 평형은 통상 두 가지 (혹은 그 이상의) 시간 척도를 비교함으로써 정의된다. 즉 우주 팽창의 시간 척도와 입자들이 상호작용하는 시간 척도가 그것이다. 입자들이 상호작용할 수 있는 속도보다 더 빠르게 우주가 팽창한다면, 입자들은 정보를 교환할 수 없을 것이고 그대로의 온도를 유지할 것이다. 팽창은 너무나 빠른 속도로 입자들 간의 거리를 떨어트려놓는다. 반응은 평형 밖에서 일어난다. 이와 달리 입자들이 팽창 속도보다 더 빠르게 반응하는 경우, 이들은 열 평형 상태가 된다.

우주 유년기의 어느 시기에 이 세 가지 조건이 모두 충족될 수 있었을까? 아마도 그럴 수 있었을 것이다. 바리온의 생성(baryogenesis, 바리온/반바리온 대칭성 깨짐)을 설명하려는 최초의 모델들은 대통일 이론(GUT)의 맥락에서 사하로프의 세 가지 조건을 적용했다. GUT는 강력, 약력, 전자기력을 통일하기 위해서 1970년대 중반에 제시된 이론이다. 강한 상호작용은 글루온 교환을 통해서 쿼크들이 상호작용하는 방식을 설명하고, 약한 상호작용은 3개의 약력 게이지 보존을 포함하는 C 및 CP 깨짐을 통해서 방사능 붕괴를 설명한다는 점을 기억하라. 이 힘들을 통일한다는 것은 쿼크와 렙톤 간의 구별을 제거한다는 뜻이다. 다시 말해서 대통일 세계에서는 쿼크가 렙톤으로 변환될 수 있으며, 그 역도 가능하다. 그 결과 양성자는 더 이상 안정적이지 않게 된다. 즉 다이아몬드는 영원하지 않을지도 모른다. 1974년에 셸던 글래쇼와 하워드 조자이는 양성자가 약 10^{30}년 만에 붕괴할 것이라고 예측했다. 이는 우주의 나이보다 10억 × 1조 배가 더 긴 시간이다. 독자는 소리칠 것이다. "허튼 소리! 양성자가 안정적이라는 말이랑 뭐가 달라." 글쎄, 꼭 그렇지는 않다. 충분히 많은 양의 양성자를 모은 뒤에 그중 일부가 상당한 기간 내에 붕괴하는지의 여부를 관찰하기만 하면 된다.*

GUT가 옳다는 것을 확인하고 싶었던 실험물리학자들은 엄청난 양(1만여 톤)의 물을 지하 탱크에 넣고 그 위에 양성자 붕괴를 탐지할 수 있는 센서들을 다량으로 깔았다. 세계 전역에서 이 같은 탐색이 여러 차례 이루어졌다. 그

---

* 아보가드로의 수를 떠올려보라. 탄소 12그램에는 6 × 10^{23}개의 원자가 들어 있다. 이 속에는 양성자가 1조 × 1조 개가량 들어 있다. 10^{30}개의 양성자가 들어 있는 덩어리가 있다면, 적어도 1년에 1개의 양성자는 붕괴해야 할 것이다.

러나 양성자는 붕괴하지 않았다. 내가 페르미 연구소에서 박사후 과정에 있을 때, 지도교수였던 로키 콜브 교수님은 GUT 바리온 생성 분야의 지도적인 우주론자였다. 그 분은 나에게 다음과 같이 이야기한 적이 있다. "양성자가 붕괴하지 않았다는 사실을 알았을 때, 엄청난 충격을 받았나네. 붕괴하리라고 확신했었거든……." 이론가들은 서둘러 자신들의 모델을 수정했다. 양성자의 예상 수명의 자릿수를 약간 늘려서(대략 10배–1만 배 늘렸다는 의미이다/역주) 기존 실험의 한계 밖의 수명이 되도록 꿰맞춘 것이다. 감지기들의 규모는 계속해서 커졌지만 양성자는 여전히 붕괴를 거부했다. 좀더 단순한 형태의 GUT 모델들은 하나도 검사를 통과하지 못했다. 이 분야에서 오컴의 면도날은 작동하지 않는 것 같다.

일부 GUT 모델들은 여전히 현재의 실험 한계를 벗어난다. 하지만 그 대가로 모델들을 더욱 부자연스럽게 만들거나 자연의 새로운 대칭, 소위 초대칭(supersymmetry)을 들먹여야 했다. 초대칭은 이름부터가 이미 그렇듯이, 정말로 대단하다. 초대칭은 물질 입자를 힘 입자로 바꾼다. 1970년대 초반에 제시된 이 이론은 모든 대칭의 왕이다. 존재할 수 있는 모든 종류의 입자를 서로 연결시킨다. 통일론자들이 초대칭에 매우 열중해 있는 것은 놀랄 일이 아니다. 이들이 애정을 담아서 초대칭에 붙인 이름은 SUSY(사랑스러운 느낌을 주는 여자 이름이라는 뜻이다/역주)이다.[14]

초대칭 이론들은 우리 우주의 물질 함량에 대해서 인상적인 예측을 내놓는다. 구체적으로 말하자면, 모든 물질 입자에는 초대칭 동반 입자가 있어야 한다. 즉 광자에는 "포티노(photino)", 글루온에는 "글루이노(gluino)", 쿼크에는 "스쿼크(squark)" 등이다. 만일 초대칭이 확인된다면, 기본 입자의 수는 자동으로 2배가 될 것이다. 반물질이 발견되었을 때와 비슷한 양상이다. 하지만 반물질과 달리 이들 초대칭 입자들은 관측된 일이 없다. 따라서 이들 입자는 극단적으로 무겁거나 혹은 극단적으로 불안정해야 한다. 만일 초대칭 입자가 매우 무겁다면, 현행 입자 가속기에서는 만들어질 수 없을 것이다. 만일 극도로 불안정하다면, 검출되기 전에 붕괴할지도 모른다. 붕괴 패턴을 통해서 일부 속성을 알게 될지도 모르지만 말이다. 만일 이것이 전부라면, 대단히 희망 없는 상황일 것이다. 과학에서 검증할 수 없는 아이디어는 큰 의미가 없다. 다행히 많은 모델들의 예측에 따르면, 가장 가벼운 초대칭 입자는 안정하다. 이 입자는 사람들이 가장 검출하고 싶어하는 입자들의 목록에서 힉스 바로 다음의 위치에 있다. 만일 이 입자가 검출된다면, 초대칭은 사실로 입증될 것이고, 오늘날 입자물리학과 우주론을 괴롭히는 수많은 수수께끼에 대한 그럴듯한 해답으로 격상될 것이다. 예컨대 이 입자는 암흑 물질의 후보들 중에서 선두 자리를 차지한다. 지금까지 세계 전역에서 많은 노력을 기울여 10여 차례 실험을 했지만 이 입자는 검출되지 않았다. 이론가들은 도리 없이 이 입자의 질량을 키우고 상호작용의 범위를 줄였다.

많은 이들이 거대 강입자 충돌기에서 이 입자가 발견될 가능성이 크다고 믿고 있다. 모든 것이 다시 원점으로 돌아갔다. 초대칭은 대칭을 갈구하는 이론가들의 영리한 발명품에 지나지 않을 수 있기 때문이다. 그 입자가 지금까지 검출되지 않은 것을 보면 전망이 좋지 않다.* 설상가상으로 일본의 슈퍼 카미오칸데 측정기와 미국의 수단 II 측정기의 검출 결과는 초대칭 GUT 모델들의 타당성을 배제해버렸다. 최소한 보다 단순한 형태의 모델들의 경우는 그렇다. 이는 양성자 수명에 대한 조사 결과에 따른 것이다. 만일 초대칭이 자연에 실제 존재하는 대칭이라면, 이는 매우 잘 숨어 있는 것이다. 우리는 초대칭이 "깨진" 것이 분명하다는 것을 알고 있다. 다시 말해서 이는 현재의 실험에서 이용하는 에너지 수준에서 조사할 수 있는 대칭일 수가 없다. 만일 그렇지 않다면 우리는 이미 초대칭을 목격했을 것이다. 이 같은 대칭 깨짐이 어떻게 일어나는

---

* 물론 이 책이 출간되고 몇 년이 지나지 않아서 가장 가벼운 초대칭 입자가 발견될 수도 있다. 그러나 나는 그 가능성을 매우 회의적으로 본다.

지의 세부사항은 알려져 있지 않은데, 이 세부사항은 정상적 물질 입자의 가상적 동반자인 초대칭 입자들의 질량과 직접적인 관련이 있다. 이 덕분에 이론가들은 초대칭 깨짐을 예측 가능한 장래에 실험으로 도달할 수 있는 에너지 수준을 넘어서는 영역으로까지 밀고 나갈 수 있게 되었다. 사태를 지켜보는 사람들을 매우 불안하게 만드는 가능성이 아닐 수 없다.

GUT에 난점이 있다는 것을 알았으니, 초기 우주에 물질이 더 많은 상태를 만들 다른 방법을 찾아보아야만 한다. 어쨌든 우리는 그것이 사실이라는 살아 있는 증거이다. 다행히 다른 방법, 가상의 대통일에 호소할 필요가 없는 방법이 있다. 약한 상호작용이 이미 C와 CP를 위반한다는(사하로프의 조건 2) 사실을 이용해서, 표준모형이 물리학을 기술하는 낮은 에너지 수준에서 반물질보다 물질이 많아지게 만드는 것이다. 이것이 훨씬 더 합리적이고 구체적인 방법이다. 우주론의 시각에서 이는 바리온/반바리온 대칭성 깨짐 기간을 빅뱅 후 1조 분의 1조 분의 1조 분의 1초(추측컨대 그 이전까지는 강력, 약력, 전자기력의 통일이 유지된다)에서 1조 분의 1초(이때까지도 약력과 전자기력의 통일은 유지된다)로 늘려놓는다. 여기서 과제는, 어떻게 하면 사하로프의 조건 1과 조건 3도 역시 만족시킬 수 있는가이다. 다시 말해서 표준모형에서 바리온 수를 위반하는 방법을 찾고 열 평형에서 벗어나야 하는 것이다. 이것이 어떻게 작동하는지는 다음 장에서 설명하겠다.

34

상전이하는 우주

"**전**자기 약작용 상전이에서의 바리온/반바리온 대칭성 깨짐"은 발음하기도 어렵다. 하지만 우리는 지금까지 이 책을 통해서 이 문장을 분석할 수 있을 만큼 배웠다. 바리온/반바리온 대칭성 깨짐(baryogenesis)이란 바리온이 반바리온보다, 다시 말해서 물질이 반물질보다 더 많이 생성되는 것이다. 전자기 약작용(electroweak)이란 전자기 상호작용과 약한 상호작용의 통일의 결과로 생기는 힘으로, 이것이 우리의 다음 주제이다. 상전이(相轉移, phase transition)란 외적 조건의 변화가 계의 질적 변화를 가져오는 과정으로, 물의 온도가 낮아져서 얼음이 되는 것이 그러한 예이다. 우리는 앞으로 상전이와 유사한 과정이 입자물리학의 내적 대칭의 질적 변화 역시 기술한다는 것을 보게 될 것이다.

표준모형은 통일을 향한 장정에서 지금까지 얻은 모든 것을 집대성한 것이다. 우리는 글래쇼, 살람, 와인버그가 노벨상을 수상한 업적에 대해서 언급한 적이 있다. 이들은 약한 상호작용에 관여하는 약력 게이지 보존인 W^+, W^-, Z^0의 존재를 예측했다. 1983년에 이 입자들이 발견되면서 입자물리학의 새 시대가 열렸다. 표준모형이 지금과 같은 신뢰도를 얻게 된 것은 이 덕분이다. 이들의 이론은 새로운 입자를 예측하는 데에서 한 걸음 더 나아가, 질량을 생각하는 새로운 방법을 제안했다. 힉스장을 떠올려보라. 힉스장은 모든 물질 입자와 힘 입자에 질량을 부여하는 역할을 하는 장이다. 이 장은 우주의 모든 곳에 걸쳐서 어디에나 존재한다. 표준모형에 따르면 입자들이 있을 수 있는 상태는 두 종류이고 이는 힉스장이 결정한다. 상태 값이 0인 모든 입자는 질량이 없다. 상태 값이 0이 아닌 모든 입자는 질량을 얻는다. 어떤 입자의 질량은 그 입자가 힉스장과 상호작용하는 강도에 의해서 결정된다. 즉 상호작용이 강하면 질량이 더 크다. 예외는 광자뿐이다. 이제 우리는 중성미자가 약간의 질량을 가진 것을 알고 있기 때문이다. (그러나 아직 그 질량이 얼마인지는 모른다.)[15]

어떻게 입자의 속성이 이렇게 극적으로 바뀌는 일(없던 질량이 생겼다)이 발생했을까? 답은 상전이에서 찾을 수 있다. 우리는 힉스가 0이 아니고 입자들이 질량을 가진 ("동결") 상태에서 살고 있다. 이것은 저에너지 상태이다. 한편 현재의 추정에 따르면, 힉스장은 양성자 질량의 약 200−300배의 에너지를 가질 때 일종의 투명 상태가 되어 어느 입자에게도 보이지 않는다. 입자의 질량은 힉스와의 상호작용에 의해서 결정되기 때문에 모든 입자들은 질량이 없는 상태가 된다. 이것은 고에너지 ("액체") 상태이다.

물과 얼음의 비유에서 두 가지의 공간(외부) 대칭성이 크게 달랐던 점에 주목하자. 물은 균질하다. 즉 평균적으로 어디서나 똑같이 보인다. 이에 비해서 얼음은 균질하지 않다. 즉 얼어붙은 물 분자는 특정한 공간적 위치를 차지한다. 사실 이들은 벌집 구조처럼, 아름다운 육각형 격자를 형성한다. 6개의 꼭짓점 모두에 산소 원자가, 꼭짓점들을 서로 연결하는 직선 위에는 2개의 수소 원자가 자리잡고 있다. 얼음결정 격자의 이 같은 6겹 대칭이 눈송이의 아름다운 6겹 패턴을 결정한다. 이는 미시적 대칭이 거시적으로 나타난 것이다. 얼음 결정이 높은 대칭성을 가진 것은 사실이지만 액체 상태의 물은 더욱 대칭성이 크다. 어디서나 똑같아 보이기 때문이다. 즉 물속에서 1개의 물 분자를 찾을 평균 확률은 어디서나 동일하다. 그래서 온도가 떨어지고 액체에서 고체로 변화함에 따라 물은 대칭성을 잃는다. 상전이가 대칭성의 감소를 유발한다.

힉스장과 전자기 상호작용, 약한 상호작용에서도 이와 비슷한 일이 일어난다. 힉스가 투명할 때, 약력 게이지 보존은 광자가 그렇듯이 질량이 없다. 이때 약한 상호작용은 먼 거리까지 미치며 전자기력과 비슷하게 행동한다. 이러한 이유로 우리는 고에너지 상태에서 이 두 가지 상호작용이 전자기 약작용으로 통일되었다고 말하는 것이다. 에너지가 낮으면 힉스는 투명성을 잃고 모든 물질 입자 및 힘 입자와 상호작용해서 질량을 가지도록 만든다. 유일한 예외는 언제나 질량이 없는 상태로 남아 있는 광자이다. 약력 게이지 보존들은 매우 무거워져서 약한 상호작용이 매우 짧은 거리에서만 작용하도록 만든다. 그 결과, 이것은 전자기력으로부터 분리된다. 물과 얼음의 경우처럼, 고에너지 상태에서 저에너지 상태로 이행하면서 대칭성 손실이 일어난다. 고에너지 상태일 때 두 힘은 유사하게 행동하기 때문에 저에너지 상태, 우리가 살고 있는 실제 상태일 때보다 대칭성이 높다. 물과 미묘하게 다른 점은 대칭이 공간적이 아니라 내적이라는 점이다. 내적 대칭은 약력과 전자기력을 통해서 상호작용하는 입자들이 가진 특수한 속성과 관련되어 있다. 이 같은 대칭성 손실 혹은 깨짐은 전자기 약작용 상전이의 특징이다.

내가 런던에서 박사과정을 마치던 해인 1985년에 3명의 러시아 과학자가 폭탄 같은 논문을 발표했다.[16] 이들은 매우 영리한 아이디어를 냈다. 전자기 약작용 상전이를 물질이 반물질보다 많아지는 원천으로 이용한 것이다. 이들은 이를 위해서 우주론으로 되돌아갔다. 빅뱅 모델에서 초기 우주가 뜨거웠다고 예측한 사실을 깨달았기 때문이다. 따라서 열을 받은 얼음이 녹는 것과 마찬가지로 힉스장은 우주 초기에 가열되었을 것이다. 뜨거워진 힉스장은 투명한 고에너지 상태가 될 수밖에 없었다. 빅뱅 후 1조 분의 1초라는 아주 초기로 돌아가보면, 힉스는 투명해지기에 충분할 만큼 뜨거웠다. 즉 대칭성 파괴 때문에 약한 상호작용이 먼 거리에 미치지 못하는 우리의 현실 세계가 복원된 것이다! 우리는 얼음이 섭씨 0도에서 녹는다는 것을 알고 있다. 힉스는 양성자 질량의 약 200배에 해당하는 에너지에서 투명해진다. 여기서 피할 수 없는 결론이 나온다. 우리 우주는 초기에 상전이를 겪었다.

전자기 약작용 상전이는 물질의 과다 문제를 해결하는 데에 두 가지 방식으로 도움을 준다. 첫째, 우리 우주의 초기 시절에 바리온 수 깨짐이 일어날 수 있는(사하로프의 조건 1) 방법을 제공한다. 바리온 수 깨짐은 저에너지 상태에서는 거의 일어날 수 없는 무엇이다. 당신이 카프카적인 사무실 복합동에서 근무한다고 생각해보자. 작은 방이 무한히 연결되어 있는데, 통로는 없고 각 방을 분리하는 칸막이는 3미터 높이의 두꺼운 벽이다. 보통의 오피스 빌딩에서 사무실마다 번호가 매겨져 있는 것과 마찬가지로, 작은 방들도 각기 바리온 수가 할당되어 있다. 바리온 수는 오른쪽 방으로 가면 3단위씩 늘어나고 왼쪽으로 가면 그만큼 줄어든다. 그러므로 각각의 방은 해당 바리온 수에 의해서 정의된 별개의 "세계들"에 해당한다. 보통의 온도와 에너지 상태일 때는 옆방으로 가려면(그래서 3단위의 바리온 수를 늘리거나 줄이려면) 벽에 구멍을 뚫는 수밖에 없다. 방 안에 구멍을 뚫는 도구가 없으므로 당신의 손톱만으로 벽에 터널을 만들려면 아주 오랜 시간, 인간의 평균 수명보다 더 오랜 시간이 걸릴 것이다. 불가능한 일은 아니지만, 일어날 가능성이 극히 희박한 일이다. 당신이 그 방에서 영원히 지내는 수밖에 없겠다고 포기하려는 순간, 갑자기 생각이 떠오른다. 모든 방에는 스프링 위에 의자 하나가 올려져 있었던 것이다. 흥분한 당신은 스프링을 눌러놓은 걸쇠가 온도에 민감하다는 사실을 발견한다. 온도가 충분히 높아지면 걸쇠가 풀릴 것이고, 그러면 스프링이 강력한 힘으로 의자를 위쪽으로 튕겨낼 것이다. 그 나머지는 쉽다. 당신은 그 방의 걸쇠 옆에서 무수한 계산의 시행착오를 거듭한 끝에 커다란 모닥불을 피운다. 당신은 불길이 번지기를 기다렸다가 의자 위에 급히 앉는다. 잠시 후 스프링의 걸쇠가 풀리고 당신은 바로 옆방으로 날아간다.

이 카프카적인 방 이야기는 쿠즈민–루바코프–샤포슈니코프 메커니즘의 핵심을 포착하고 있다. 표준모형의 바리온 수는 낮은 온도에서도 깨질 수 있지만, 그런 일이 일어나는 비율은 극히 낮다. 두터운 벽이 각기 다른 바리온 수로 "세계들"을 분리하고 있다고 해도, 이론상으로는 양자 과정에 의해서 (방들) 사이에 터널이 뚫릴 수 있다. 다만 현실적으로 그런 일이 일어나지 않을 뿐이다. 이는 다행한 일이다. 만일 그렇지 않았다면 양성자가 붕괴했을 테고, 우리는 여기에서 바리온/반바리온 대칭성 깨짐을 생각하고 있지 못했을 테니까. 그러나 높은 온도에서는 바리온 수 위반 과정에 대한 금지가 덜하다. 즉 각기 다른 바리온 수를 가진 "세계들"에 큰 어려움 없이 접근할 수 있다. 초기의 뜨거운 우주는 이 같은 도약을 촉진할 높은 온도를 자연스럽게 제공했다. 사하로프의 첫 번째 조건은 충족되었다.

여기에 약한 상호작용에서 C와 CP 깨짐을 추가하면 그림은 더욱 좋아진다. 그 결과는 모든 방을 특정한 방향으로 경사지게 만드는 효과이다. 방들은 마치 언덕의 경사면에 세워져 있는 듯한 상황이 된다. 이렇게 해서 바리온 수 위반에서 "내리막" 방향이 선호된다. 물질이 반물질보다 더 많이 생기는 것이다. 사하로프의 두 번째 조건도 충족되었다.

물질의 순 초과 상태가 사라지지 않게 하기 위해서 필요한 비평형 조건들은 어떻게 할까? 이것들은 상전이 자체에서 온다. 물이 얼음으로 변하는 것을 다시 생각해보자. 처음에 물은 균질하고 얼음결정의 징후는 없는 상태이다. 우리는 온도가 내려감에 따라 동결한 물의 작은 덩어리들이 나타나는 것을 보게 된다. 작은 얼음결정들은 상전이의 씨, 즉 핵이 되는 곳이다. 사실 이러한 결정은 불순물이 있으면 더 쉽게 만들어진다. 눈이나 비가 올 때 일어나는 현상이 이것이다. 차가워진 기단의 수증기가 먼지 입자 주위에 응축되는 것이다. 이러한 응축이 지면 가까운 곳에서 일어나면 이슬방울이 되고, 하늘 높이에서 일어나면 구름이 된다. 온도가 충분히 낮아지면 작은 물방울 1개가 얼 수 있다. 이는 주위의 물방울들에 똑같은 행태를 유발한다. 얼음은 물보다 차갑기 때문에 물이 얼 때는 열이 방출된다. 이는 평형에서 멀어지는 전형적인 과정이다. 평형이 회복되는 것은 오직 전체 계가 새로운 상으로 바뀔 때뿐이다. 냉장고에서 볼 수 있듯이, 일단 모든 물이 얼음으로 바뀌고 나면 다른 일은 거의 일어나지 않는다.

이제 전자기 약작용 상전이로 돌아가보자. 두 가지 상(相, phase)이 있다. 고온의 대칭적 상과 저온의 비대칭적 상이다. 입자들은 대칭적 상일 때는 질량이 없고 비대칭적 상일 때만 질량이 있다. 고온 상에서는 바리온 수가 위반될 수 있으며 물질이 반물질보다 더 많이 만들어질 수 있다는 점을 기억하자. 즉 작은 방들을 가로막은 칸막이벽을 뛰어넘을 수 있다. 힉스가 아직 투명했던 초기의 뜨거운 우주에서 시작해보자. 입자의 상호작용은 방에서 방으로 점프할 수 있었고, 바리온 수는 위반되었다. C와 CP 깨짐 때문에 바리온이 반바리온보다 더 많이 만들어지고 있었다. 이러한 일이 일어나는 동안, 우리 우주는 계속 팽창하면서 식어갔다. 결국 우주는 힉스가 응축하는 문턱 값 아래로 식었고 대칭은 깨졌다. 즉 옆방으로의 점프는 억압되었고 비대칭적 상으로의 전이가 시작되었다. 각기 다른 장소에서 어떻게 전이가 일어났을까? 작은 얼음결정이 응축되는 것과 유사한 과정이 있었을까? 그에 대한 답은 힉스가 얼마나 무거운가에 달려 있다. 우리는 아직 그 무게를 모른다.

내가 바리온/반바리온 대칭성 깨짐을 연구하기 시작한 것은 조금 늦은 시기인 1990년이었다. 산타바버라 이론물리연구소에서 박사후 펠로로 있을 때였다. (그 이전에는 계속 초끈 이론이 우주론에 가져오는 결과를 연구했다.) 당시에 우리 모두는 힉스 입자가 상당히 가벼울 수 있다고 생각했다. 약력 게이지 보존보다 가벼워서 양성자 질량의 약 40-50배 정도일 것으로 추측했다. 만일 그것이 사실이라면, 대칭에서 비대칭으로의 전이는 "1차" (불연속) 유형에 해당될 것이다. 즉 힉스장이 투명하고 바리온 수 위반 과정이 진행되고 있는 바다 — 전자기 약작용이 대칭적이고 작은 방 사이의 점프가 일어나는 영역 — 에서 비대칭적 상의 작은 거품이 갑자기 튀어나올 것이다. (물속에서 작은 얼음결정의 핵이 나타나는 것과 마찬가지이다.) 만일 이 거품이 충분히 크다면, 점점 커지면서 다른 거품들과 만날 것이다. 결국 팽창하는 거품들은 우리 우주의 거의 모든 공간을 채울 것이고 우리는 무거운 힉스 상(相) 속에 존재하게 될 것이다. 즉 광자를 제외한 모든 입자가 질량을 가질 것이고 바리온 수는 보존될 것이다. 상전이가 완료되는 것이다.

물질 과다를 만드는 메커니즘은 이처럼 팽창하는 거품들을 이용한다. 거품의 외부와 내부에서 일어나던 일을 떠올려보라. 외부의 대칭적 ("액체") 상에서는 바리온 수가 위반되고 물질 입자가 초과 생성되는 중이었다. 거품 내부의 비대칭적 저에너지 세계에서는 그러한 과정이 허용되지 않았다. 트릭은 다음과 같다. 거품 막은 완전히 불투명한 것이 아니었다. 난자를 뚫고 들어가는 정자처럼, 외부의 물질 및 반물질 입자들은 거품 안으로 뚫고 들어갈 수 있었다. (이 비유를 쉽사리 잊지 않기를 바란다.) 외부에는 물질 입자들이 더 많기 때문에(마치 우리 집안처럼, 수컷-물질-정자가 암컷-반물질-정자보다 더 많다고 보면 된다), 이것들이 거품 막을 다량으로 뚫고 들어와서 오늘날 관찰되는 물질 과다 상태를 만들었다. 보라! 우리는 왜 우주에 물질이 반물질보다 더 많은지를 설명하는 아름다운 물리적 메커니즘을 가지게 되었다!

1993년에 나는 루드네이 라모스와 공동으로 논문 한 편을 썼다. 당시 브라질 출신의 박사후 펠로였던 그는 다트머스에 있던 우리 그룹을 방문했었다. 우리가 논문에서 예측한 내용은 이렇다. 거품 핵 형성을 기반으로 하는 이 시나리오는 만일 힉스 입자의 질량이 양성자의 70배를 넘는다면 무너질 것이다. 곧이어 샤포슈니코프(우리가 앞에서 검토한 전자기 약작용 바리온 초과 생성 시나리오를 제안한 3명의 러시아 과학자들 중의 한 사람)와 그의 동료들이 우리 결론의 타당성을 확인했다(그리고 우리가 한 것보다 훨씬 더 멀리 나아갔다). 전자기 약작용 상전이의 세부사항을 조사하는 대규모 컴퓨터 시뮬레이션을 이용한 연구였다. 그로부터 불과 몇 년이 지나지 않아서, 나는 엄청난 충격을 받았다. 힉스 입자의 질량은 양성자의 최소 105배라는 사실이 드러났기 때문이다. 단순한 거품 핵 형성 시나리오는 배제되었다. 나는 설사 힉스 입자가 이처럼 무겁다고 해도 약력 1차 상전이라고 불리는 변형 시나리오는 작동할 수 있다고 주장했었다. 하지만 힉스 입자는 계속 무거워지기만 해서 삶을 힘들게 만들었다. 결론은 심란한 내용이었다. 현재와 같은 형태의 표준모형으로는 약력 1차 상전이 과정에서 필요한 물질 과다라는 결과를 얻을 수 없다. 당연히 누군가가 새롭게 멋지고 성공적인 아이디어를 들고 나오는 일은 언제라도 있을 수 있다. 그리고 표준모형의 확장 시나리오를 다룬 문헌들은 많다. 현재 가장 인기 있는 대안은, 놀라울 것도 없는 일이지만, 초대칭에 기대는 것이다. 표준모형에 초대칭을 도입하면 물질의 과다 생성이 촉진될 수 있다. 하지만 심지어 이 경우에서조차 좀더 단순한 모델들은 작동하지 않는 것 같다. 2001년에 나는 친구이자 동료인 마크 트로든과 그중 몇몇 모델을 시험해보았다. 진실을 말하자면, 우리는 우리 우주에 물질이 반물질보다 과다한 이유를 어떻게 설명해야 하는지 아직 모른다. 대부분의 사람들이 우리가 점점 적절한 해답에 접근하고 있다고 느끼고 있음에도 불구하고 그렇다. 그러나 이를 탐구하는 것은 신나는 일이다.

35
통일 이론 : 비판

탈레스에서 케플러, 아인슈타인에서 초끈에 이르기까지, 최종 진리를 찾는 원정은 역사상 가장 위대한 인물들 몇몇에게 열의를 가지도록 만들었다. 초끈 이론은 아직 발전하는 중이고 앞으로도 몇백 년간 발전할지도 모르지만, 현재까지는 실패한 원정이다. 사실 부분적 통일을 일부 달성한 것은 맞다. 우리는 어떻게 전기와 자기가 공간을 광속으로 퍼져나가는 단일 파동으로 행동하는가를 언급한 바가 있다. 우리는 전자기를 하나의 상호작용으로 다룰 수 있지만, 자기홀극의 부재는 이 같은 통일의 완전성에 흠이 되고 있다. 이 또한 이미 언급한 바이다. 우리는 약한 상호작용에서 일련의 내적 대칭이 어떻게 깨지는지를 보았다. 전하켤레, 반전성(反轉性), 심지어 두 가지의 결합까지도 깨진다. 이 대칭성 깨짐의 결과는 우리의 존재와 깊이 관련되어 있다. 이것은 미시 수준에서 시간의 방향을 정함으로써 물질을 반물질보다 더 많이 생성하는 성공적 메커니즘을 제공한다. 만일 이 같은 비대칭성이 없었다면, 우주는 복사의 수프와 극소수의 입자들로만 채워졌을 것이다. 따라서 원자도, 항성도, 인류도 없을 것이다. 현대 입자물리학과 우주론의 메시지는 분명하다. 우리는 자연의 불완전성의 산물이라는 것이다. 설사 에너지 보존, 전하 보존과 같은 대칭성이 지켜진다고 하더라도, 많은 여타 대칭성이 지켜지지 않거나 혹은 근사치로만 지켜진다는 사실을 받아들여야 한다. 비대칭성은 우리의 기원에 이르는 연결 고리이다.

대통일 이론은 두 가지 중요한 예측을 내놓는다. 우선 양성자는 불안정하고 붕괴해야 한다. 그리고 새로운 종류의 자기홀극, 즉 보다 단순한 전자기홀극의 무거운 친척이 있어야 한다. 세계 전역의 실험실에서 몇십 년간 연구를 계속해왔지만 양성자는 하나도 붕괴하지 않았고 자기홀극은 전혀 검출되지 않았다. 물론 우리는 언제든지 말할 수 있다. 언젠가는 붕괴나 검출이 이루어질 것이라고, 현재 우리의 모델은 너무 단순하며 우리의 감지기들은 충분히 민감하지 않은 것이라고 말이다. 그리고 GUT 자기홀극의 경우는 우주의 초팽창이 이를 없애버릴 수도 있다. 그래서 우리가 관찰 가능한 우주에 근본적으로 1개나 불과 몇 개만 남게 되었다는 설명이 가능하다. 그러나 세월이 흐르고 점점 더 정확한 실험이 이루어지면서, GUT 모델들은 점점 더 좁은 틈새로 밀려들어 갈 수밖에 없게 되었다. 전체 그림이 무엇인가 크게 잘못되었을지도 모른다는 느낌을 받지 않을 수 없다.

다음에는 전자기 약작용 통일이 있다. 두 가지 힘이 일정한 문턱 값 안에서는 정말로 유사한 행태를 보이며, 주요한 예측들 중의 일부가 실험 자료에 의해서 사실로 확인되는 유일한 모델이다. 이 이론이 현대 물리학의 승리라는 데에는 의심의 여지가 없다. 이미 우리는 그 찬가를 불렀다. 하지만 세부사항을 잘 들여다보면, 전자기 약작용 통일이 진정한 통일은 아니라는 사실이 드러난다. 적어도 모든 힘이 하나가 된다고 예측하는 대통일이라는 뜻에서는 그러하다. 전자기 약작용 이론은 결코 전자기력과 약력 사이의 차이를 진정으로 제거하지 못한다. 힘을 전달하는 중성 입자와 동일시하는, 질량이 없는 광자와 낮은 에너지에서의 무거운 Z^0은 고에너지 이론에 나오는 게이지 보존들의 혼합물이다.[17] 게다가 중성미자의 좌선성은 이 이론을 한쪽으로 기울게 만든다. 즉 실험 결과와 일치시키려는 목적으로, 우선성 입자들을 그 동반자인 좌선성 입자들과 크게 다른 것으로 기술하고 있다.

표준모형은 놀라운 업적이고 그런 의미에서 축하를 받아 마땅하다. 그러나 이 모형은 또한 자연이 어떻게 불완전성과 근사 대칭을 통해서 움직이는가를 보여주는 설득력 있는 사례이기도 하다. 우리가 구축한 것은 하나의 서술, 현재 우리의 실험 결과와 일치하는 하나의 담화일 뿐이다. 표준모형에는 수많은 구멍, 즉 설명되지 않는 측면들이 있다. 중성미자의 질량이 하나의 사례이고 힉스장은 또다른 사례이다. 전자는 양성자와 같은 양의 전하(방향은 반대)를 띠는데, 질량은 왜 그렇게 차이가 나는지 역시 설명되지 않고 있다. 많은 사람들이 이러한 문제들에 대한 해답이 좀더 깊이 있는 이론, 진정한 통일에 좀더 가까이 가는 이론 쪽을 가리켜주기를 바라고 있다. 그러한 해답들 중에서 가장 인기 있는 것이 초대칭이다. 그것이 제대로 작동하는지를 확인하려면, 우리는 기다려야 한다. 만일 앞으로 몇 년 이내에 강입자 충돌기 혹은 암흑 물질을 찾기 위한 일부 실험으로 초대칭이 확인된다면, 우주에 대한 우리의 이해는 큰 혁명을 맞게 될 것이다. 미시세계와 거시세계는 더욱더 가깝게 엮이게 될 것이다. 대통일 이론의 가능성은 과거 어느 때보다도 현실적이 될 것이다. 세계 전역의 통일론자들은 당연히 축배를 들 것이다. 그러나 만일 그러한 통일이 가능하다고 해도, 결코 그것이 진정한 최후의 통일이 될 수는 없다. 내가 지금까지 주장해왔듯이, 최종 진리라는 것은 인간의 마음이 만들어낸 구조물이다. 그것은 탈레스, 케플러, 아인슈타인 그리고 오늘날의 수많은 사람들을 고무시킨 일신론적 신화이다. 물리적 실체의 뒷받침은 거의 받지 못하는 무엇이다. 그에 대한 대안 ― 나는 많은 사람들이 이것은 생각할 수도 없는 일이며 심지어 모욕으로까지 받아들일 것이라고 확신한다 ― 은, 우리는 결코 그러한 이론에 도달할 수 없으며 그러한 통일은 결코 존재하지 않는다는 사실을 인정하는 것이다. 우리가 할 수 있는 것은 우리의 담론을 개선해나가고 우리의 불완전한 이론으로 자연을 기술하며 그 미스터리를 점점 더 깊게 탐구하는 일뿐이다. 성배가 없다고 해도 기초물리학은 여전히 흥미진진한 학문이다.

통일론자로서 일하던 초기 시절에 나에게 주된 자극을 준 것은 아인슈타인이었지만, 다른 사람들도 있었다. 물리학의 여타 선구자들 역시 통일을 추구하는 사람들이었다. 하이젠베르크, 파울리, 슈뢰딩거⋯⋯. 그렇게 많은 것에 대해서 옳았던 사람들이 그 이후에 어떻게 모두 오류에 빠지게 되었을까? 나는 통일론과 관련해서 약 60선의 논문을 발표했고, 세계 전역에서 열리는 수없이 많은 학술회의에 참석했으며, 수백 건의 대화를 나누었고, 고차원 이론과 통일이라는 특수 분야에서 10년간 일했다. 1985년에 나는 심지어 어떻게 초끈으로 빅뱅을 설명할 수 있는지를 다룬 최초의 논문들 중의 하나를 나의 박사논문 지도교수였던 존 테일러 교수님과 함께 발표하기까지 했다. 이 모든 활동에도 불구하고 1990년대 초반에 나는 주류에서 소외된다는 느낌을 받기 시작했다. 당시 통일과 관련된 많은 이론들이 실험과는 너무 동떨어져 있었다. 나는 이러한 이론들이 앞으로도 직접적인 검증은 불가능한 것이 아닐까 하는 걱정을 하게 되었다. 만일 그렇다면 이론의 타당성 여부를 도대체 어떻게 알 수 있을까? 물리학은 간접 증거만으로도 충분한 것일까? 직접적으로 확인될 수 없을지도 모를 아이디어에 과학자로서의 경력 전체를 바치는 것은 너무나 큰 도박이었다. 하지만 걸린 상(賞)이 너무 크고, 아이디어가 너무 매혹적이어서 많은 사람들이 이 길을 선택한다. 나도 그래야만 할까?

처음에는 번민도 했지만, 통일이란 환상에 불과하다는 생각이 점차 마음속에 자리를 잡기 시작했다. 그러던 중 2002년에 아내와 나는 다트머스 대학에서 남쪽으로 약 29킬로미터 떨어진 뉴햄프셔의 숲 한가운데에 집 한 채를 지었다. 가까운 이웃은 없었다. 멀리 장엄한 아스쿠트니 산이 보이고, 아래쪽으로는 거대한 코네티컷 강이 흘렀다. 인간의 질문에는 전혀 관심을 보이지 않으면서⋯⋯. 자연이 넓은 유리창 안쪽으로 우리를 응시하는 모습은 무시하기가 불가능했다. 생애 처음으로 나는 눈을 크게 뜨고 자연을 똑바로 쳐다보았다. 기댈 만한 이론을 선입견으로 가지지 않은 채로 말이다. 나는 보았다. 나무는 가지가 완벽하게 갈라지지 않았으며 구름은 완전한 원형이 아니었고 별들은 아무런 패턴도 없이 하늘에 흩어져 있었다. 나는 깨달았다. 우리는 대자연에 질서를 강요하고 있었다. 그것은 우리가 우리 자신에게 바라는 질서였다. 자연에는 법칙이 있고, 이는 조직화된 행태의 패턴을 반영한다. 하지만 이런 법칙들이 물리적 실재의 청사진일까? 아니면 자연을 나타내기 위해서 우리가 창조한 논리적 서술에 불과한 것일까? 우리의 기원에 대해서 근래에 우리가 알게 된 것은 무엇일까? 우주가 가속 팽창하고 있다는 것, 시간에는 시작이 있었다는 것, 우리가 존재하게 된 근본 이유는 물질 입자들이 상호작용하는 방식에 근본적인 불균형이 있다는 데까지 거슬러올라갈 수 있다는 것, 오로지 유전자의 무작위적인 돌연변이에 의해서만 생명이 번성하고 적응할 수 있다는 것이다. 우리는 만일 불완전성이 없었다면 원자도, 은하도, 인류도 존재하지 못했을 것임을 배웠다. 하지만 이렇게 많이 쌓여 있는 증거 앞에서도, 수많은 나의 동료들은 이오니아 학파의 마력에 사로잡혀서 최종 진리라는 추상적 완전성을 계속해서 신봉하고 있었다(있다).

숲 속의 집으로 이사한 그해 겨울, 나는 딸아이와 함께 보름달 아래에서 산책을 했다. 탁 트인 설원을 가로지르면서 딸아이는 눈송이를 한 웅큼 쥐고 달빛 쪽에 가져다 댔다. 눈송이들은 작은 다이아몬드처럼 반짝였다.

딸이 물었다. "아빠, 눈송이는 전부다 꼭짓점이 6개씩 있는데 어떻게 모두 서로 다른 모양일 수 있어요?" 당연히 이 질문은 새로운 것이 아니다. 1600년대 초반에 케플러도 눈송이의 형태에 대해서 숙고했다. 이것은 당시 여섯 살이던 딸아이가 우연히 근본적인 사실에 맞닥뜨린 경우였다. 이처럼 대칭성은 우리가 보는 많은 사물에서 나타날 수 있다. 그러나 이것만으로는 자연의 놀라운 다양성을 만들어낼 수 없다.

나는 말해주었다. "눈송이들은 서로 닮은 사람들과 비슷하단다. 우리는 모두 눈이 두 개고 다리가 두 개고 머리는 하나지. 그렇지만 모두가 다르게 생겼잖니. 그리고 이런 차이 때문에 삶이 흥미로워지는 거란다. 우리 모두가 완전히 똑같이 생긴 것을 상상할 수 있겠니? 너랑 나랑 똑같이 생겼다면?"

"왜, 아빠!"

"네가 그렇게 짜릿해할 줄은 몰랐구나."

그해 겨울, 나는 분명하게 알게 되었다. 과학자들 그리고 완전성을 추구하는 각계각층의 사람들은 엉뚱한 여신의 사랑을 구하고 있었다. 우리를 인도하는 원칙이 되어야 할 것은 대칭성과 완전성이 아니다. 과거 수천 년간 그러한 일이 일어났지만 말이다. 우리는 자연 속에서 신의 마음을 찾아서 이를 방정식으로 표현하려고 애쓸 필요가 없다. 우리가 만드는 과학은 우리의 피조물일 뿐이다. 놀랍기는 하지만 언제나 한계가 있고, 세계에 대한 우리의 지식에 의해서 제한을 받는다. 알아야 할 모든 것을 알 수는 없기 때문에, 과학은 언제까지나 불완전할 수밖에 없다. 우리는 자연현상을 통일적으로 기술할 방법을 추구할 수도 있고, 그 과정에서 부분적인 통일성을 찾아낼 수도 있다. 그러나 최종적 통일성은 영원히 우리가 다다를 수 없는 곳에 있음을 기억해야 한다. 잘 정의된 초수학적인 구조가 있어서 우주의 모든 것을 결정한다는 인식은 물리적 실재와는 아무런 관련이 없는 플라톤적 망상에 불과하다. 그것은, 비록 비유적이기는 하지만, 과학의 렌즈를 통해서 신을 찾으려는 시도이다. 우리는 수많은 정보만을 모을 수 있을 뿐이다. 세계에 대한 인간의 이해는 언제까지나 미완성일 수밖에 없다. 우리가 이렇게 많은 것을 이해하게 되었다는 것은 우리의 창조성이 훌륭하다는 것을 말해준다. 우리가 더 많은 것을 알고자 한다는 것은 우리의 동기가 훌륭하다는 것을 말해준다. 그러나 우리가 모든 것을 알 수 있다고 생각하는 것은 오직 우리가 멍청하다는 것을 말해줄 뿐이다.

제4부
생명의 비대칭성

36
생명!

그때 일어나려고 하는 일에는 목격자가 없었다. 물과 흙이 있었고, 불활성 물질이 하늘에서 비처럼 쏟아졌다. 열이 대지를 태우고 바다를 말렸다. 온 세상이 불타올랐다. 대기는 연기로 가득 찼다. 대기는 어떤 것이었을까? 무엇으로 구성되어 있었을까? 대지를 가득 채운 물질은 어떤 것이었을까? 바다를 가득 채운 것은 어떤 물질이었을까?

대지의 어디에서나 우르르 소리를 내며 지진이 일어나 흙먼지와 화산재를 뒤섞었다. 해일이 일어나 바다와 대지를 삼켰다. 혼돈의 와중에 가끔씩 세상이 조용해졌다. 잠깐씩 대지가 식고 바다가 고요해졌다. 화학적 친화성에 따라 물이 많은 것들과 결합했다. 분자들이 합성되고, 해체되고, 화학 결합 반응이 무수히 일어났다. 원시의 걸쭉함 속에서 일부가 형체를 얻어 사슬을 만들기 시작했고, 이것들은 점점 커지며 서로 격렬하게 결합하기 시작했다.

갑자기 하나의 분자가 더 커져서 다른 분자들을 흡수했다. 이 분자는 구부러지고 꼬여서 사다리 형태가 되었다. 충분히 커진 사다리는 스스로를 반으로 쪼개어서 2개가 되었다. 쪼개진 사다리는 짝을 찾은 뒤에 최초의 분자가 그랬듯이 다시 스스로를 쪼개어서 2개의 분자가 되었다. 이어서 두 분자는 4개의 분자가 되었고, 4개는 8개가 되었고, 이 과정이 계속 이어졌다. 생명 혹은 그 비슷한 것이 출현했다.

그것은 지금의 우리와 달랐다. 그럼에도 불구하고 그것은 우리였다.

이것이 우리 세대의 두 번째 창세기이다. 원시 지구에서 생명이 탄생했다. 에너지가 결합시킨 비활성 물질들 속에서 자기 조직화가 일어난 것이다. 언제 일어났을까? 어떻게 일어났을까? 어디서 일어났을까? 지구상에서 일어난 일이라면 우주의 다른 곳에서도 일어났을 수 있을까? 외계 생명은 존재할까? 그것은 지능을 갖춘 존재일까? 우주의 기원과 마찬가지로 이 질문들은 불과 몇십 년 전까지만 하더라도 과학의 범위 밖에 있는 것으로 생각되었다. 하지만 오늘날 생명의 기원과 외계에 생명이 존재할 가능성은 최첨단 연구의 대상이 되었다.

지구에 생명이 출현한 것과 우주의 역사를 연결짓는 일련의 사건이 있다. 생명이 발전하기 위해서는 모성(母星)과 적절한 거리만큼 떨어져 있는 행성(行星)이 있어야 했고, 이 행성에 쉽게 활용할 수 있는 적절한 화학물질이 있어야 했다. 항성(恒星)이 탄생하기 위해서는 수소 구름이 존재해야 했다. 수소는 빅뱅 약 40만 년 후에 우주 배경복사를 이루는 광자들이 온 우주를 돌아다니기 시작하던 시기쯤에 생성된 원소이다. 우리 우주의 팽창 속도는 물질 — 보통 물질과 암흑 물질 — 이 구름으로 모이기에 알맞은 정도여야 했다. 팽창이 너무 빠르면 물질은 우주의 공허 속으로 흩어져버릴 것이고, 너무 느리면 우주는 축소되어서 다시 접혀버릴 것이다. 암흑 물질 구름이 일단 형성된 후에는 수소가 풍부한 물질을 중력으로 끌어당겨서, 이들 물질이 뭉쳐 최초의 별과 은하 구조를 만드는 단초를 제공해야 했다. 그 이전에 물질이 반물질보다 많아야 했다. 매우 초기의 우주는 초팽창해야 했다. 그래야 원시 스칼라장의 미세한 양자 요동들을 확대해서 이들이 대량으로 밀집되게 만들 수 있다. 그 인력이 암흑 물질 입자들을 무더기로 끌어당기고 이것들이 모여서 구름을 형성한 것이다. 갑자기 출현한 우주 거품은 어떻게든 초팽창을 시작해야 했다. 위의 이야기는 물질을 주조해서 원시 생명 형태로 만들기 위해서는 불안정성과 불완전성이 필요했다는 점을 보여준다. 즉 시간의 비대칭성과 물질의 비대칭성은 생명이 나타나기 위한 전제 조건이다.

약 40억 년 전에 우리 행성에서 일단 생명이 자리잡고 나자, 그것은 지구의 역사와 함께했다. 자연 선택이 생명체 진화의 무대를 제공했다. 사전 계획이나 계획 입안자는 없었다. 오직 시간, 화학, 지질학 그리고 자기 보존을 위한 투쟁이 있을 뿐이었다. 단세포에서 다세포로, 혐기성(嫌氣性)에서 호기성(好氣性)으로, 엄청난 다양화가 뒤따랐다. 유전자들이 결합하고 맞물리고 돌연변이를 일으켰다. 생명이 진화했다. 그리고 아직도 진화하는 중이다. 생명은 지구와 함께하고 있다. 이 점이 핵심이다.

현재 우리가 이해하는 바대로 간략히 말하면, 지구의 기원은 다음과 같다. 우주의 나이가 90억 년쯤 되었을 때였다. 우리 은하, 즉 은하수의 일부는 이미 존재했고 약 80억 살쯤이었다. 항성들이 태어나고 있었고, 이미 죽어가는 항성들도 있었다. 수소와 일부 헬륨으로 구성된 거대한 구름이 광대하고 텅 빈 공간 속에서 회전하며 홀로 떠돌고 있었다. 갑자기 근처의 한 항성이 초신성으로 변하면서 수소를 재료로 더 무거운 화학원소들을 만들었다. 핵융합이라는 연금술의 결과였다. 수축과 팽창을 거듭하며 부풀어오른 뒤에 붕괴한 별은 계속 커지다가 결국 폭발해버렸다. 그 내부의 구성 물질들은 별들 사이의 공간에 흩뿌려졌다. 폭발의 충격파로 수소가 풍부한 구름을 때리면서 거기에 생명을 구성하는 화학원소들 — 탄소, 질소, 산소, 나트륨, 철…… — 을 뿌렸고, 이 구름을 불안정하게 만들었다. 중력의 인력이 구름으로 하여금 자전하면서 뭉치게 만들었다. 더 많은 물질이 중심에 집중되면서 구름의 적도 쪽은 팽창하고, 극 쪽은 납작해지는 과정이 뒤따랐다. 중심의 밀도와 압력이 커졌다. 주로 수소로 구성된 물질이 압축되기 시작했다. 온도가 섭씨 1,500만 도 이상으로 올라가면서 핵융합이 시작되었다. 수소가 헬륨으로 바뀌면서 막대한 양의 에너지를 복사와 중성미자의 형태로 방출했다. 새로 탄생한 별이 불타기 시작했다. 우리의 태양이었다. 태양 주변으로 물질이 피자와 같은 원판 형태로 모여들고 뭉쳐서 미(微)행성체(planetesimal), 즉 행성의 조상이 되었다. 원판의 먼 바깥쪽 차가운 구역에 있는 것들은 서로 모여서 얼어붙은 가스들의 덩어리가 되었고, 이 덩어리는 점점 커졌다. 이것이 해왕성, 천왕성, 토성, 목성이다. 원반 중심에 가까운 것들은 바위와 같은 재료밖에 가지고 있지 못했고 점차 작아졌다. 이것이 화성, 지구, 금성, 수성이다. 남은 잔해들은 젊은 태양 주위에 마치 장식용 벨트처럼 띠 모양으로 모였다. 화성과 목성 사이의 소행성 띠는 암석형 행성과 가스형 행성의 경계를 이룬다. 해왕성 바깥, 얼음덩어리들이 카이퍼 띠를 형성하고 있는 곳에는 행성에서 소행성으로 내려앉은 명왕성이 일부 단주기 혜성들과 함께 궤도를 돌고 있다. 더 먼 곳에는 무수한 얼음덩어리들의 고향, 혜성의 근원지인 오르트 구름이 있다. 지구, "태양으로부터 세 번째 암석"은 운 좋은 위치에 있었다. 만일 태양에서 이보다 훨씬 더 멀었다면 너무 추웠을 것이고, 이보다 훨씬 더 가까웠다면 너무 뜨거웠을 것이다. 생명의 화학 작용에 요람 역할을 하는 물이 액체 상태로 있기에 딱 알맞은 조건이었다.

생명의 기원은 복잡다단한 문제여서 몇 부분으로 나누어서 살펴볼 필요가 있다. 각 부분은 저마다 비범한 아이디어와 두드러진 가능성들을 포함한다. 앞으로 살펴보겠지만, 불완전성은 생명의 기원 이야기에서 핵심적인 역할을 수행한다. 여기서 가장 큰 난관은 우주론자에게는 익숙한 종류의 것이다. 당시에 일어났던 일에는 목격자가 없다. 우리는 화석, 즉 우리가 직접 탐사할 수 없는 먼 과거로 향하는 길을 열어줄지도 모르는 단서를 찾아보아야 한다. 우리에게 필요한 일은 하나의 역사를 재구성하는 것이다. 그 모든 세부사항을 재구성하기는 불가능하다는 점을 너무나 잘 아는 상태에서 그렇게 해야 한다. 우리는 40억 년 전, 우리의 젊은 행성에 정확히 어떤 일이 일어났었는지는 결코 알 수 없을 것이다. 전에 논의했듯이, 우리는 측정할 수 있는 것을 알 뿐이고 측정할 수 있는 것은 제한되어 있다. 그러나 인간의 풍부한 창의성 덕분에 사실 우리는 우리의 기원에 대해서 많은 것을 알 수 있다.

과학적으로 따져보면, 우리는 이곳에 생명이 출현하기 위해서 어떤 일이 일어났어야 했는지에 대해서 성공적인 가설을 구성할 수 있다. 고대 지질 표본에 대한 연구실에서의 상세한 분석, 가능한 생화학적 경로에 대한 연구 그리고 컴퓨터 모델회는 잊혀진 시간대의 비밀을 들여나볼 수 있게 해준다. 천문학적 관측은 가능성으로 충만했던 과거 세계와 현재 세계의 모습을 드러내준다. 우리는 지구 유년기로 돌아갈 수 없을지는 몰라도, 우주에서 새로운 항성계와 원시 행성계 원반이 형성되는 것을 볼 수 있다. 우리는 다른 항성의 주위를 회전하는 행성들을 탐지할 수 있고 그들의 궤도로부터 무엇인가를 알아낼 수도 있다. 심지어 외행성 대기의 화학적 구성도 연구에 활용하는 것이 가능해지기 시작했다. 이러한 방법들을 통해서 우리는 수천 광년 떨어진 세계들에 생명, 최소한 우리가 아는 형태의 생명이 존재한다는 숨길 수 없는 특징이 있는지를 찾아볼 수 있다. 외계에서 또다른 지구를 탐색하는 일은 우리의 기원과 운명을 탐색하는 일이다. 우리는 우리가 누구인지를 발견하기 위해서 우주를 들여다보는 중이다. 그렇게 해서 우리가 알게 된 사실들은 우리 자신과 우리의 행성을 생각하는 방식을 바꾸기에 충분한 내용이다. 이는 앞으로 살펴볼 것이다.

37
생명의 불꽃

루 이지 갈바니는 전기로 개구리를 자극하기를 좋아했다. 병적인 가학 취미가 아니라 과학적인 호기심 때문이었다. 개구리들은 이미 죽어서 해부되었고, 근육과 신경이 드러난 상태였다. 1780년대에 갈바니는 볼로냐 대학교에 있는 자신의 실험실에서 조수들과 함께 수많은 실험을 했다. 전기가 근육의 수축을 유발하는 현상을 조사하기 위해서였다. 당시는 유럽과 미국에 전기에 대한 매혹이 퍼지던 시기였다. 1767년에 조지프 프리스틀리는 『전기의 역사와 현황(*History and Present Status of Electricity*)』을 출간해서 당시 이 주제에 관해서 알려져 있던 것들을 서술했다. 이 책에서 프리스틀리는 일련의 끔찍한 실험들을 설명했다. 실험은 전기 충격이 생쥐, 고양이, 개구리 그리고 기타 동물들에 미치는 영향을 알아보기 위한 것이었다. 그가 주로 관심을 가진 것은 이 동물들이 어느 정도의 전류를 견디는지, 어느 정도가 되면 회복하는지 혹은 회복하지 못하는지에 대한 것이었다. 프리스틀리의 조사는 갈바니에게 영감을 주었을 법하다. 그의 책에는 또한 연을 이용한 벤저민 프랭클린의 유명한 실험에 대한 최초의 상세한 묘사와 번개는 강력한 전기 방전에 불과할 것이라는 프랭클린의 설명이 포함되어 있었다.

모피, 머리카락, 호박(琥珀) 등의 물체를 마찰해본 조사 결과는, 전하가 폭풍우 구름과는 별도로 물질의 미시적 경계에서 흘러나오는 듯하다는 것을 보여주었다. 필요한 것은 오직 불균형, 한 지역의 전하가 다른 지역의 그것을 초과하게 만드는 메커니즘뿐이었다. 그러면 전기는 두 지역이 균형을 이룰 때까지 흘렀다. 이 같은 전기는 라이덴 병, 즉 현대 전기회로의 어디에나 들어 있는 축전기의 전신(前身)에 축적할 수 있었다. 이는 유리병의 안과 밖에 각각 분리된 금속판을 입힌 장치였다. 정전기 발생 장치를 이용해서 금속판에 흘러들어간 전하는 그곳에 "저장되었다." 안과 밖의 금속판을 연결시키면 갑자기 전하가 방출되고 이는 다양한 실험에 이용될 수 있었다. 전기의 신비한 근원과 치명적 효과를 낼 수 있는 잠재력은 물리학자들과 일반인들 모두를 매혹시켰다. 1700년대 후반에는 라이덴 병의 전기를 이용해서 어린아이와 개에게 강한 전기 충격을 주는 파티가 크게 유행하기도 했다.[1]

갈바니는 실험 도중에, 탁자 한쪽 끝의 기전기에서 정전기 불꽃이 튈 때 수술용 메스가 해부한 개구리의 좌골 신경에 닿으면, 개구리의 다리가 경련을 일으키는 것을 목격했다. 정전기 불꽃을 리듬 있게 튀게 만들면, 개구리 다리도 춤추듯이 리듬 있게 경련을 일으켰다. 흥분한 갈바니는 죽은 개구리의 등뼈에 주석선을 꿰어서 철제 난간에 매달았다. 또다시 개구리는 마치 다시 살아난 것처럼 경련을 일으켰다. 번개가 심하게 치는 날에 실행된 실험에서는 한 줄에 매달린 죽은 개구리들 모두가 번개가 칠 때마다 함께 춤을 추었다. 장관을 이루는 죽음의 쇼였다. 전기는 죽은 개구리들을 춤추게 만들 수 있었다. 갈바니는 다음과 같이 결론지었다. (번개에서 오는) "자연적" 불꽃과 (기전기에서 오는) "인공적" 불꽃은 2개의 각기 다른 금속판을 결합하는 행위와 마찬가지로, 동물의 조직 속에 있는 선천적인 "동물 전기"를 활성화한다. 그의 추측에 따르면 이러한 형태의 전기가 본질적으로 근육을 움직이는 것이며, 신경은 이 전기가 흐르는 관이었다. 생명의 본질은 전기였다. 살아 있다는 것은 전기적 불균형 상태에 있다는 것이었다. 전기 활동은 오직 죽은 다음에야 끝난다.

광란의 실험이 잇따라 행해졌다. 전기 쇼크를 기반으로 하는 치료법이 모든 종류의 마비성 증상을 앓고 있는 환자들을 대상으로 급속도로 유행하기 시작했다.[2] 동물의 조직에서 전기가 일으키는 반응을 묘사하기 위해서 갈바니즘(galvanism, 생물학에서는 '전기 자극에 의한 근육의 수축'이라는 뜻으로 쓰인다/역주)이라는 단어가 만들어졌다. 이 단어를 만든 사람은 다름 아닌 알레산드로 볼타로, 갈바니와 같은 시대에 살았던 학문적 적수였다. 이들은 서로를 모범적인 협력관계로 대한 듯하지만, 실험체를 관통하는 전기 자극의 성질에 대해서는 의견 대립을 보였다. 볼타는 갈바니의 의견에 반대하면서, 전기는 프랭클린이 과거에 입증했듯이 정상적 전기 한 종류밖에 없으며 신경은 이 정상적 전기의 통로라고 단언했다. 이것은 정확한 주장이었다. "동물 전기" 같은 것은 존재하지 않으며, 신경을 따라서 흐르는 전기 "유체"가 있을 뿐이었다(전자는 1897년에 가서야 발견되었다).

볼타는 2개의 결합된 금속이 전기 유체의 흐름을 만든다는 갈바니의 발견을 이용해서 오늘날 우리가 전지라고 부르는 장치를 발명했다. 그는 소금물에 적신 천을 사이사이에 넣으면서 구리판과 아연판을 교대로 쌓은 뒤에 맨 위와 아래를 전선으로 연결해서 거기에 전류가 흐른다는 것을 보여주었다. 이 놀라운 발명품은 곧 볼타 전지라는 이름으로 불리게 되었다. 이것이 공급하는 지속적인 전류 덕분에 전기에 대한 연구가 매우 쉬워졌고, 물질의 신비한 전기적 속성에 관심을 가진 물리학자들에게 새로운 연구의 장이 열렸다. 어떤 비밀스러운 힘들이 물질의 미세 구조 속에 숨어 있을까? 전기는 삶과 죽음에 어떤 관련이 있을까? 생명은 전기적 불균형 상태일까? 신경이 전기의 도관이고, 이것이 거꾸로 된 나무의 가지처럼 뇌에서 갈라져나온다면, 애초에 뇌는 어떻게 전기를 만들까?

이러한 것들이 1800년대 초의 최첨단 연구에서 규명하려고 한 의문들이었다. 기대도 컸고 두려움도 컸다. 과학자들이 생사(生死)의 파악하기 어려운 경계를 탐구해야 할까? 인간이 죽음을 정복하고 영원히 살 수 있게 될까? 혹은 어떤 질문들은 인간의 질문 영역의 너머에 존재하는 것일까? 과학적인 연구에 제한을 두어야 할까?

1815년 3월 6일에 메리 고드윈은 신생아 딸을 잃었다. 몇 주일 일찍 태어난 조산이었다. 그로부터 몇 개월간 죽은 아기의 영상이 그녀를 사로잡았다. 메리는 죽은 아기를 불 앞에서 힘차게 문질러서 다시 살려내는 꿈까지 꾸었다. 당시에 그녀는 사회통념에 어긋나게 기혼인 시인 퍼시 셸리와 동거하고 있었고, 그가 별거 중인 아내와의 사이에 아들이 탄생해서 기뻐하는 모습을 견뎌야 했다. 상처에 모욕을 더하는 꼴이었다! 그래도 셸리에 대한 사랑은 깊어만 갔고, 그녀는 드디어 1816년 초에 아들을 출산했다. 그해 여름, 그들은 스위스 제네바 호숫가에 있는 시인 바이런 경의 별장 근처로 휴가를 갔다. 지루한 비 때문에 셸리 커플과 바이런은 며칠을 내리 실내에 갇혀 있어야 했다. 그들은 갈바니즘 그리고 죽은 물질을 다시 살려냈다는 이래즈머스 다윈(찰스 다윈의 할아버지)의 주장(혹은 세평?)에 대해서 이야기를 나누었다. 바이런은 놀이삼아서 그들 각자가 유령 이야기를 한 편씩 쓰자고 제안했다. 나중에 메리는 자신이 그 과제를 해내기 위해서 얼마나 애를 썼는지를 다음과 같이 회상했다. "나는 스토리를 생각해내려고 머리를 싸맸다……. 우리의 본성에 있는 신비한 두려움에 말을 걸고 오싹하는 공포를 일깨우는 스토리." 하지만 메리가 아무리 애를 써도 줄거리는 떠오르지 않았다. 어느 날 밤 침대에 누워 있던 그녀는 환상을 보았다.

나는 사악한 기술을 연구하는 창백한 얼굴의 학생이 자신이 조립한 물체 옆에 무릎을 꿇고 있는 것을 보았다. 어떤 남자의 소름 끼치는 망령이 몸을 뻗고 누워 있었다. 그리고 그때 어떤 강력한 엔진이 작동하자 이것은 생명의 조짐을 보이더니 반쯤 살아 있는 듯한 어색한 몸짓을 했다. 그것은 소름 끼치는 장면이어야 했다. 인간의 노력으로 창조주의 불가사의한 메커니즘을 조롱한 결과는 지

극히 소름 끼칠 것이기 때문이다. 그 기술자는 자신의 성공에 겁을 집어먹을 것이다. 공포에 질린 그는 자신의 추악한 공작품으로부터 급히 달아날 것이다. 그는 자신이 소통했던 미약한 생명의 불꽃이 그냥 방치해두면 꺼져버리기를 바랄 것이다.[3]

문학사의 위대한 고전 하나가 이렇게 해서 태어났다. 『프랑켄슈타인 : 현대의 프로메테우스(*Frankenstein : Or, the Modern Prometheus*)』는 1818년에 출간되었다. 이 소설은 할리우드에서 1931년에 영화화되어서 유명해진 버전과는 거리가 멀다. 영화에서는 보리스 칼로프가 그 "피조물"의 역을 맡았다. 메리 셸리의 "소름 끼치는 망령"은 정신장애가 있는 살인마 괴물이 아니었다. 시체들의 신체부위 여기저기를 모은 뒤에 "생명의 불꽃"에 의해서 살아난 존재이기는 했지만, 이 괴물은 매우 세련된 피조물이었다. 자신이 스스로에게 읽기와 쓰기를 가르쳤다. 그가 자신의 창조자에게 원한 것은 오직 배우자뿐이었다.

나는 나와 성(性)이 다르지만, 나만큼 소름 끼치는 또다른 피조물을 요구한다. ……우리가 온 세상과 단절된 괴물이 되리라는 것은 사실이다. 하지만 그 점 때문에 우리는 서로에게 더 많은 애착을 느낄 것이다. 우리의 삶은 행복하지 않겠지만, 남에게 해롭지도 않을 것이고, 내가 지금 느끼고 있는 비참함에서 자유로울 것이다. 나의 창조주여, 나를 행복하게 해달라……. 나의 요청을 거부하지 말아달라!

자신이 괴물 한 종족을 만들게 되리라는 공포에 질린 빅터 프랑켄슈타인은 이를 거부한다. 그리고 이야기는 비극으로 바뀐다. 소설의 부제에 모든 것이 들어 있다. 불사의 존재인 프로메테우스는 제우스에게서 불을 훔쳐 인간에게 준다. 그는 그 죄로 바위에 쇠사슬로 묶인 채, 영원토록 독수리에게 간을 쪼아 먹히는 형벌을 받는다. 메리 셸리는 교훈적인 공상과학 이야기를 썼다. 이 교훈은 특히 오늘날에 잘 맞는다. 유전공학, 즉 생명을 통제할 힘을 가진 최신 과학의 현대적 버전이 가진 윤리적 함의에 관해서 오늘날 진행되고 있는 토론들이 그 적용분야이다.

처음 『프랑켄슈타인』을 읽었을 당시에 나는 열네 살이었다. 그때 내가 자신의 피조물을 저버린 박사에게 느꼈던 분노는 지금도 생생하다. 괴물은 자신을 창조해달라고, 소름 끼치는 형상으로 만들어달라고 요구한 일이 없다. 과학자는 자신의 피조물을 무시할 수 없다. 언제까지나 그렇다. 그리고 과학자는 자신의 작업이 가지는 도덕적, 윤리적 함의가 좋은 것이든 나쁜 것이든 간에 언제나 이와 직면할 준비가 되어 있어야 한다. 원자력— 정말 위험한 종류의 불꽃— 의 이용과 오용은 가장 뚜렷한 사례이다. 이 주제에 대해서는 많은 문헌이 있는데다 이 책의 탐구 대상도 아니다. 과학 자체는 창조도 파괴도 하지 않는다. 그것을 실행하는 것은 우리 인간들이다.

10대에 프랑켄슈타인을 읽은 것은 20세기 후반에는 사라진, 빅토리아풍의 자연철학자가 되리라는 나의 환상을 더욱 부추겼다. 1979년에 리우의 가톨릭 대학교 물리학부에 들어갔을 때, 나는 낭만주의적 과학자, 턱수염, 파이프 등의 화신이었다. "영혼의 존재에 대한 조사"를 위한 나의 실험을 떠올리면 지금도 부끄럽다. 나는, 만일 영혼이 존재한다면 하고 추론했다. 그것이 뇌에 생명을 불어넣을 능력을 가지려면 모종의 전자기적인 속성을 갖추어야 한다. 병원 한 곳을 설득하면 죽어가는 환자 주위를 전류계, 자력계 등 전자기 활동을 측정할 도구로 둘러쌀 수 있지 않을까? 그러면 생명이라는 불균형이 종료되고 죽음이라는 최종 평형이 찾아오는 순간을 탐지할 수 있지 않을까? 물론 측정 도구들은 극도로 민감해야 한다. 정확히 죽음의 순간에 일어나는 아무리 사소한 변화라도 포착할 수 있으려면 말이다. 추가로, 죽어가는 환자는 극도로 정밀한 저울 위에 있어야 한다. 혹시 영혼에 무게가 있을 경우에 대비해서이다. 어느 교수님에게 나의 아이디어를 설명한 것이 기억이 난다. 아마도 그 교수님은 내가 들었던 전자기학 수업에서 와인버그의 『최초의 3분』을 읽기를 권했던 그 카르네이로 교수님이었을지도 모르겠다. 교수님이 정확히 뭐라고 하셨는지는 생각나지 않지만, 낮은 톤으로 불신감을 표시했다는 것은 기억한다.

물론 나는 스스로의 "실험 신학" 외도에 대해서 절반쯤만 진지한 자세였다. 하지만 나의 나머지 절반인 빅토리아풍의 괴짜 입장에서는, 나보다 앞서 이러한 실험을 수행한 한 사람의 전임자가 있었다고 이야기할 수 있어서 기쁘다. 1907년에 메사추세츠 하버힐의 의사 덩컨 맥두걸은 영혼의 무게를 재기 위한 일련의 실험을 수행했다. 그의 방법론은 매우 의심스러운 것이었지만, 그 실험 결과는 「뉴욕 타임스」에 실렸다. 신문의 제1면 톱 기사의 제목은 "영혼은 무게가 있다고, 의사는 생각한다"("Soul has weight, physician thinks")였다. 그 무게는 21.3그램으로 나타났다. 이 선량한 의사가 조사한 한 줌의 죽어가는 환자들 사이에 약간의 변이는 있었지만 말이다. 맥두걸은 대조 집단으로 죽어가는 개 15마리의 무게를 쟀고, 개들은 죽는 순간에 무게 변동이 없음을 확인했다. 그는 그 결과에 전혀 놀라지 않았다. 무엇보다 영혼은 오직 인간에게만 있는 것이니까.[4]

38
무생명에서 생명으로 : 첫 단계

많은 사람들이 과학은 자연의 가장 깊은 미스터리를 파헤칠 수 있는 능력이 있기 때문에, 결국 종교의 종말을 가져올 것이라고 믿고 있다. 소설 『프랑켄슈타인』은 이 같은 믿음과 죽음에 대한 인간의 공포를 효과적으로 결합해서 잘 활용한 책이다. 나는 죽은 사람을 전기를 이용해서 살려내려는 진지한 실험에 대해서 아는 바가 없지만, 문서화되지는 않았다고 할지라도 그러한 실험이 얼마쯤은 있지 않았을까 생각한다. 멈추었던 심장이 심장 세동제거기의 전기 방전 덕에 다시 뛰는 것을 볼 때마다, 우리는 갈바니즘의 메아리를 듣는다.

생명과 전기의 깊은 관계를 찾아보아야 할 곳은 생명이 끝나는 지점 ─ 죽은 사람을 살리는 일 ─ 이 아니라, 생명이 시작하는 지점이라는 사실이 드러났다. 1952년에 시카고 대학교의 화학과 대학원생 한 사람이 야심 찬 실험을 하겠다며 노벨상 수상자인 그의 지도교수에게 허락을 구했다. 스탠리 밀러는 생명이 탄생하기 이전의 지구 대기를 재현해서 시험관에 넣은 뒤, 여기에 전기 충격을 주고 싶어했다. 불꽃이 일어나는 방전은 초기 지구에서 흔했던 것으로 여겨지는 활발한 화산활동과 폭풍 발생 시의 강력한 번개를 재현한다는 의미가 있었다. 밀러는 플라스크(시험관보다 훨씬 더 크다)에 화학물질들을 집어넣었다. 지도교수 해럴드 유리는 초기 지구의 대기에 있었어야 한다고 믿었던 물질들인 물, 암모니아, 메탄, 수소의 혼합물 속에 전기를 흘려보내서 방전을 일으켰다.* 며칠 후, 밀러는 플라스크 바닥에 주황색의 걸쭉한 혼합물이 쌓이는 것을 알아차렸다. 그는 메탄을 구성하던 탄소의 10-15퍼센트가 이제는 유기 화합물(organic compound) 속에 들어 있는 것을 확인하고 흥분했다. 유기 화합물이란 탄소를 포함하며 생명체의 대부분을 만드는 화학물질이다. 유리와 밀러는 생명 이전의 무기 화합물 수프에 전기 방전을 가해서 생명체를 구성하는 물질을 창조한 것이다. 올바른 방향으로 진일보한 것이 확실했다.

이 실험은 많은 후속 실험들에 영감을 주었다. 그 결과들은 모두가 생명의 기원을 이해하는 데에 막대한 시사점을 던져주는 것이었다. 초기 지구의 여건을 달리 상정하는 보다 정교한 실험들이 이루어진 결과, 밀러-유리 유형의 실험에서 나오는 화합물도 바뀌었다. 일부 실험들에서는 에너지를 많이 내놓는 메탄과 암모니아를 풍부하게 넣지 않고, 대신에 이산화탄소와 순수 질소 가스를 넣었다. 그 결과 아미노산은 전혀 나오지 않았다. 다른 실험들에서는 화산 폭발 때에 다량으로 분출되는 황화합물을 추가한 결과, 다량의 아미노산이 생성되었다. 전기 방전을 자외선 복사로 대체하자 생성량은 각기 달라졌지만, 여전히 아미노산과 기타 유기 화합물이 만들어졌다.[5]

이 모든 실험들을 하나로 모아보면, 극히 중대한 결론에 도달하게 된다. 생명과 관련이 없는 무기 화학물질에서 시작해서 생명과 관련이 있는 유기 화합물을 창조하는 것이 가능하다는 것이다. 이는 생명이 없는 물질에서 생명이 있는 물질로 가는 복잡한 과정의 첫 단계에 해당한다. 이 과정은 자연 발생(abiogenesis), 무생물에서 생물이 태어나는 것이라고 불린다. 초자연적인 땜장이(수리공)를 논외로 하자면 달리 방법이 없다. 오늘날 우리는 생명으로 이어지는 사건의 연쇄가 우주에서 시작된다는 것을 알고 있다. 즉 죽어가는 별에서 융합된 화학원소들이 무기 분자들을 만들고 이것들이 합성되어서 유기 분자

---

* 이들 분자의 화학 구성을 살펴보자. 물(H_2O)은 수소와 산소, 암모니아(NH_3)는 질소와 수소, 메탄(CH_4)은 탄소와 수소이다.

가 될 수 있다. 만일 이들 유기 분자가 행성의 적당한 환경 속에 있다면, 복잡성이 증가하고 결국 일부가 합쳐져서 대사와 번식이 가능한 살아 있는 존재가 될 수 있다. 불균형은 생명의 사슬에서 각 단계의 고리가 생기게 하는 추동력이다. 즉 물질이 상호반응하고 복잡성이 증가해서 전하의 비대칭성을 중화시킨다.

무생명에서 생명에 이르는 이 같은 과정은 어디서, 어떻게 일어났을까? 우주의 다른 곳에서도 이 일은 되풀이되었을까? 아니면 지구에서만 특별히 일어난 일이었을까? 유기 분자는 지구뿐만 아니라 우주 공간 속에도 존재한다. 지구에 떨어진 운석들 속에서 많은 아미노산이 발견되었다. 약 140개의 유기 분자가 성간우주를 떠돌고 있는 것으로 확인되었다. 이들은 자외선 버전의 밀러-유리 실험에서 보듯이, 젊은 항성에서 나오는 자외선에 의해서 합성된 것으로 추정된다. 우주 공간은 생명 전구체의 용광로이다. 그러므로 우리는 생명을 이루는 기본 벽돌인 아미노산이 하늘에서 비처럼 쏟아졌을 가능성을 매우 현실성이 있는 것으로 간주해야 한다. 물론, 만일 생명이 우주에서 내리는 유기물의 빗방울을 이용해서 지구에서 합성되었다면, 우주의 다른 곳 어디에서나 똑같은 일이 일어났을 수 있다. 심지어 이미 생성된 살아 있는 존재가 지구에 비처럼 내렸을 것이라는 급진적인 제안도 있다. 이것이 범종설(汎種說, panspermia)이라고 알려진 개념이다. 원시 생명체나 그 전구체들이 바람에 날리는 씨처럼 우주를 여행한다는 것이다. 만일 이들 씨(포자라고 불릴 때도 있다)가 적절한 환경을 갖춘 세계에 우연히 떨어지는 경우에 이것은 싹을 낼 수 있다. 우리는 혼자일까, 아니면 생명으로 가득한 우주에 살고 있을까? 이 질문에 대한 답은 당신을 놀라게 할지도 모른다. 그것은 당신이 누구인지 그리고 미래에 당신과 인류에게 어떤 일이 일어날 것인지에 대해서 다시 생각해보도록 만들 것이다. 이를 당연한 것으로 받아들이고, 이제 출발점에서 시작해보자.

39
최초의 생명 : "언제"의 문제

지구상에 생명이 처음 출현한 시기를 추정하는 것은 간단한 문제가 아니다. 유기 물질은 죽으면 신속히 분해된다는 불편한 성질을 가지고 있다. 우리가 시신을 재빨리 매장하거나 화장하는 데에는 이유가 있다. 선사시대의 동물 화석은 유기물의 잔해가 돌로 변한 것이거나 그 모양이 바위에 찍힌 것이다. 이것이 유용하려면 시간에 따른 마모와 형태 변화를 견뎌내야 한다. 지질학자들에 따르면 고대 지구의 역사는 바위에 기록되어 있으므로, 초기 생명체에 대한 가장 신뢰할 만한 정보는 바위 지층에 대한 상세한 분석을 통해서 나타난다. 이 같은 접근법이 잘 작동하는 것은 상당히 최근, 다시 말해서 5억 년 전 이후 동물의 잔해를 찾으려고 할 때이다.* 문제는 초기, 특히 최초의 약 5억년 동안에 지구가 진짜 지옥이었다는 점이다. 행성이 형성되는 과정은 그리 부드럽다고 할 수 없다. 젊은 시절의 태양계는 파편들로 가득 차 있었다. 그중 일부는 서로 합쳐져 미행성체가 되면서 점점 커져갔고, 또다른 일부는 태양 주위를 도는 다소 안정적인 궤도에 자리를 잡았다. 직경 수 킬로미터짜리부터 미니 행성에 이르기까지 다양한 크기의 얼음덩어리, 바윗덩어리들이 있었다. 폭격이 상시적으로 일어났다. 이는 수성과 우리의 달 표면에 있는 크레이터들이 보여주는 바이다. 사실 현대 이론에 따르면, 달의 기원은 약 45억 년 전 지구가 형

---

* 지구의 나이가 약 46억 년(살)임을 상기하라.

성된 직후, 화성 크기의 행성과 대충돌을 한 사건으로 거슬러올라간다. 충돌이 한쪽으로 치우쳐서 일어나는 바람에 막대한 양의 물질이 떨어져나가서 지구 주위에 원반 모양으로 모이게 된 것으로 추정된다. 시간이 지나면서 원반 속의 물질이 뭉쳐서 우리의 은빛 위성이 되었다. 대참사급의 격렬한 충돌이기는 했지만, 달이 정말로 지구의 딸이라는 생각에는 어떤 서정적인 느낌이 있다. 지구와 충돌한 천체의 잔해도 적절히 포함되어 있기는 하겠지만 말이다. 달은 지구에서 뜯겨나간 갈비뼈이다.[6]

이처럼 격렬한 충돌이 다수 일어난 결과, 어린 지구는 자주 용융(鎔融) 상태가 되었다. 바위와 금속은 오랫동안 고체로 유지될 수 없었다. 일부가 덩어리지면서 식어서 고체화되는 조용한 기간이 있었다 싶으면, 곧바로 대규모 충돌이 일어나서 지구 전체 혹은 적어도 지구의 많은 부분을 부글부글 끓어오르는 용암 상태로 되돌려놓았다. 원시 바다에 존재했을 것으로 추정되는 물은 대부분 수증기로 변해서 대기 속에 들어갔을 것이다. 이러한 환경에서 생명, 적어도 생명의 유지는 불가능했다. 설사 상대적으로 조용한 시기에 분자 결합들이 유기적 복잡성을 띠는 쪽으로 방향을 잡았다고 해도 결합 자체가 오래 지속되지 못했을 것이다. 이 시기의 지구 역사를 더욱 파악하기 힘들게 만드는 요소가 있다. 기록을 남길 만한 바위가 존재하지 못했을 것이라는 점이다. 정확한 사건의 경과는, 그러한 조건 아래서도 어떻게든 생명이 출현했을 가능성을 포함해서, 앞으로도 파악되지 못할 가능성이 크다.

이 행성의 젊은 시절의 흥분은 결국 가라앉았다. 우주로부터의 폭격이 뜸해지기 시작한 시간이 정확히 언제인지에 대해서는 아직까지 논란 중이지만 약 39억 년 전 직후부터 세상이 조용해지기 시작했다는 점은 거의 틀림없다.* 땅

---

* 달에서 가져온 돌에 대한 분석과 태양계 형성 모형들을 기반으로 한 최신 연구들이 시사하는 바에 따르면, "가장 최근의 대폭격"은 약 39억 년 전에 일어났다. 이처럼 최근에 대폭격이 일어났다는 것이 확인된다면, 39억 년 전 이후 그렇게 이른 시기에 생명이 형성될 수 있었다는 것은

은 식었고 바위는 어느 정도 고체화되었고 단순한 유기 화합물이 얕은 연못들로 흘러들었고 생명 이전의 수프가 진지하게 발효하기 시작했다. 분자들이 흘러다니며 전기적 인력과 반발력의 춤을 추면서 서로 상호작용을 했다. 즉 생명의 안무가 시작되었다. 진흙의 표면, 조수의 밀물과 썰물, 물밑 열수(熱水) 분출공 역시 생명 구축에 도움이 되었을 수 있다. ("어디서"의 문제는 곧 다룰 것이다.) 생명 이전의 수프에서 생명이 출현하기까지 얼마나 많은 시간이 걸렸을까? 이와 관련해서, 지금은 고인(故人)이 된 생화학자 레슬리 오겔이 나에게 다음과 같이 말한 적이 있다. "그것은 올바른 질문이 아니다. 생명은 즉각 출현했다. 문제는 지구 역사상 얼마나 이른 시기에 생명이 유지되기 시작했느냐는 것이다." 그래서 "언제"의 문제는 다음과 같이 표현될 수 있다. 우리는 생명이 유지되기 시작했다는 것을 알려줄 최초의 증거를 폭격이 진정된 후 얼마나 이른 시기에서 찾을 수 있을까?

논란의 여지가 없는 증거로부터 시작하자면, 28억 년 전 생명의 흔적이 발견되었다. 얕은 물속에 형성된 스트로마톨라이트의 군집이 그것이다. 갈색을 띤 버섯 형상의 암석 구조가 층층이 쌓인 스트로마톨라이트는 미생물 잔해의 화석이다. 증거를 분석한 결과, 군집을 형성한 미생물은 광합성을 통해서 산소를 생성할 능력이 있는 시아노박테리아(남조류[藍藻類])였던 것으로 나타났다. 초기 지구에 출현한 시아노박테리아는 우리 행성을 급격히 변화시킨 것으로 생각된다. 즉 에너지를 공급하는 산소가 대기 중에 풍부해지도록 만든 것이 대체로 이들이었다. 이는 복잡한 구조의 생물이 나타나는 데에 막대한 의미

더욱 놀라운 일이 될 것이다. 물론 실제로 그랬을 가능성은 많지 않은 것으로 보이지만, 이 폭격 이전에 세상이 상대적으로 조용했고 물이 풍부했다면 생명은 그보다 더 이른 시기에 출현했고 그중 일부가 혼돈을 겪고도 살아남았을 가능성도 존재한다. 이 경우에 생명은 우리의 생각보다 더 오래된 것일 터이다. 또다른 가능성도 있다. 생명이 나타나고 멸절되는 일이 여러 차례 되풀이되다가 38억 년 전 이후의 어느 시기에 마침내 지속되었다는 것이다. 생명이 언제 탄생했든지 간에, 우리는 여전히 어떻게 탄생했는지를 알아야 한다.

를 가지고 있다. 이 문제는 나중에 좀더 논의할 것이다. 당장은 시간을 거슬러 오르는 데에 관심을 두도록 하자. 오스트레일리아에서 발견된 스트로마톨라이트는 약 35억 년 된 것이다. 이 속에 초기 생명체의 흔적이 들어 있음은 널리 받아들여지고 있다. 처음에는 이것들 역시 시아노박테리아 때문에 만들어진 것이라는 주장이 나왔지만, 오늘날에는 그리 인기가 없는 해석이다. 그 대안으로 나온 설명에 따르면, 이것들은 물속의 열수 분출공 주위에 살았던 어떤 원시 미생물의 잔해이다. 어느 것이 옳든지 현재의 증거로 보아서 생명의 기원은 약 35억 년 전으로 거슬러올라갈 수 있다. 이보다 더 이른 시기로 올라갈 수도 있을까?

그린란드 서부의 아킬리아 섬에서 나온 38억5,000만 년 전의 암석 표본에 원시 생명체의 흔적이 들어 있다는 주장에 대해서는 아직도 많은 논쟁이 벌어지고 있다. 여기서 증거라고 하는 것은 탄소의 동위원소인 C-12와 C-13(핵 속의 중성자가 차례로 6개, 7개이다)의 비율이다. C-13보다 가벼운 C-12의 비율이 상대적으로 과다하다는 것은 생물학적 활동이 있었다는 것을 의미할 수 있다. 생화학 과정은 에너지 절약을 선호하기 때문에 둘 중 가벼운 쪽을 원료로 사용한다. 그리고 이용 가능한 표본에서 이 같은 과다 현상이 측정된 것 같다는 것이다. 하지만 유기적 생명의 존재와 무관한 다른 설명도 가능하기 때문에 이 문제는 아직 해결되지 않았다. 만일 이것이 옳은 것으로 확인된다면, 그린란드 암석은 생명의 기원을 대폭격 말기에 감질날 정도로 가까운 시기까지 밀어 올릴 수 있게 한다. 이는 생명은 여건만 주어지면 아주 빠르게 출현한다는 주장에도 힘을 실어준다. 만일 이것이 사실이라면 생명은 우주에 상당히 널리 퍼져 있어야 마땅할 것이다.

2008년, 이보다 더 이른 시기의 생명체 표지를 발견했다는 주장이 나왔다. 오스트레일리아의 웨스턴오스트레일리아 주(州)에서 발견된 표본은 어떤 암석도 남아 있지 못할 정도로 이른 시기의 지구에서 기인한 것이다. 대신에 위에서 언급한 탄소 동위원소의 과다가 측정된 곳은 엄청나게 단단한 지르코늄 결정 속에 갇힌 흑연과 다이아몬드의 미세한 조각들 속이었다. 이 표본의 연대는 42억5,000만 년 전에 이른다. 하지만 비생물적 메커니즘으로도 동위원소 과다를 설명하는 것이 가능한 것은 역시 마찬가지이다. 지금 이 글을 쓰는 시점에서는 어느 쪽의 주장이든 결정적인 것으로 보지 않고, 생명이 탄생한 시기가 35억 년 전 이후는 아니라고 해두는 것이 신중한 태도일 것이다. 그보다 이른 시기에 생명이 기원했을 수도 있지만, 지금으로서는 확신할 수 없다. 심지어 생명이 여러 차례 출현했다가 사라지기를 거듭했으나 전혀 흔적을 남기지 않았을 가능성도 있다. 아마도 초기 지구에 정확히 무슨 일이 일어났는지에 대해서는 결코 알 수 없을 것이다. 과학의 한계란 그런 것이다. 즉 우리가 아는 것은 오직 우리가 측정할 수 있는 것뿐이다. 그러나 최근의 대폭격이 있었든 없었든 간에, 현재 우리 손에 있는 믿을 만한 증거들은 다음과 같은 사실을 증명하고 있다. 생명은 폭격이 상대적으로 조용했던 몇억 년 되지 않는 기간 동안에 출현했다. 지구의 나이가 45억4,000만 년(살)임을 생각하면, 그리 긴 기간도 아니다. 최초의 생명은 재빨랐다.

40
최초의 생명 : "어디서"의 문제

내가 열다섯 살 때 루이즈 형은 그가 선택한 자연보호 구역으로 나를 데려
갔다. 리우에서 남쪽으로 약 90분 거리에 있는 열도의 섬 아이타쿠루사
였다. 당시 사람이 거의 살지 않던 이곳은 리우와 상파울루를 잇는 연안에 줄
지어 선 100개의 섬들 중의 하나였고 남회귀선에 바로 인접해서 자리잡고 있
었다. 젊은 시절의 찰스 다윈은 『비글 호(號) 항해기(*Voyage of the Beagle*)』의
1832년 4월 8일자에 이 지역의 매력을 완벽하게 묘사해놓았다.

쁘라야 그랑지(Praia Grande) 뒤편 언덕들을 통과하면서 보는 전망이 가장 아
름다웠다. 색채는 강렬했고 연한 남색이 주조를 이루었다. 만(灣)의 잔잔한 물
과 하늘은 서로 경쟁적으로 자신들의 화려함을 뽐냈다. 시골 경작지 몇 군데를
통과한 우리는 숲에 들어섰다. 모든 지역이 비길 데 없이 장엄한 숲이었다.

"가장 아름다운", "화려함", "장엄한" 등은 투명한 열대의 바다와 무성한 정글
이 합류하는 이 지점의 장관(壯觀)을 나타내기에 딱 알맞은 표현이다. 어느 곳
이나 생명이 폭발적으로 자라고 있었다. 나무들은 난초와 덩굴식물들로 뒤덮
여 있었고 꽃과 이국적 과일이 잔뜩 달린 가지들은 무겁게 휘어져 있었다. 크
고 작은 형형색색의 새들이 있었다. 거미와 딱정벌레, 붉은색을 띤 커다란 머리
가 달린 개미, 작은 머리가 달린 개미가 엄청나게 많았다. 물속에는 모든 종류

의 생선, 새우, 게가 살고 있었다. 밤이면 현지인들이 아르헨티나라고 부르는 발광성 플랑크톤이 내는 괴상한 은빛 때문에, 부드럽게 흔들리는 파도가 살아 있는 것처럼 보인다. 바다는 거대한 생명체처럼 몸을 뒤챈다.

루이즈 형은 말했다. "여기야, 마르셀로. 이 바위에 앉으렴. 잠깐 명상을 해봐. 눈을 감고 영혼을 개방해. 삶을 느껴봐!"

"고래 바위"라고 불리는 그곳의 전망을 나는 마치 어제 일처럼 생생하게 기억한다. 그때로 다시 돌아갈 수만 있다면. 모래 위에 약 4.6미터 높이로 서 있던 둥근 화강암 바위는 불과 수백 미터 앞의 수많은 섬들을 마주보고 있었다. 바위 위로는 연노란색 꽃이 핀 아카시아(한국에서 흔히 아카시아라고 부르는 것은 실상 '아까시' 나무로 별개의 종이다/역주) 가지들이 지붕처럼 그늘을 드리웠다. 앞쪽 바다에서는 새우를 쫓는 한 무리의 농어가 수면을 어지럽히고 있었다. 열대 브라질의 표지종인 노란배딱새 한 마리가 만트라 주문 같은 곡조로 짝을 찾는 노래를 하염없이 불렀다. 나는 매혹되었다. 잠깐 명상을 하고 나자, 내적 자아가 풍경 속으로 녹아드는 것을 느꼈다. 생명의 강력한 힘이 나의 존재 전체를 장악했다. 나는 생명과의 교감을 경험했다. 완전히 새로운 차원의 깊고도 신성한 느낌이 다가왔다. 인간의 차원을 벗어난, 신비주의자들이 흔히 심령적이라고 말하는 교감이었다. 그로부터 몇십 년이 지난 지금도 나는 그 짧았던 초월의 순간을 잊지 못한다. 눈을 감고 당시의 마술적인 풍경을 떠올리려고 하면, 등골이 오싹하는 전율을 느낄 수 있다. 생명은 자연의 성지에서 예배를 드린다. 과학은, 적어도 내가 보는 바의 과학은, 그 사원으로 당신을 인도하는 문의 일종이다.

"그만하면 충분해, 마르셀로. 이제 산책을 좀 하자." 형은 나를 다시 지상으로 돌아오게 만들었다. 우리는 섬을 한 바퀴 도는 좁은 오솔길을 택했다. 해변과 숲을 가로지르는 길에서 본 경치는 오래 전 다윈이 목격한 것과 그리 다르지 않았다. 우리는 어느 지점에서인가 멈추어 서서 혼탁한 웅덩이 하나를 살펴보았다. 젤리 비슷한 끈적하고 노란 물질이 가득 차 있었다. 루이즈 형은 이렇게 말했다. "이것이 생명의 물질이야. 생명은 모두 이 비슷한 것에서 나왔지." 나는 분자들이 합쳐져서 생명이 있는 존재가 되려는 장면을 상상하려고 애쓰면서, 막대기로 그것을 쿡쿡 찔러보았다. "무엇인가가 살아 있는지를 어떻게 알 수 있어?" 내가 물었다. "좋은 질문이야." 형이 대답했다. "어쩌면 언젠가 너는 그걸 알아보려고 할 수도 있을 거야." 그러기까지는 여러 해가 걸렸다. 그래도 형, 지금 나는 그걸 알아보려고 하고 있어.

생명의 기원에 관한 모든 논의에는 생명이란 무엇인가를 정의하는 문제가 포함되어 있다. 이것은 쉬운 문제가 아니다. 과학자들이 조작적 정의라고 부르는 것이 있다. 그것이면 출발점으로서 충분하다. 예를 들면 "생명은 질척질척한 무엇이다"라는 정의를 보자. 그리 과학적이지는 않지만, 많은 경우에 쓸모가 있다. 특히 놀이터나 여름 캠프에서 어린이들이 벌레를 잡으러 돌아다니거나 벌을 피해서 도망갈 때에 그렇다. 이보다 더 깊이 들어가면, 이렇게 말할 수 있다. "생명은 환경으로부터 영양을 추출하고 번식하는 하나의 화학 반응 네트워크이다." 조금 개선되기는 했지만, 살아 있는 것이 모두 번식하는 것은 아니다. 아기나 노인, 불임 클리닉을 보면 알 수 있다. 그래서 좀더 세련된 정의가 필요하다. 즉 생명은 번식 능력을 갖추고 환경에서 영양을 추출할 능력이 있는 자율적인 화학 반응 네트워크이다. 이 정의도 완전하지는 않지만, 우리의 목적에는 부합한다. 바이러스나 기괴한 프리온 단백질은 단순한 복제자로만 보아서 이 정의에 포함시키지 않을 수 있다. 각각 숙주세포나 단백질의 복제 물질을 인수한 다음에만 번식이 가능하기 때문이다. 이것들은 생명체 내부에 있을 때에만 살아 있다. 생명의 기원을 찾으려면, 숙주에 우선적인 초점을 맞추는 것이 논리적인 관점이다. 기생생물은 스스로의 존재를 위해서 다른 살아 있는 숙주가 먼저 있어야 하기 때문이다.

고딕체로 쓰인 위의 정의는 생명이 매우 큰 제약을 가진 시스템임을 의미한다. 설사 우리가 생명의 가능성을, 그럴싸한 생화학적 과정의 극단으로까지 밀어붙이더라도 그렇다. 무엇보다 먼저 첫째, 생명은 적절한 화학물질을 필요로 한다. 생명의 기원을 이해하려면 우리는 이들 화학물질이 무엇이고 어디서 왔는지를 알아내야 한다. 이는 다음에 다룰 "어떻게"의 문제와 관계된다. 둘째, 생명은 적절한 환경 조건을 필요로 한다. 구체적으로 말하자면, 우리가 아는 바의 생명은 액체 상태의 물과 온기를 필요로 한다. 화학 반응은 다양한 원자와 분자가 확산되어서 서로 만날 때에 일어난다. 이를 달리 표현하자면, 원자와 분자는 음전하와 양전하가 항상 대칭적으로 분포되어 있지는 않은, 물질의 작은 조각이라고 생각해볼 수 있다. 이러한 비대칭적 전기의 꾸러미들은 기회가 있으면 서로 결합해서 전하의 비대칭성을 최소화하려고 들 것이다. 보편적인 용매(溶媒)인 물은 원자와 분자의 이 같은 만남을 매개해준다. 물은 특정한 온도와 압력의 범위 내에서만 액체일 수 있기 때문에 생명의 가능성도 이와 똑같은 범위 내로 제한된다. 지구의 지표면에서 그 범위는 섭씨 0-100도, 즉 물이 액체 상태인 온도이다. 물론 0도 이하에서도 살아남고 성장하는 박테리아도 일부 있고, 85도에서도 생존할 수 있는 "극단적인 호열성" 박테리아도 있다. 압력이 더 높은 깊숙한 땅속이나 깊은 바닷속의 암반 내부에 있는 박테리아는 100도가 넘는 온도에서도 성장할 수 있다. 이 같은 박테리아의 허장성세에도 불구하고, 115도가 생명이 살 수 있는 온도의 절대적 상한인 것으로 보인다. 고온은 생명을 가능하게 해주는 분자 결합을 깨트리는 경향이 있다. 즉 원자들이 풀려나서 제 갈 길로 가는 것이다.

물론 용매로서의 물이 없거나 탄소를 기반으로 하는 화학물질이 없이도 생명이 존재할 수 있다는 것도 생각할 수 없는 것은 아니다. 용매는 액체 암모니아가 될 수도 있고, 기반이 되는 화학물질이 규소일 수도 있다. 설사 그렇다고 할지라도, 생명이 살 수 있는 온도의 범위는 위에서 기술한 것과 크게 다르지는 않을 것이다.*

이러한 논의는 "어디서"의 문제에 대한 접근을 더 쉽게 만들어준다. 설사 극한 미생물, 즉 극단적인 온도, 산도, 알칼리도, 압력하에서 사는 미생물을 고려해도, 최초의 생명은 액체 상태의 물이 필요했다. 그렇지만 물이 너무 많으면 화학물질이 희석되고 따라서 서로 만나서 상호작용을 하기가 힘들어진다. 아마도 수심이 얕은 조그만 연못이 화학물질이 충분히 농축될 환경을 제공해 모든 일이 계획대로 진행되었을 것이다. 즉 그곳에서 반응이 시작되고 분자들이 점점 복잡해진 끝에 마침내 환경으로부터 에너지를 추출해 활동을 계속할 능력을 갖춘, 자기 유지적 반응 네트워크로 변했다. 어느 시점에서 서로 반응하는 화학물질들 주위에 막이 자라나서 원시적 세포인 원형세포(原形細胞, protocell)가 만들어졌다. 반투과성 막으로 화학물질들을 격리한 결과, 반응이 왕성해질 수 있었다. 그리하여 최초의 단세포 유기체인 원핵생물이 탄생했다.[7]

2009년에 대학원생 제자인 세라 워커와 공동으로 발표한 논문에서, 우리는 매우 단순한 화학적 네트워크 내에서 최소한 원리적으로는 다음과 같은 사실이 가능하다는 것을 보여주었다. 순수한 화학 반응에서 출발해서, 하나의 단순한 막으로 외부와 분리된 화학 반응 시스템으로 이행할 수 있다. 우리의 이론 모형은 화학을 이용해서 살아 있는 세포를 창조한 것과는 거리가 멀지만, 그럼에도 불구하고 이것은 화학에서 생물학으로 나아가는 그럴싸한 단계를 제시한다. 이는 생명의 기원에 대한 "상향식" 접근법이라고 불릴 수 있을 것이다. 가장 근본적인 수준에서 본다면, 생물학은 어떤 의미에서 살아 있는 화학이라고 할 수 있기 때문에, 자기 조직화하는 화학 네트워크는 세포막이 일석

---

* 암모니아는 영하 33.34도에서 끓기 때문에 이것이 액체 상태로 유지되려면 온도가 충분히 낮거나 압력이 충분히 높아야 한다. 규소는 탄소와 마찬가지로 다른 원자와 공유 결합을 할 수 있는 4개의 빈자리를 갖추고 있다. 하지만 실리콘 원자는 크기가 더 커서 화학적 공격에 더 취약하다. 그 결과, 실리콘 기반 생화학은 탄소 기반 생화학보다 훨씬 더 빈약하다.

이조의 해결책임을 우연히 깨달았을 것임에 틀림없다. 세포막은 환경으로부터 에너지와 영양소를 추출할 수 있으며, 외부의 공격으로부터 보호해준다. 벽은 두꺼우나 창이나 문이 없는 성은 강한 요새이지만, 그 안의 사람들은 오랫동안 생존하지 못한다. 부서지기 쉬운 벽을 가진 성은 쉽사리 함락당한다. 최고의 성은 방어력과 접근성 사이에 균형을 취할 수 있는 구조를 갖춘 성이다. 세포막은 이와 같은 방식으로 작동한다.

지난 수십 년간 과학자들은 최초의 생명에 이르는 원시적 화학 반응이 일어났을 법한 후보지를 많이 제시했다. 초기의 지구에는 아마도 진흙이 풍부했을 것이고 이것은 특정한 종류의 화학 결합을 촉진하는, 화학 반응의 기판 역할을 했을 수 있다. 예를 들면 모래톱 등이 만(灣)의 입구를 막아서 만들어진 얕은 석호(潟湖)를 생각해볼 수 있다. 유기 분자가 풍부한 이 짠물 호수의 물이 증발하고 나면, 고농축 유기물이 진흙 속에 남는다. 또한 밀물과 썰물이 진흙을 규칙적으로 젖었다 마르게 만들어서, 보다 큰 복잡성을 향해서 진화하는 데에 필요한 화학 반응을 촉진했을 수 있다. 그러나 초기 지구의 조수 간만을 평온한 과정으로 생각해서는 안 된다. 오히려 오늘날보다 훨씬 더 격렬했다. 조석(潮汐)이 발생하는 것은 지구와 달, 태양의 상호인력 때문이라는 점을 상기하자. 중력의 인력은 거리의 제곱에 반비례한다. 초기에 달은 지금보다 훨씬 더 가까웠기 때문에 당시의 조석력은 지금보다 훨씬 더 강력했다.* 지구를 물로 둘러싸인 구라고 생각해보면, 달을 향한 쪽은 그 반대편이나 지구 중심

---

* 덧붙여 말하자면, 초기의 달과 지구가 겪은 막대한 조석 변형은 이들이 초기에 가졌던 자전 에너지 중에서 많은 부분을 사라지게 만들었다. (지구와 달을 변형시킨 에너지의 일부는 이들의 자전운동에서 온 것이다.) 그 결과, 지구의 자전 주기는 오늘날 24시간에 약간 못 미치는 수치로 줄어들었다. 질량이 더 작은 달은 자전이 느려지다가 결국 멈추었고(slowed down to a halt), 그 후 지금까지 똑같은 한쪽 면만을 우리에게 보여주고 있다(이는 저자의 착각으로 보인다. 달은 지구의 조석력 때문에 자전 주기가 느려져서 공전 주기와 같아졌기 때문에 지구에 한쪽 면만 보이는 것이다/역주).

에 비해서 달과의 거리가 가깝기 때문에 더 강한 인력을 받게 된다. 형태가 쉽게 바뀌는 속성을 가진 물이 달 쪽으로 더 많이 끌려가기는 하지만, 지구 표면 역시 달을 향해서 끌려간다. 오늘날은 달이 예전보다 멀리 있고 지구가 더 단단한 상태이기 때문에, 지각은 약 25센티미터밖에 변형되지 않고 조수도 평균 4분의 3미터밖에 오르내리지 않는다. 그러나 지구가 탄생한 후 최초의 수억 년간, 달은 훨씬 더 가까웠으며 지구는 아직 용융 상태였다. 당시 지각은 60여 미터씩 부풀어올랐다 가라앉곤 했고, 바다는 (만일 존재했다면) 조수 때마다 200미터씩 오르내렸을 것이다. 세월이 흐르면서 달은 바깥쪽으로 이동했고, 지구는 식어서 단단해졌다.[8] 하지만 우리가 최초의 생명이 형성되었으리라고 예상하는 시기인 38억 년 전–35억 년 전에는 조수가 해수면을 크게 오르내리게 만들었다. 당시의 섬들은 주기적으로 물에 잠겼을 것이다.

한편 바다 깊은 곳의 열수(熱水) 분출공들은 지구 내부에서 나온 뜨거운 물질들을 주위에 흩뿌렸다. 오늘날 우리는 어둡고 산소도 없는 물속의 화구구(火口丘, volcanic cone, 화산의 화구에서 분출한 용암이나 파편 등이 주위에 퇴적되어 형성된 산이다/역주) 주위에 생명이 번성하고 있음을 알고 있다. 이 같은 발견은 많은 사람들로 하여금 생명이 그처럼 극단적인 환경 주위에서 처음 생겨났을 가능성을 고려하게 만들었다. 이러한 일이 일어나려면 적절한 화학물질들이 적절한 농도로 존재했어야 한다. 이것은 감질나는 아이디어이다. 왜냐하면 설사 초기 지구에서 생명이 나타난 경로가 이와 달랐다고 할지라도, 우주의 다른 곳에서는 생명이 이와 어느 정도 비슷한 방식으로 태어났을 수 있기 때문이다. 다만 지구에서 이 같은 시나리오가 작동하기에는 화학물질이 충분히 고농도로 농축되는 문제를 포함해서, 실질적인 난관이 많은 것으로 보인다.

생명은 빛과 산소가 없는 그렇게 뜨거운 곳에서도 번성할 수 있을 정도로 강인했다. 이에 따라서 생명은 불과 몇십 년 전에 우리가 추측했던 것보다 더 보편적인 것일지도 모른다는 가능성이 열리게 되었다. 여전히 다윈의 "따스한 작은 연못"이 최초의 생명을 잉태하기에 가장 쉬운 장소일지는 몰라도, 최근의 연구는 뜻밖에 놀라운 일이 있었을 가능성에 대해서도 마음을 열어놓아야 한다는 것을 확인시켜주었다. 생명이 각기 다른 장소, 각기 다른 환경에서 출현했을 가능성은 얼마든지 있다. 만일 우리가 우주의 또다른 어딘가 ― 환경이 예나 지금이나 초기 지구와는 크게 다른 곳 ― 에 생명이 존재할 것을 기대한다면, 이 같은 "여러 장소" 접근법은 거의 필연이다. 우리는 지구상에서 생명 출현이 가능했을 후보지들 ― 연안의 따스한 연못, 진흙 광물, 해저의 열수 분출공, 해빙 형성 지역 ― 을 우주의 다른 곳에 존재할지도 모를 생명체 유형을 위한 소규모 실험실로 생각해야 마땅하다. 유일한 생명의 기원이 존재하는 것이 아니라, 그럴싸한 생명의 기원이 다수 존재하는 것이다.

이쯤에서 "어디서"의 문제를 끝내면서 이래즈머스 다윈의 장편 시집 『식물원(The Botanic Garden)』에 실린 시를 한 편 감상해보자. 젊은 찰스 다윈은 그가 태어나기 17년 전인 1791년에 발표된 할아버지의 유명한 시를 틀림없이 읽어보았을 것이다.

끝없는 파도 밑의 유기적 생명은
대양의 진주 동굴에서 태어나고 자랐네,
첫 형태는 미세하여 돋보기로도 안보이지만
진흙에서 꼬물거리고 속으로 뚫고 들어가네,
거기서 대를 이어 꽃피우고 번성하니
새로이 힘을 얻고 사지도 커지는구나,
수많은 식물이 무리지어 싹 틔우는 곳
지느러미, 다리, 날개 달린 것들이 숨 쉬는 세계에서.

다윈의 가계에는 진화적 아이디어가 흘렀던 것이 틀림없다.

234

41
최초의 생명 : "어떻게"의 문제

생명은 환원주의의 한계를 보여주는 뛰어난 사례이다. 모든 살아 있는 존재는 궁극적으로 화학 결합으로 뭉친 원자들의 총체이기는 하지만, 생명은 이런 식의 묘사로는 표현될 수 없는 무엇이다. 이보다 한 걸음 더 나아가서 생명을 네 가지 기본 힘을 통해서 상호작용하는 기본 입자들로 환원한다면, 이는 우스꽝스러운 짓에 가깝다. 통일론자들이 집착하는 만물의 이론은 생명의 작용에 대해서 할 말이 없다. 이들 대부분이 누구보다 먼저 이 사실을 인정할 것이다. 입자에서 시작해서 원자, 분자, 거대한 생체 분자, 대사(代謝)하고 번식하는 화학적 네트워크로 이어지는 길은 매우 혼란스럽다. 이 점은 노벨상 수상자 필립 앤더슨이나 생물학자 스튜어트 카우프만을 비롯한 많은 사람들이 지난 몇십 년간 분명히 밝혔다(뒤의 참고 문헌 목록에 몇 권의 책을 올려놓았다). 양자역학에서 사용되는 기법은 전자나 가장 단순한 원자, 이온들에는 성공적으로 적용되지만, 좀더 큰 원자나 복잡한 분자로 가면 쓸모가 없다.*

전에 살펴보았듯이, 원자와 분자는 전자 결합을 한다. 일부는 내놓거나 공유할 전하가 있고, 일부는 전하를 필요로 한다. 결합은 계의 에너지를 감소시

---

* 양자역학에만 모든 잘못이 있는 것은 아니다. 기술적인 지식이 풍부한 일부 독자들은 이미 알고 있겠지만, 심지어 고전역학에서도 상호작용하는 셋 이상의 물체의 운동은 정확하게 풀기가 불가능하다(삼체문제[三體問題]는 해법이 없다는 것이 수학적으로 증명되었다/역주). 이는 2개 이상의 전자를 가진 원자들의 움직임은 근사화 기법으로 연구해야만 한다는 뜻이다.

킴으로써 전하 불균형을 완화시킨다. 소득세법이 결혼한 커플에게 가장 유리하게 되어 있듯이, 따로 떨어져 있는 것보다 같이 있는 것이 대부분 에너지상 이득이다. (물론 화학은 미국 국세청과 달리, 결혼의 합법성 여부에 따라서 원자들을 차별하지 않는다.) 일반적인 의미에서, 화학은 전하 분포의 비대칭성을 완화하기 위해서 결합을 하고 싶어하는 물질의 욕구를 묘사한다. 생명은 이 같은 충동이 매우 복잡하게 나타난 것, 스스로를 재생산하는 불균형이다.

자연에 속한 것들은 변하지 않기 위해서 변한다. 인력과 척력의 균형이 맞아서 안정 평형을 이룬 계는 변하지 않는다. 설사 국지적 요동을 겪는다고 할지라도, 평균적으로는 과거와 마찬가지 상태이다. 당신은 이 책을 읽으면서 의자에서 몸을 약간 씰룩거릴 수는 있지만, 당신이 일어서기로 작정하지 않는 한 똑같은 자리, 지역적 균형점에 계속 앉아 있을 것이다. 좀더 정확히 말하자면, 안정적 균형 상태에 있는 계는 작은 교란에 영향을 받지 않는다. 즉 교란이 생겨도, 언제나 원래의 안정 상태로 되돌아온다. (마찰의 도움을 약간 받아서 그렇게 된다. 만일 마찰이 없다면 그것은 안정점 주위에서 계속 진동할 것이다.) 죽 사발 안에서 왔다 갔다 하는 구슬을 생각해보라. 조금 있으면 구슬은 사발의 가장 낮은 위치에서 정지할 것이다. 이와 대조적으로 불안정한 균형은 변화로 이어진다. 즉 작은 교란도 이 계를 애초의 위치나 상태로부터 먼 곳으로 몰고 갈 수 있다. 만일 구슬이 엎어놓은 죽 사발 위에 균형을 잡고 있다면, 조금만 건드려도 굴러떨어질 것이다. 또한 평형 상태의 계를 비평형 상태로 만듦으로써 변화를 유도할 수도 있다. 예를 들면 뜨거운 목욕물 속에 차가운 물을 부을 때, 우리는 이런 일을 하는 것이다. 목욕물은 식으면서 물의 온도가 더 낮은 상태에서 평형을 이룬다. 불안정 평형 상태(엎어놓은 사발 위의 구슬)에서 시작하든 혹은 한 계를 비평형 상태(뜨거운 목욕물에 부은 차가운 물)로 밀어넣든 간에 비평형은 변화로 이어진다. 예컨대 주식시장 같은 일부 계는 언제나 평형을 벗어난다. 주식가격은 언제나 변화하면서 부를 만들거나 파괴한다.

살아 있는 계도 항구적인 비평형 상태에 있는 계의 사례이다. 유기체가 살아가려면 환경으로부터 에너지와 영양을 흡수할 필요가 있고, 이용이 끝난 대사물은 뒤에 남겨야 한다. 생명의 입장에서 보면, 평형은 죽음을 의미한다.

현대 과학의 가장 의미심장한 발견 중의 하나는 자연에서 보이는 많은 복잡한 패턴과 구조 — 은하, 허리케인, 해류, 생명체 — 가 불균형에 대응하기 위한 메커니즘이라는 것이다. 변화에서 불변으로, 비평형에서 평형으로 가는 도정에서 모든 종류의 놀라운 (그리고 끔찍한) 일들이 일어난다. 예를 들면 고요한 연못에 돌을 던지면, 돌의 운동 에너지는 물로 옮겨진다. 물에서는 재빨리 파도가 퍼져나가서 이 과잉 에너지를 소멸시킨다. 파도는 불균형을 줄이기 위해서 작동하는 통일성 있는 거시 구조이다. 이렇게 함으로써 파도는 연못의 평형을 회복시킨다. 일반적으로 한 계의 많은 구성요소들 간의 상호작용은 모든 것을 고르게 만드는 방향으로 작용하는 복잡한 구조를 만들어낸다. 여기에 포함되는 것은 바람과 허리케인을 만드는 대기의 온도와 압력의 차이, 은하로 자기 조직화하는 한 무리의 별, 자기 유지적 반응을 촉발하는 용액 내의 화학 물질 농도의 과다 등이다. 불균형은 변화로 이어지고, 변화는 균형으로 이어지는 형태를 만든다.

이러한 관점에서 보면, 하나의 세포는 복잡하고 부분적으로 고립된 자기 유지적 화학 반응 장치이며 그 주된 역할은 에너지 수준을 낮추는 데에 있다. 세포가 기능하려면, 환경으로부터 고품질의 사용 가능한 에너지를 흡수한 뒤에 이를 다시 저품질의 사용 불가능한 형태로 분비해야 한다. (음식을 먹고 대소변을 보는 우리도 똑같은 일을 하는 것이다.) 그렇다면 세포가 많이 존재할수록, 다시 말해서 번식을 더 많이 할수록 에너지 품질을 낮추는 기능을 더 효과적으로 수행할 것이다. (이와 마찬가지로, 사람이 더 많이 존재할수록 더 많은 음식을 먹고 더 많은 배설물을 내놓는다.) 그 결과 번식은 매우 분명한 목적에 봉사한다. 즉 에너지 품질을 낮추는 일을 계속하기 위해서 생명은 더 많은 생명을 만든다. 생명은 에너지 분포의 불균형을 줄이는 메커니즘, 평균화를 통해서 과잉 에너지를 없애는 다리미의 일종이다.*

생명 에너지론에 대한 이 같은 기계적인 관점에 실망하지 마시라. 생명에는 경이로움이 있다. 독창적인 생화학 메커니즘을 통해서 수행하는 기능과 놀랍게 다양한 형태 모두에 말이다. 다윈이 『종의 기원(*On the Origin of Species*)』의 마지막 부분에 썼듯이, "그렇게 단순한 시작으로부터 가장 아름답고 놀라운 형태들이 끝없이 진화해나왔고, 지금도 진화하고 있다." 생명의 이 같은 신비한 특성은 경외와 찬사를 부르는 것이 마땅하다.

생명의 단순한 시작을 이해하려면, 우리는 생명 이전의 화학으로부터 시작해야 하고, 초기 지구의 어떤 성분이 결합에 이용될 수 있었는지를 알아야 한다. 어떤 화학 성분들이 결합해서 생명이 없는 수프에서 생명을 가진 존재가 출현했을까? 어떻게 해서 비생명이 생명이 되었을까? 매혹적이고도 어려운 이 문제는 아직 해결되지 않고 있다. 우리는 원시 지구의 일반적인 환경 조건에 대해서 우리가 알고 있는 것이 얼마나 적은지를 살펴보았다. 각기 다른 밀러-유리 실험들은 원시 수프의 구성이나 가장 중요한 생명을 촉발하는 불꽃(어쨌든 아미노산을 만드는 불꽃)에 대해서 저마다 다른 조리법을 사용했다. 그럼에도 불구하고 화학 성분의 조합과 그것들을 결합시키는 방식이 타당한 것으로 받아들여지고 있는 실험들을 보면, 모든 생명체에게 중요한 여러 가지 구성 성분을 일관성 있게 생성하고 있다.† 이전에 논의한 우주론적 초팽창 모델들의 경

---

* 여기서 과잉 에너지란 무엇을 말할까? 주로 태양에서 방출되어서 지구를 데우는 에너지를 말한다. 지구가 태양의 광자(눈에 보이는)를 흡수한 뒤에 우주로 방출하는 (약 1 : 20의 비율로) 적외선 광자는 더 낮은 등급의 에너지이다. 에너지 품질의 저급화(좀더 전문적으로 말하자면 엔트로피의 증가) 과정에서 나오는 에너지는 허리케인에서 생명체에 이르는 지구상의 조직화된 구조를 키우는 데에 쓰인다.
† 이것은 원시 대기에 에너지가 풍부한 환원성(전자를 주는) 가스가 포함되어 있다는 전제하에

우와 마찬가지로, 우리는 구체적인 세부사항이 부족하나마 이에 대한 전반적인 틀은 가지고 있다.

이와는 다른 견해도 있다. 지구는 최초의 생명을 구성하는 물질을 만드는 용광로가 아니었을지도 모른다는 것이다. 즉 이러한 물질들이 하늘에서 비처럼 떨어졌을지도 모른다. 그 방식은 직접적일 수도 있고 간접적일 수도 있다. 직접론은 성간 공간을 날아다니며 떠도는 유기 분자들이 지구의 중력에 포획되었다고 설명한다. 간접론은 운석이 지구에 충돌한 덕분이라고 설명한다. 일부 운석에서는 많은 아미노산이 발견되었다. 대표적인 것으로 1969년에 오스트레일리아의 머치슨에 떨어진 대형 운석을 보면, 생명의 구성요소 중에서 많은 것이 바깥 우주에서 합성된다는 것을 알 수 있다. 사실 머치슨 운석에서 발견된 생명 관련(무관한 것도 포함) 유기 화학물질의 목록은 꽤 길다.

2006년 초에 나는 브라질 텔레비전 다큐멘터리를 위해서 스탠리 밀러를 인터뷰했다. 장소는 캘리포니아 라 졸라에 있는 그의 연구실이었다. 그는 뇌졸중에서 회복하는 중이어서, 말이 상당히 어눌했다. 당시에 나는 소년처럼 흥분했다. 위대한 사람을 가까이에서 만나볼 수 있고, 그를 유명하게 만든 장치들을 만져볼 수 있었기 때문이다. 황갈색을 띤 생명 이전의 찐득한 물질이 플라스크 바닥에 선명하게 보였다. 밀러가 단추를 누르자 작은 전극에서 불꽃이 날아올랐다. 나는 프랑켄슈타인 박사의 실험실 이미지를 떨쳐버리기가 힘들었다. 그것을 숨기려고 애쓰면서 그에게 범종설에 관한 견해를 물었다. "말도 안 돼!" 질문에 동요한 그는 소리를 질렀다. "바로 여기에서 모든 것이 시작된 거야."

외계 기원 가설의 난점 중의 하나는 유기 분자들이 손상되기 쉽다는 데에 있다. 우주선이 대기권으로 재돌입할 때 벌겋게 달아서 빛나는 광경을 생각해보라. 이와 비슷하게 분자들도 대기권으로 진입할 때에 깨져서 분해될 수 있다.

서만 옳다. 만약 그렇지 않다면 생산물에는 아미노산이 포함되지 않을 것이다.

질량이 작고 진입 속도도 느린 우주의 떠돌이들은 비처럼 부드럽게 내리겠지만 말이다. 만일 유기 화합물들이 운석을 통해서 운반된다면, 대기권 진입 도중이나 지표와의 충돌 직후에 파괴될 수 있다. 외계 유기 씨앗 가설을 옹호하는 사람들은 머치슨을 비롯한 여러 운석에서 발견된 표본이 일부 화학물질이 진입과 충돌 뒤에도 살아남을 수 있다는 증거라고 주장한다. 이는 충분히 타당한 주장이다. 또한 최근의 연구로 설사 운석의 바깥층이 대기권 진입 시에 그슬린다고 해도, 그 핵은 매우 차가운 상태로 남아 있을 수 있다는 것이 확인되었다. 분자 히치하이커들이 암석 깊숙이 자리잡은 뒤에 지구에 무사히 안전하게 도착했을 수도 있다. 물론 당연히 암석에서 빠져나올 방법을 찾아야 하겠지만 말이다. "어디서"의 문제와 관련해서는, 현재 증거가 없는 상황임을 고려해서 신중한 태도를 취할 필요가 있다. 열린 마음을 유지하고 양쪽 메커니즘 — 여기서 만들어졌거나 우주에서 떨어졌거나 — 이 모두 가능하다고 보는 것이 좋다. 어느 경우이든 간에, 모든 조리법이 그렇듯이, 재료는 첫 부분에 지나지 않는다. "어떻게"의 문제에는 더 많은 단계가 존재한다.

42

최초의 생명 : 건축용 벽돌

지구상에 최초의 생명이 출현했을 당시로 돌아가보자. 약 36억 년 전 (혹은 그보다 일찍) 지구상 어딘가, 아마도 말라가는 석호(潟湖)쯤에서 아미노산을 포함해서 탄소가 풍부한 화학물질 한 세트가 점점 복잡한 화학 반응을 하기 시작했다. 이는 전하 불균형을 최소화하려는 과정에서 생긴 일이지만, 그 결과로 점점 더 긴 문자 사슬을 만들게 되었다. 이들 사슬은 서로 결합하고 자기 조직화해서 점점 더 복잡한 구조를 이루었다. 아마도 단순한 탄수화물(먹이)도 출현했을 것이다. 그때 어떻게 해서 이들 사슬은 서로를 불완전하게 복사하며 분리를 시작했다. 우리는 어떤 분자들이 이런 사슬을 만들었는지, 이들이 어떻게 자기 복제를 하는 존재가 되었는지에 대해서는 결코 확실하게 알 수 없을 것이다. 우리가 할 수 있는 일이라고는 뒤로 물러서서 그럴싸한 생명 탄생 시나리오들을 역설계해보는 일밖에 없다. 이는 오늘날 실험실에서 연구할 수 있는 생명체를 소재로 할 수밖에 없다. 설사 우리의 첫 공통 조상, 최초의 생명체가 자신의 존재 흔적을 우리에게 전혀 남기지 않았다고 할지라도, 우리는 여전히 현재 알고 있는 것으로부터 배울 수 있고, 최초의 생명에 이르는 길을 되짚어가볼 수 있다.

생명의 최소 단위, 가장 단순한 생명체는 하나의 세포이다. 오늘날의 세포는 크기도 유형도 매우 다양하다. 즉 이들은 세월과 함께 진화했음이 분명하다. 전형적인 세포의 크기는 직경 약 10만 분의 1미터(10미크론), 머리카락의

10분의 1 정도이다. 아주 큰 세포도 있다. 가장 큰 세포는 수정되지 않은 타조 알이다. 남조류와 많은 박테리아들은 원핵생물(原核生物, prokaryote)에 속한다. 이는 번식에 이용되는 유전 물질인 DNA가 세포 내의 다른 것들과 막으로 분리되어 있지 않다는 뜻이다. 좀더 복잡한 세포들인 진핵생물(眞核生物, eukaryote)은 유전 물질이 별도의 핵에 들어 있는 생물을 말한다. 우리 몸의 세포가 이에 해당한다. 지구 생명의 역사를 들여다보면, 단세포 유기체가 가장 영속적인 주민이었음을 알 수 있다. 이들의 숫자는 엄청나다. 약 36억 년 전부터 약 16억 년 전까지 생명은 단세포로 남아 있었다. 다시 말해서 약 20억여 년간 지구상의 생명은 오직 단세포 유기체밖에 없었다는 뜻이다. 그 일부가 군집해 있기는 했지만 말이다. 진핵생물은 이 시기의 말기에 출현했다. 이때는 광합성을 하는 남조류의 집단적인 노력 덕분에 대기 중에 산소가 풍부해졌던 시기이다.*

이 사실은 잠깐 살펴볼 필요가 있다. 생명의 기원을 연구할 때, 다세포 유기체는 잊어도 된다. 스타는 원핵생물들이다. 단세포에서 다세포 유기체로, 아메바 비슷한 조상에서 해면동물로 이행할 수 있었던 것은 있을 법하지 않았던 여러 요인들이 작용한 덕분이었다. 여기서 가장 중요한 요인은 27억-22억 년 전에 대기 중의 산소가 늘어난 것이다. 그 결과 오존도 함께 생겼다. 오존은 태양빛의 자외선이 산소를 변형시켜서 만들어진다. 오존은 지구상의 유기체와 해로운 자외선 사이를 차단하는 보호층을 만들어서, 보다 복잡한 생명체가 진화할 수 있는 기반을 제공했다. 오존층이 없었다면, 우리는 존재하지 못했을 것이다. 나중에 우리가 우주 다른 곳에 생명이 있을 가능성을 검토할 때, 이

---

* 이러한 연대는 추정치에 불과하다. 단세포 유기체의 군집과 구별되는 다세포 생명체가 언제 등장했는지에 대해서는 아직도 많은 논란이 있다. 적어도 5억5,000만 년 전, 소위 "캄브리아기 대폭발"이라고 불리는 시기에 다세포 생명체가 널리 퍼졌다는 것은 분명하지만 말이다. 이때 생명체의 형태가 갑자기 극도로 다양해졌다. 최초의 다세포 유기체인 해면동물이 이미 18억 년 전에 존재했을지 모른다는 견해를 뒷받침하는 증거들도 있다.

요소(그리고 다른 많은 요소들)는 결정적으로 중요해진다.

따스한 작은 연못 이야기로 돌아가서, 어떤 화합물들이 생명으로의 커다란 도약을 촉진했을까? 정직한 대답은 아무도 모른다는 것이다. 경쟁하는 두 가지 견해가 있다. 하나의 견해는 신진대사(新陳代謝)가 먼저 등장했다는 것이다. 그 신봉자는 생명 기원 연구의 선구자인 알렉산더 오파린이고, 더 최근에는 물리학자 프리먼 다이슨과 화학자 로버트 샤피로 등이다. 이보다 인기 있는 또 하나의 견해는 유전(遺傳)이 먼저라는 것이다. 두 가지를 간략히 살펴보자. 앞으로 분자의 비대칭이 생명의 기원에서 맡는 역할을 논의하려면, 배경지식이 필요하기 때문이다.

오파린은 1924년에 펴낸 책 『생명의 기원(*The Origin of Life*)』에서 다음과 같이 지적했다. 기름방울들은 일반적으로 물과 잘 섞이지 않고 거품 같은 작은 방울을 형성한다. 샐러드 드레싱을 만들기 위해서 올리브유와 식초를 섞어본 사람이면 누구나 보았을 것이다. 오파린은 이 같은 지방질의 작은 방울들이 훌륭한 보호 환경을 제공했을 것이라고 설명했다. 우연히 그 내부에 갇힌 분자들은 외부의 방해를 덜 받으며 상호반응을 일으킬 수 있었다는 것이다. 때때로 어떤 반응들은 화학물질을 더 많이 생산해서 복잡성이 더 커졌다. 어떤 결정적인 문턱 값에 이르면 이들 분자는 자기 유지적("자가 촉매적") 반응 네트워크를 이루면서 자신들의 복제물을 더 많이 만들 수 있었을 것이다. 즉 이들 지방성의 작은 주머니가 최초의 원형세포가 되었을 것이다. 좀더 조직화된 유전적 틀 내에서의 번식과 달리, 여기서의 재생산은 처음에 무작위로 일어났을 것이다. 거친 외부 환경 때문에 일부 방울이 어쩔 수 없이 분할되는 일도 생겼을 것이다. (샐러드 드레싱을 흔들면 일어나는 일과 비슷하다.) 분할된 딸 기름방울도 드물게나마 자기 유지적 반응을 계속하기에 알맞은 화학물질들을 보유하는 경우가 있었을 것이고, 그러면 어느 정도 유사한 원형세포들의 집단이 생기기 시작했을 것이다. 이스라엘 바이츠만 연구소의 도론 란셋이 이끄는 연구 팀은 이 같은 "지질(脂質) 세계" 시나리오를 검토하기 위해서 복잡한 컴퓨터 시뮬레이션을 개발했다. 그 결과, 부모 세포가 하나 이상의 자가 촉매적인 자손을 생산할 수 있으면 연쇄반응이 일어날 수 있고, 이것이 일종의 원시 생명체로 이어질 수 있음이 확인되었다. 유전은 나중에 발전할 것이다. 번식(재생산) 공정은 무수한 "세대"를 거치면서 스스로를 완전하게 만드는 법이니까 말이다. 이를 이끄는 것은 자연 선택의 생명체 이전 버전이라는 보이지 않는 손이 될 것이다. 원형세포 중에서도 재생산을 좀더 효율적으로 하고, 외부 환경에서 에너지를 추출하고 대사하는 능력이 더 좋은 분자들을 포함한 것들이 다른 원형세포에 대해서 비교우위를 가지고 서서히 집단을 지배하기 시작했으리라고 예상할 수 있다.

여기에 반대되는 입장은 유전이 먼저 일어났다는 것이다. 즉 복제가 대사에 앞섰다. 이 관점에서 가장 인기 있는 아이디어는 "RNA 세상" 가설이다. DNA와 RNA는 둘 다 유전 정보를 전달하는 물질인데, RNA는 자기 복제를 스스로 활성화시킬 능력을 보유했다는 점이 특징적이다. DNA와 달리 RNA는 하나의 효소로서 기능할 수 있기 때문에 자기 자신을 중합(重合)하고 복제하는 촉매로 작용할 수 있다(중합이란 구슬을 꿰어서 목걸이를 만들듯이, 작은 사슬을 계속 연결시켜서 큰 분자를 만드는 것을 말한다). 만일 생명이 간단하게 시작되었다고 가정한다면 — 타당한 가정이다 — 자기 충족적 복제자가 유일한 길이다.[9]

톰 펜첼이 『생명의 기원과 그 초기의 진화(*Origin and Early Evolution of Life*)』에서 논평했듯이, RNA 우선 시나리오의 최대 장점은 실험실에서 철저히 연구할 수 있다는 점이다. 많은 뛰어난 실험들이 진행되었다. 맨프레드 아이겐과 레슬리 오겔 그리고 더 최근에는 샌디에이고 스크립스 연구소의 제럴드 조이스 연구 팀이 그 장본인들이다. 이들은 RNA와 DNA를 직접 조작해서 분자 수준에서 유전이 자연 선택과 직결됨을 분명히 밝혔다. 이로써 화학과 생물학이 연결되어 있음이 확인되었다. 그러나 생명의 기원이라는 관점에서 보면, 초기 지구에 RNA가 존재하려면 그 이전에 이미 복잡한 화학 합성이 많이 일어났어야 한다는 점이 분명하다. 펜첼이 썼듯이, "상상 속의 RNA 세계가 진공에서 시작되었을 리가 없다는 점은 명백하다."[10] 하나의 난점을 예로 들자면, 지금까지 밀러-유리 유형의 실험에서 뉴클레오시드를 생산하는 데에 성공한 일이 없다. 이 물질은 RNA와 DNA에서 공통으로 발견되는 아데노신이나 시티딘과 같은 성분의 화학적 재료이다. 벽돌을 만들 수 없다면, 마천루를 지을 수 없다. 그러나 상황은 바뀌고 있을지 모른다. 2009년 5월에 맨체스터 대학교의 영국인 화학자 세 사람은 RNA 세상에 도움이 되는 중요한 진전사항을 보고했다. 이들 세 사람은 일련의 혁신적인 연쇄 화학 반응을 이용해서, 4종의 뉴클레오시드 중에서 2종을 합성하는 데에 어찌어찌 성공했다. 지난 20년간 다른 그룹들이 마주쳤던 어려움 중에서 많은 부분을 우회한 것이다. 이들은 합성 속도를 높이기 위해서 자외선을 추가로 사용했다. 이는 생명 이전의 지구에 풍부했던 자원이다. 또한 반응은 섭씨 약 60도 부근이라는 꽤 높은 온도 근처에서 잘 일어났다. 이 같은 발견은 지구에서 생명이 어떻게 출현했는가를 이해하는 데에 큰 진전을 이룬 것이라며 즉각적인 환호를 받았다. 그렇다고 하더라도 우리는 주의해야 한다. 즉 과학자들이 실험실에서 뉴클레오시드 합성에 성공할 수 있었다는 사실이 자연도 이와 똑같은 길을 선택했다는 것을 의미하지는 않기 때문이다.

예를 들면 펩티드와 같은 좀더 단순한 유기 분자들이 복제 과정이 시작되는 데에 도움을 주었을 것이라는 제안도 있다(펩티드란 2개 혹은 그 이상의 아미노산이 모종의 결합으로 연결된 중합체이다). 흥미로운 제안이 많기는 하지만, 우리는 여전히 생명이 없는 것과 살아 있는 유기 화합물 사이에, 자연이 어떤 식으로 다리를 놓았는지에 대해서 확신할 수가 없다. 다이슨이 『생명의 기원(Origins of Life)』에서 제안했듯이, 우리가 생명이라고 부를 수 있는 최초의

"존재"를 생성하는 데에는 두 가지 시나리오가 모두 작용했을 가능성도 상당히 크다. 단순한 지질막 내부에서 원시적 대사작용을 하는 원형세포 — 세포의 하드웨어 — 가 어느 시점에서인가 유전적 복제자의 전구체 — 세포의 소프트웨어 — 의 침입을 받거나 혹은 우연히 그것을 흡수했다. 기생생물이 숙주에 침입하는 것과 비슷하게 말이다. 영겁의 세월 동안 시행착오를 거친 끝에 마침내 둘의 공생 융합체, 즉 최적화된 복제 능력을 가진 하나의 세포가 만들어졌다.

최초의 복제자를 탐색하는 것은 흥미로운 연구 주제이기는 하지만, 여기서 우리의 관심은 자연에 존재하는 복잡한 형태에 궁극적 원인을 제공한 근본적인 비대칭성과 불완전성에 있다. 우리는 이미 시간의 비대칭성이 어떻게 물질의 비대칭성과 밀접한 관계가 있는지를 검토했다. 또한 우주를 차지하고 있는 무수한 은하와 은하단이 어떻게 최초의 초팽창 기간에 뿌려진 씨로부터 싹트게 되었는지도 살펴보았다. 지금껏 생명의 기원과 관련된 여러 의문과 도전을 조사했으니 이제는 생명 자체의 본질을 검토할 준비가 된 셈이다. 앞으로 살펴보겠지만, 생명의 탄생과 진화에는 분자 수준의 비대칭성이 근본적인 역할을 한다. 분자의 구조에서부터 복제에 이르기까지의 모든 과정에서 불완전성이 없었다면, 생명은 불가능했을 것이다.

43
생명력을 죽인 남자

우리는 저온 살균된 우유를 마실 때마다 루이 파스퇴르의 집념과 엄격한 실험 방법론에 감사해야 한다. 또한 질병이 세균으로부터 발생한다는 것을 설명해준 것 그리고 광견병을 포함한 일부 질병의 백신을 최초로 만든 것에 대해서도 마찬가지이다. 파스퇴르가 연구의 부산물로 알아낸 사실은 다음과 같다. 와인이나 맥주 등을 만들 때 일어나는 발효는 미생물이 일으키는 생물학적 과정이다. 와인 제조의 과학을 세련되게 만든 것도 그의 공로이다.

파스퇴르는 아리스토텔레스 이래로 상식으로 통했던 생명의 자연 발생설에 결정타를 날렸다. 자연 발생설은 무기물에서 생물이 저절로 생겨날 수 있다는 것이다. 즉 곰팡이가 슨 곡식에서 생쥐가, 썩은 고기에서 파리가, 진흙에서 개구리와 도롱뇽이 저절로 생길 수 있다는 주장이다. 우리에게는 이러한 인식이 우스꽝스러울지 몰라도, 1650년대 중반까지는 그렇지가 않았다. 벌을 만들려면 송아지 대가리의 뿔을 밖으로 내놓은 채로 땅속에 묻으면 되고, 생쥐를 만들려면 밀이 든 항아리에 더러운 넝마를 넣고 뚜껑을 열어두면 된다는 것이 당시에 널리 보급된 제조법이었다. 1668년에 이탈리아의 프란체스코 레디는 결정적인 실험을 하고 그 결과를 책으로 펴냈다. 실험은 여러 개의 단지에 고기 조각을 넣은 뒤에 일부는 입구를 밀봉하고 일부는 열어둔 채 부패하게 만드는 것이었다. 당연히 열어둔 단지에서만 구더기와 파리가 생겼다. 하지만 마침 그 당시에 현미경도 발명되었기 때문에, 이제껏 볼 수 없었던 영역에서도 살아 있는 존재를 볼 수 있게 되었다. 곧바로 자연 발생론 지지자들이 반격에 나섰다. 박테리아는 실제로 무(無)에서 생기지만, 그 자연 발생 과정이 눈에 보이지 않는 것이 아니겠는가? 이를 둘러싼 논쟁은 몇십 년간 치열하게 이어졌다.

1750년경에 스코틀랜드의 성직자 존 니덤은 공기가 박테리아를 만들 수 있는 고유한 생명력이 있음을 증명했다고 주장했다. 그는 실험에서 뚜껑이 없는 그릇에 담긴 수프에서 미생물이 나타나는 것을 목격했다. 심지어 수프를 잠깐 끓인 뒤에 깨끗한 (것으로 추정되는) 플라스크에 넣고 코르크 뚜껑으로 닫았는데도 수프 속에서 미생물을 볼 수 있었다. 우리 눈에 보이지 않는 영역에 신비한 생명력이 숨겨져 있는 것이 아닌가? 또다시 이탈리아인 한 사람이 구원자로 나섰다. 1760년대 중반에 라차로 스팔란차니는 수프를 충분히 끓이면, 니덤의 미생물이 사라진다는 것을 여러 차례 보여주었다. 코르크는 공기를 부분적으로 차단할 뿐이어서 미생물이 그리로 침입할 수 있다는 것도 보여주었다. 이에 니덤이 반격했다. 스팔란차니가 1시간씩이나 끓이는 바람에 공기 속의 숨은 생명력이 "죽어버렸다"는 것이다. 휴전의 가능성이 보이지 않는 논쟁이었다.

이 문제는 니덤-스팔란차니 논쟁이 있은 지 거의 1세기 후이자, 레디의 실험으로부터는 2세기가 지난 1860년까지도 해결되지 않았다. 그해 파리 과학 아카데미는 이 논란을 단번에 그리고 영구히 해결해줄 수 있는 실험을 공모하고, 상금을 내걸었다. 1864년에 파스퇴르가 상금을 요구했다. 그의 해결책은 멋지고도 단순했다. 그는 플라스크의 목을 아주 좁고 긴 S자 형이 되도록(백조 목 플라스크) 설계하고 그 안에서 수프를 끓인 뒤에 입구를 개방해두었다. 또한 목의 길이와 형태가 다양한 여러 개의 플라스크를 준비해서 그 입구들은 솜으로 막아두었다. 솜 때문에 외부의 박테리아가 플라스크 속으로 들어갈 수 없다는 것을 보여주기 위한 것이었다. 그는 백조 목 플라스크 속의 수프가 무균 상태를 유지하고 있다는 결론을 금방 내릴 수 있었다. 공기 중의 박테리아는 플라스크 입구 가까운 곳에만 있을 뿐, 기나긴 관을 통해서 수프까지 도달하지는 못했다. 솜으로 봉한 플라스크 역시 무균 상태로 남아 있었다. 파스퇴르의 결론은 분명했다. 즉 공기 중에 숨겨진 생명력 같은 것은 없다. 생명은 생명으로부터 나온다.

아이러니하게도 현대에 들어와서 생명의 기원을 설명할 수 있는 실행 가능한 메커니즘이 어떤 것인가를 검토하게 되면서, 자연 발생설은 새로운 탄력을 받게 되었다. 물론 공기 중에 있는 신비한 힘으로부터라는 것은 당연히 아니다. 비(非)유기적인 건축 벽돌을 화학적으로 합성하는 상향식 방법으로, 유기 화합물을 만든다는 의미이다. 오늘날 이 현상은 자연 발생(abiogenesis, 무생물에서 생명이 탄생했다는 뜻이다/역주)이라고 불리는데, 이것이 더욱 적절한 표현이다. 종래의 자연 발생(spontaneous generation, 한국어로는 똑같이 번역된다/역주)이라는 표현은 마술적이고 설명할 수 없는 현상이라는 의미가 있기 때문이다. 어쨌든 최초의 생명체로 이어진 화학 공정의 세부사항이 어떤 것이었든 간에, 무생물에서 복잡성이 점차 축적된 결과 생명체가 나타났다. 무(無)로부터 초자연적으로 완성된 생명체가 생긴 것 — 과학적 명제라고 할 수 없다 — 이 아닌 이상, 생명은 오직 무생물에서만 생길 수 있다. 생명의 기원 문제는 아직 해결되지 않았지만, 파스퇴르는 오늘날 많은 사람들이 그 핵심 단서로 여기는 것을 발견했다. 즉 생명은 비대칭적 조각들로부터 만들어졌어야 비로소 탄생이 가능하다.

44
우주는 비대칭이다!

18 49년은 파스퇴르가 자연 발생의 수수께끼를 해결한 공로로 파리 과 학 아카데미의 상을 받기 훨씬 전이다. 당시 스물여섯 살이던 파스퇴르는 파리 고등사범학교에서 박사학위를 받기 위해서 연구하고 있었다. 파스퇴르는 프랑스 화학자 사회에서 성공을 거두고 싶었다. 그는 결혼한 지 얼마 되지 않았고, 스스로의 과학적 경력을 탄탄하게 만들 필요가 있었다.

그의 연구는 타타르산의 속성에 관한 것이었다. 익지 않은 포도에 있는 결정질의 이 유기산은 실험실에서 화학적으로 합성될 수도 있었다. 파스퇴르는 포도에서 추출한 타타르산은 합성된 것과 광학적 속성이 다르다는 사실을 알고 있었다. 다시 말해서 그 두 가지는 서로 다른 방식으로 빛과 상호작용했다. 일견 평범해 보이는 이 사실 속에는 생명의 놀라운 속성, 어쩌면 생명 자체를 이해할 수 있는 열쇠가 감추어져 있다.

그에 대한 논의를 시작하기에 앞서, 편광(偏光)에 대해서 간략히 알아보자. 제3부에서 논의했듯이, 빛은 진동하는 전자기장이라는 특징을 가진 파동이다. 그것은 횡파(橫波, transverse wave)이다. 전자기장이 파동의 진행 방향과 수직이 되는 면을 따라서 진동한다는 점에서 그렇다(횡파의 일반적 정의는 파동의 진행 방향과 매질의 진동 방향이 수직인 파동이라는 것이다. 다만 빛은 매질이 없는 파동이다/역주). 예를 들어 이 책의 페이지를 장들이 진동하는 면이라고 생각한다면, 빛은 책에서 당신을 향해 바깥쪽으로 나아가고 있는 것이다. 전기장과 자기장은 또다른 흥미로운 속성이 있다. 즉 둘의 진동 방향은 항상 서로에 대해서 90도, 직각을 이룬다. 이것은 마치 선풍기 날개와 비슷하다. 만일 전기장이 아래에서 위 방향으로 진동한다면, 자기장은 왼쪽에서 오른쪽 방향으로 진동한다. 일반적으로 두 장(場)은 진행 방향에 수직인 평면상의 어느 방향으로나 진동할 수 있고 심지어 회전할 수도 있다. 이는 선풍기 날개가 회전하는 것과 유사하다. 직선으로 편광된 빛의 파동이라는 것은 전기장과 자기장이 특정한 방향으로만 진동하는 것을 말한다. 선풍기가 꺼져서 날개가 움직이는 않는 것과 비슷하다. 이렇게 비유할 때, "편광의 방향이 선회한다"는 것은 단순히 선풍기 "날개들"을 일정한 각도만큼 왼쪽이나 오른쪽으로 돌려 놓는 것을 의미한다.

1815년에 프랑스의 물리학자이자 화학자인 장 바티스트 비오는 자연적으로 형성되는 여러 유기물로 만든 용액을 통과한 빛은 편광에 영향을 받는다는 사실을 발견했다. 위의 "선풍기 날개"의 비유에서 보면, 이런 물질들은 선풍기 날개(빛이 편광된 방향)를 왼쪽이나 오른쪽으로 돌려놓을 수 있었다. 파스퇴르는 비오의 연구를 잘 알고 있었다. 그가 1860년부터 써온 일련의 강의 노트에는 다음과 같이 기록되어 있다. "[비오는] 유기물이 만들어낸 영향은 분자가 일으킨 것이라고 명확하게 결론지었다. 그 영향은 분자의 구조에 따라서 달라지며 분자를 이루는 기본 입자가 무엇인가에 따라서 특정하게 나타난다." [11] 파스퇴르가 언급한 "영향"이란 천연 유기 화합물이 빛의 편광을 회전시키는 것을 말한다. 비오는 뛰어난 선견지명을 가지고 그러한 속성이 분자 수준에서 일어나는 어떤 일과 관련되어 있을 것으로 추측했다. 하지만 그것이 무엇이란 말인가? 파스퇴르는 비오의 추측에 단단한 근거를 제공했다. 특정 유기 화합물의 광학적 특성 ― 빛과 상호작용 하는 방식 ― 은 이를 구성하는 개별 분자의 공간적 구조가 만든다는 것을 보여준 것이다.

파스퇴르는 비오의 연구를 토대로, 실험실에서 합성된 타타르산 용액에는 직선으로 편광된 빛을 통과시켰을 때 아무 일도 일어나지 않는다는 사실을 증명했다. 즉 합성 용액은 광학적으로 불활성이었다. 그러나 포도 ― 그러니까 생명을 가진 존재 ― 에서 추출한 용액에 편광을 통과시키자 편광의 방향은 바뀌었다(다시 말해서 선풍기의 날개가 약간 돌아갔다). 파스퇴르는 두 물질의 화학적 특성이 동일하기 때문에 이들을 구성하는 원자들도 동일한 종류일 것임을 알았다. 그렇다면 이처럼 영문 모를 비대칭적 행태는 무엇 때문에 일어나는 것일까? 생명체와 무생명체는 설사 구성성분이 동일하다고 해도 서로 다른 특성을 가지는 것일까? 그는 두 물질의 결정을 현미경으로 관찰했다. 그리고 실험실에서 합성한 산에는 두 종류의 결정이 있는 반면, 포도에서 추출한 산에는 한 종류밖에 없다는 사실에 주목했다. 그는 막대한 인내심을 발휘해서 두 종류의 결정의 샘플을 핀셋으로 분리했다. 이것으로 만든 두 종류의 용액에 빛을 통과시킴으로써, 그는 두 종류의 결정이 편광면을 각기 반대 방향으로 회전시킨다는 것을 확인했다.

나는 오른쪽으로 휜 [비대칭] 결정과 왼쪽으로 휜 [비대칭] 결정을 조심스럽게 분리했다. 그 다음, 이들로 만든 용액을 편광 장치 속에서 각각 검사했다. 오른쪽 [비대칭] 결정은 편광면을 오른쪽으로 벗어나게 만들고 왼쪽 [비대칭] 결정은 편광면을 왼쪽으로 벗어나게 만드는 것을 보고, 나는 놀랍고도 기뻤다. 두 종류의 결정을 동일한 무게만큼 섞은 용액은 빛에 아무런 영향을 미치지 못했다. 서로 반대 방향인 두 결정의 효과가 정확히 상쇄된 결과이다.[12]

파스퇴르가 그의 실험 결과를 비오에게 보여주자, 이 노인은 눈에 띄게 감동을 표현했다. "오 사랑스런 젊은이, 평생 그토록 과학을 사랑해온 내 가슴을 뛰게 만드는구려." 광학적으로 각기 다른 속성의 근원이 분자에 있다는 비오의 추측이 확인되었다.

파스퇴르의 발견은 정말 극적인 것이었다. 특히 1849년은 원자의 존재가 아직 보편적으로 인정받지 못하던 때였기 때문이다. 그는 정확한 설명을 제시했다. 두 종류의 각기 다른 타타르산 용액이 각기 다른 광학적 속성을 띠는 것은 이들을 구성하는 분자들의 공간적 구조가 비대칭적인 탓이다. 타타르산 분자는 빛의 편광면을 오른쪽으로 회전시키는 것과 왼쪽으로 회전시키는 것의 두 종류로 존재할 수 있다. 파스퇴르의 표현에 따르면, "우리는 똑같이 생겼지만 서로 겹쳐놓을 수는 없는 분자들을 얻었다. 각기 왼손과 오른손을 닮은 산물이다." 파스퇴르는 한 걸음 더 나아가서 자연에는 두 종류의 분자가 존재한다고 설명했다. 물처럼 공간적 구조가 한 종류밖에 없는 분자와 타타르산처럼 서로가 거울상인 두 종류의 공간적 구조를 가진 분자가 그것이다.

파스퇴르의 비범한 발견은, 합성 화합물은 두 종류가 나오지만 자연에서 생성되는 화합물은 두 가지 가능한 종류 중에서 한 가지 형태밖에 나오지 않는다는 것을 확인한 데에도 있다. 생명은 특정한 방향의 분자를 선택할까?

연구를 계속한 파스퇴르는 살아 있는 유기체에서 추출한 많은 유기 화합물이 똑같은 방향으로 치우친 광학 특성을 가진다는 사실을 확인했다. 그는 합성 타타르산 표본에 곰팡이를 넣는 실험도 했다. 처음에는 예상대로 광학적 효과가 없었다. 그러나 곰팡이들이 성장함에 따라서 표본의 광학적 효과도 커져갔다. 더구나 그 방향은 천연 타타르산과 똑같은 것이었다. 여기서 내릴 수 있는 결론은 한 가지밖에 없다. 생명은 분자 편향이 있다! 파스퇴르는 나중에 다음과 같이 기록했다. "우주는 비대칭이다. 그리고 나는 우리에게 알려진 바의 생명이 이 비대칭의 직접적인 결과이거나 간접적인 결과라는 사실을 믿게 되었다." 우주는 비대칭이다!

이 얼마나 예언적인 표현인가! 특정 유기 분자의 좌우 비대칭은 제3부에서 보았던 중성미자의 회전 비대칭성과 마찬가지로 거울 대칭성(chirality[키랄성], 광학이성질체[光學異性質體]로도 쓰이지만, 지금의 문맥에서는 정확히 거울

대칭성을 뜻한다/역주)으로 알려지게 되었다. 우리의 두 손처럼, "키랄" 분자의 두 가지 형태는 서로의 거울상을 이루고 한쪽을 다른 쪽 위에 포갤 수 없다. 젊은 파스퇴르는 생명의 놀라운 특성을 발견한 것이다. 오늘날 우리는 본질적으로 단백질을 구성하는 모든 아미노산은 좌선성(빛의 편광면을 왼쪽으로 회전시킨다는 뜻)이고, RNA와 DNA를 구성하는 당류는 모두 우선성임을 알고 있다. 파스퇴르가 우리에게 남긴 과제는 왜 그러한지를 이해하는 것이다.[13]

45
생명의 편향성

다시 한번 단백질을 아미노산의 긴 사슬로 생각해보자. 진주 목걸이로 치면, 각각의 진주들이 건축 벽돌로 쓰이는 분자에 해당한다. 좌선성 아미노산은 백진주, 우선성은 흑진주라고 가정하자. 생명은 백진주 목걸이를 분명하게 선호한다. 즉 생명체를 이루는 핵심 분자인 단백질은 비대칭적 뼈대로 만들어져 있다. RNA와 DNA의 중추를 구성하는 당(糖)도 마찬가지이다. 그러나 이 경우에 편향의 방향은 거꾸로이다. 즉 당류는 우선성이다. 이 같은 분자적 편향이 어떻게든 생명 자체의 기원과 연결되지 않을까 하고 의심이 가는 것은 당연한 일이다. 파스퇴르는 그러한 의심을 해본 최초의 인물이다.

> 도대체 물질에 좌편향이나 우편향 같은 것이 있어야 할 이유가 무엇일까? 비대칭이 아닌 물질, 즉 비유기적 자연의 질서를 따르는 물질만 존재하는 것이 아닌 이유가 무엇일까? 분자력이 이렇게 진기하게 작용하는 것으로 나타나는 데에는 이유가 있음이 분명하다…… 식물 유기체의 주된 법칙이 만들어지는 순간에, 어떤 비대칭적 힘이 작용한다고 받아들이는 것으로 필요충분하지 않을까? [14]

물질-반물질 비대칭의 경우와 마찬가지로, 우리는 자연의 이 같은 근본적 불균형의 배경에 있는 원인을 이해하고 싶어한다. 생명이 진화하던 초기의 어느 시점에서 아미노산과 당의 특정한 키랄성이 선택되었을까? 생명이 시작되던 때, 즉 단순한 분자들 — 아마도 아미노산들 — 이 생명 이전의 수프에서 상호 작용을 시작하던 바로 그 시기에 일어난 일일까? 혹은 생체 분자들의 키랄성은 번식이 시작된 이후에 나타난, 생명의 후유증일까? 이제부터 두 가지 가능성을 고려해보자.

이에 관해서 생각이 다른 두 집단이 대립하고 있다. 나를 포함한 일부 과학자들은 키랄성이 먼저 생겼다고 주장한다. 좌선성 분자와 우선성 분자가 모두 존재하던 시기에 어떻게 생명 비슷한 것으로 이어지는 분자 간의 상호작용이 있을 수 있었겠는가. 이것은 상상하기 어려운 일이라는 주장이다. 이 가설에 따르면, 만일 초기에 밀러-유리 유형의 실험에서 합성된 아미노산이 그랬듯이 좌선성과 우선성 분자가 동일한 양의 건축용 벽돌로 존재했다면, 어떤 메커니즘이 그중 한 종류를 거의 키랄적으로 순수해질 때까지 농축되게 만들었음이 틀림없다. 진주 목걸이로 비유하면, 처음에는 흑백의 진주알 수가 거의 비슷했지만 어떤 이유로 오직 백진주로 만들어진 고리들만이 살아남았다. 그래서 생명을 건축하는 벽돌은 오직 한쪽 선성(旋性)만을 띠게 되었다는 것이다. 일단 키랄의 순수성에 도달한 뒤에 생명을 향한 화학 반응이 뒤따랐다.

또다른 과학자들은 여기에 대안이 되는 이론을 제시한다. 애초에 좌선성이나 우선성의 공간적 구조를 가지지 않은, 키랄성이 없는 분자들이 최초의 생명에 이르는 화학 공정을 시작했을 수 있다. 물론 키랄성이 없는 RNA 전구체 후보(예를 들면 펩타이드 핵산, 즉 PNA라고 불리는 화합물)도 존재하지만, 나는 이 같은 가능성이 믿어지지 않는다. 생명의 좌우 편향성은 그 분자적 기능성과 불가분하게 연결되어 있다. 파스퇴르도 같은 생각이었다. "그 이후 내내 분자의 비대칭성은 스스로 화학적 친연성을 변형시킬 수 있는 능력으로서 자신을 드러낸다."[15] 다시 말해서 분자들의 형태는 이들이 서로 상호작용하는 방식에 영향을 미친다. 자연 선택의 관점에서 보면, (좌/우) 선성(旋性)은 이로운 특질이었다. 복잡한 분자들 간의 상호작용을 촉진하고 아마도 재생산 능력을 가지도록 해주었을 것이기 때문이다. 선성과 번식 사이에는 깊은 관련이 있다.

생명 조절 반응을 각기 다른 자물쇠가 줄지어 달린 시스템으로 생각해보라. 맞는 열쇠를 올바른 순서대로 끼우지 않으면 작동하지 않는 시스템이다. 이 것이 바로 생화학자들이 효소들이 행하는 대사작용 대부분과 복제 과정을 해석하는 방식이다.* 조각그림 맞추기를 할 때 조각들이 제자리에 꼭 들어맞아야 하는 것과 마찬가지로, 분자를 점점 더 복잡한 구조로 만들어서 생명 시스템에 이르게 하려면 반응이 공간적 특수성을 가지고 일어날 필요가 있다. 실험에 따르면, 심지어 키랄성이 잘못된 화합물이 아주 조금만 있어도 효소 중합 반응은 단절된다. 다시 말해서 분자 사슬(중합체)의 성장이 중단된다. 더구나 단백질이나 핵산의 구조에 원시적인 분자 대칭성이 깊이 새겨져 있다는 힌트는 전혀 보이지 않는다. 즉 이들의 키랄 비대칭성은 기본적 건축 벽돌의 생성에 이르는 전 과정에서 거듭해서 지속적으로 나타난다. 달리 말해서 선성은 진화 과정의 막판에 계획이 변경된 결과로는 보이지 않는다. 공학의 관점에서 보면, 다음과 같은 순서로 일을 했을 이유를 납득하기가 어렵다. 즉 키랄성이 없는 건축 벽돌이나 동일한 숫자의 좌선성/우선성 벽돌을 이용해서 복잡한 분자를 만들고 나서, 그 다음에 다시 한 종류의 벽돌만으로 재건축을 하는 일 말이다. 이것이 애초에 좌선성이나 우선성의 벽돌만으로 시작하는 것보다 더 나을 이유가 없다. 그러므로 어느 한쪽 주장이 결정적이지는 않다고 하더라도, 나는 생명의 탄생에는 키랄적으로 순수한 비대칭적 초기 조건이 필요하다는 쪽에 서겠다. 생명 이전의 지구에 그러한 조건이 일반적이었을까?

---

* 이 같은 "열쇠 자물쇠(lock-and-key)" 모델은 연상을 돕기 위한 것이지만, 너무 단순화한 것이다. 효소는 실제로 자물쇠처럼 단단하지 않고, 투입되는 분자들의 특정한 요구에 맞추어서 스스로를 약간 변형시킬 능력이 있다. 열쇠 자물쇠 모델을 이처럼 변형시킨 것이 "유도 적응 (induced fit)" 모델이다.

1953년은 제임스 왓슨과 프랜시스 크릭이 DNA 분자의 이중나선 구조를 밝힌 해이자, 밀러가 생명의 불꽃 실험을 한 해이다. 또한 영국 브리스틀 대학교의 이론물리학자인 프레더릭 찰스 프랭크 경이 독창적인 논문을 발표한 해이기도 하다. 그는 이 논문에서 초기에 거의 비슷한 숫자의 좌선성 분자와 우선성 분자가 섞여 있는 용액이 종국에는 좌선성이나 우선성의 어느 한쪽 분자가 대부분을 차지하는 상태로 변화하기 위한 조건 세 가지를 규정했다. 첫째, 화학 반응의 성질은 주어진 화합물이 많이 만들어질수록 계속해서 더 많은 양이 만들어질 수 있는 그러한 종류의 것이어야 한다. 이러한 시스템은 자가 촉매적(autocatalytic)이라고 불린다. 폴 뒤카의 「마법사의 제자」가 등장하는 디즈니 사(社)의 영화 「판타지아」를 기억하는 독자들도 있을 것이다. 마법사의 도제인 미키 마우스는 마스터가 낮잠을 자고 있는 사이에 그의 마법 모자를 훔쳐서 마법을 부린다. 우물에서 물을 길어서 마법사의 거대한 목욕통에 채우는 것이 미키의 임무였는데, 빗자루에 마법을 걸어서 그 일을 대신하게 만든 것이다. 미키는 빗자루가 물을 긷는 것을 잠시 지켜보다가 그만 잠에 빠져버린다. 꿈속에서 그는 별과 행성들을 마음대로 조종한다. 잠에서 깨어난 미키는 빗자루가 물을 계속 가져다 붓는 바람에 마루까지 물이 넘치고 있는 것을 보고 공포에 휩싸인다. 자신의 서툰 마법으로는 빗자루가 멈추지 않자 그는 도끼로 빗자루를 조각조각 쪼개버린다. 아뿔싸, 그러자 작은 조각들이 커져서 큰 빗자루가 되어 일을 계속하는 것이 아닌가. 도끼질을 계속할수록 빗자루는 점점 더 늘어나서 성 전체는 물바다가 되어버린다. 이것이 자가 촉매 반응이다. 즉 어떤 화합물 분자가 많이 만들어지면 이들 역시 반응에 참가하고, 그래서 더욱 많은 분자가 만들어지는 것이다.*

---

* 「판타지아」를 보지 않은 독자들을 위해서 다른 예를 들겠다. 심각한 포식행위 없이도 번식할 수 있는 동물, 예를 들면 사람이나 우리 속의 생쥐는 자가 촉매 시스템을 구성한다. 동물의 수가 더 많을수록, 더 많은 재생산을 할 수 있다.

프랭크 모델의 두 번째 조건은 초기에 좌선성이나 우선성 어느 한쪽 분자가 아주 조금 더 많아야 한다는 것이다. 달리 말해서, 심지어 처음 시작할 때조차 대칭은 정확하지 않다. (그 이유는 곧 설명하겠다.) 반응의 자가 촉매적 성격 때문에 초기의 이 같은 사소한 과잉은 크게 증폭된다. 세 번째 조건은 만일 좌선성 벽돌이 우선성과 결합하는 경우, 다시 말해서 흑진주가 백진주와 결합하는 경우에 이들이 형성하는 분자 사슬은 화학적으로 불활성이어야 한다. 즉 일종의 생명 이전의 찌꺼기가 되어야 한다. 프랭크는 이 같은 속성을 "상호 반목(mutual antagonism)"이라고 불렀다.

최근 몇 년간, 미국에 있는 나를 포함해서 일본, 영국, 스웨덴, 스페인의 각기 다른 연구 팀들이 프랭크의 단순한 모델을 실질적인 시나리오로 만들려면 어떠한 조건이 필요한가를 연구했다. 물론 우리는 약 40억 년 전의 지구에 어떤 화학물질, 즉 "생명 이전 수프"의 성분이 있는지를 모른다. 그뿐만 아니라 당시를 지배하던 대기와 환경 조건에 대해서도 많이 알지 못한다. 기껏해야 당시에는 태양빛이 지금보다 30퍼센트 어두웠지만, 대기 중에 이산화탄소가 많아서 기온이 매우 높았던 것으로 보인다는 정도이다. 하지만 모델화의 장점은 아주 일반적인 가정만 가지고 시작해도, 적어도 원리적으로는 실험실에서 검증해볼 수 있는 결과를 얻을 수 있다는 것이다. 여기서 나는 "원리적으로는"을 강조하겠다. 초기의 작은 키랄 편향을 증폭시키는 자가 촉매 반응은 시험관에서 일으키기 어려운 것으로 악명이 높다. 1995년에 도쿄 대학교의 켄조 소아이 박사 연구 팀의 사례가 자가 촉매적으로 키랄 왜곡을 강화한 유일한 사례이다. 실험에서 이용한 성분들이 초기 지구에 있었을 가능성은 희박하지만, 소아이가 얻은 멋진 결과는 이러한 반응 과정의 독자 생존 가능성을 알려주는 중요한 업적이다.

더욱 최근에는 라파엘 플라슨(현재 스톡홀름 소재의 노르딕 이론물리연구소 소속)이 이끄는 연구 팀이 명시적인 자가 촉매 — 그 모델은 일으키기가 어렵다―요소를 제거한 대안 모델을 제시했다. 흥미롭게도, 심지어 자가 촉매 반응 네트워크 없이도, 마치 그것이 있는 것처럼 증폭 효과를 모방하는 것이 가능하다.[16]

46
시작은 그토록 비대칭적이었는데……

우리는 초기에는 대칭인 조건에서 출발해서, 다음에는 비대칭이 되고, 결국에는 생명의 출현으로 이어지는 성공적인 시나리오를 구축할 수 있을까? 나는 그렇다고 대답하겠다. 단순한 단계를 밟아가면 된다. 우선 좌선성과 우선성 건축 벽돌이 모두 필요하다. 이는 합리적인 것 같다. 왜냐하면 단순한 화학물질들을 가지고 시작한 밀러−유리 생명의 불꽃 실험에서 좌선성, 우선성 아미노산이 비슷한 양으로 만들어졌기 때문이다. 또한 프랭크가 제시한 대로 어느 한쪽 키랄 분자가 다른 쪽보다 조금 더 많을 필요가 있다. 초기의 아주 작은 편향이다. 프랭크에 따르면, 이 같은 조그만 비대칭은 생명 자체의 기원과 깊이 얽혀 있다.

어떠한 메커니즘이 초기의 이러한 불균형을 유발할 수 있었을까? 제3부에서 논의했던 것을 돌이켜보자. 은하에서 생명체에 이르기까지 우리가 우주에서 보는 모든 대상은 궁극적으로 물질 입자가 반물질 입자보다 조금 더 많았기 때문에 생긴 것이다. 사하로프는 이 같은 초과 상태를 만들기 위한 세 가지 조건을 제시했다. 여기에는 입자물리학의 기본적 대칭성의 일부를 위반하는 내용이 포함되었다. 물질뿐만 아니라 생명에도 초기의 불균형이 필요했다. 그렇다면 우리는 사하로프의 선례를 따라서 생명 이전의 시기에 키랄 편향을 출현시킬 수 있는 조건을 찾을 수 있지 않을까? 불행히도 생명의 기원에 대해서는 그처럼 잘 정의된 조건이 없다. 어떤 의미에서 생명 이전 시대와 관련된 화학은 입자물리학만큼 "깨끗하지" 않다. 그러나 어느 한쪽 선성의 분자가 약간 더 많이 출현하게 만들 방법은 있다. 단순한 열도 도움이 되지 않을까? 그렇다. 열 요동만 있어도 각기 다른 장소에서 어느 한쪽 유형의 분자가 다른 유형보다 조금 더 많이 생길 수 있다.[17] 놀랍게도 전에 언급했던 자가 촉매 반응이나 아미노산 활성화 모형을 이용하면, 다음과 같은 일이 쉽지는 않지만 불가능하지도 않다. 처음에는 약간 과다했던 어느 한쪽 유형 분자가 상대적으로 짧은 기간 안에 절대 다수를 차지하게 만들 수 있는 것이다. 만일 그러한 메커니즘이 이론 모형에서만이 아니라 실험실에서도 실제로 확인될 수 있다면 어떨까? 이와 관련해서 프랭크는 그의 독창적인 논문에서 다음과 같이 말했다. 그러한 경우에는 각기 다른 선성의 분자들로 가득한 지역들(예를 들면 얕은 연못들)이 인접해서 다수 존재하면서 서로가 우위를 차지하기 위해서 싸웠을 수 있다. 즉 생명 이전 수준에서의 자연 선택인 셈이다. 그렇지만 다시 한번 상세한 계산을 해본 결과, 열 요동만으로는 초기의 편향을 충분히 증폭시키기에 부족한 것으로 나타났다. 우리에게는 이보다 좀더 나은 것이 필요하다. 파스퇴르는 이 또한 예상했다.

이 같은 비대칭적 작용은 아마도 우주의 영향 아래에 놓여 있을 듯하다. 이러한 작용이 빛이나 전기, 자기 혹은 열에서도 나타날까? 이것이 지구의 운동, 즉 물리학자들이 그것으로 지자기 남북극을 설명하는 전기의 흐름과 연관되어 있을 가능성이 있을까? 현재로서는 이 방향으로 아무리 사소한 추론도 할 수가 없다.[18]

그러나 파스퇴르가 이러한 글을 쓴 지 1세기 반이 지난 지금, 우리는 추론할 수 있다.

지난 몇십 년간 많은 과학자들이 처음에 특정 선성의 분자들이 더 많아지도록 만드는 다양한 방법들을 제시해왔다. 가장 잘 알려진 메커니즘은 원자핵 내의 약한 상호작용의 공간적 비대칭성, 즉 우리가 제3부에서 논의했던 반전성(反轉性) 깨짐에 의존하는 것이다. 독자들은 중성미자가 "좌선성"으로만 나온다는 것을 기억할 수 있을 것이다. 자연이 이미 원자핵 수준에서 편향이 있다면, 그것이 생명체에서 발견되는 분자적 편향도 유발할 수 있을까? 지금까지로 보아서는 물질의 근본적 비대칭성과 생명의 비대칭성 사이에 아름다운 연관성이 있다는 것이 가장 만족스런 해답일 듯싶다. 만일 이것이 사실이라면 당황스러운 결과가 생기게 될 것이다. 즉 외계의 모든 생명 형태는 우주 내의 어느 곳에 있다고 하더라도 좌선성의 아미노산(그리고 아마도 우선성의 당)을 가지고 있을 것이다. 생명은 중성미자와 마찬가지로 보편적인 키랄 지문을 가진 셈이 될 것이다.

수많은 물리학자들이 훌륭한 노력들을 했음에도 불구하고, 약한 상호작용 — 원자핵 내에서만 일어나므로, 분자 크기보다 훨씬 더 짧은 거리에서만 작용한다 — 이 생명의 비대칭성을 유발한 원인일 가능성은 희박하다. 그 주된 이유는 한 가지이다. 편향 효과가 극단적으로 약하기 때문이다. 생체 분자는 원자핵과 비교할 때, 엄청나게 거대한 구조물이다. 심지어 대단히 불안정한 계를 전제로 한다고 해도 약력이 그렇게까지 큰 힘을 발휘하게 만드는 방법은 찾기가 어렵다. 약한 상호작용이 키랄 편향을 만드는 데에 관여하는 에너지의 크기는 당(糖)의 전형적인 결합 에너지의 1,000조 분의 1 수준이다. 이미 살펴보았듯이, 가장 단순한 것이 항상 진리일 수는 없다. 설사 그것이 가장 매력적인 것이라고 할지라도 말이다. 게다가 어째서 아미노산과 당의 키랄 편향이 반대 방향인가를 알아내야 한다는 숙제도 여전히 남는다.[19]

파스퇴르가 시사한 대로 어떤 종류의 복사가 생명 이전 수프의 편향을 유발했을 수도 있을까? 태양계가 형성 초기에 우연히 별이 형성되던 영역을 통과했다고 상상해보자. 이러한 영역에서는 편광 자외선이 강하게 방사된다. 많은 사람들이 이러한 종류의 복사가 최초의 키랄 편향을 유발하고 이것이 증폭되어서 결국 생명체의 생체 분자에 고착되었을 가능성이 있다고 믿는다. 일이 이렇게 진행되었다면 태양계 전체가 같은 편향을 가지는 결과를 낳게 된다. 예컨대 화성 혹은 토성의 위성인 타이탄 같은 곳에서 키랄 분자를 찾을 수 있다면, 그것은 좌선성 아미노산이 압도적으로 많다는 등의 지구와 동일한 편향을 가지고 있을 것이다. 그러나 태양계 밖에서는 처한 조건에 따라서 반대 방향의 편향이 생길 수 있다. 복사에 의한 편향은 약한 상호작용에 의한 것과 달리 보편적이지 않을 수 있다. 또다시 이 시나리오에도 난점이 있다. 40억 년 전에 태양계 근처에서 항성이 형성되고 있었을 유력한 후보 영역을 찾기가 어려울 뿐만 아니라, 우주 공간에서 자외선이 키랄 편향에 제대로 영향을 미칠 수 있느냐의 문제에 대해서도 치열한 논쟁이 벌어지고 있다.

특정 편향을 가진 분자가 초기에 더 많아지도록 만드는 세 번째 방법은 "어디서"의 문제와 관련된다. 만일 최초의 생체 분자로 이어지는 반응이 일어난 장소가 광물이나 진흙의 표면이었다면, 이것이 특정한 편향을 유도했을 수 있다. 즉 표면의 결정 구조가 모형, 분자들이 공간적으로 특정 방향을 가지도록 고착화하는 일종의 화학적 궤도의 역할을 했을 수 있다.

이상의 시나리오들을 보면, 생명의 키랄성 미스터리를 풀기 위해서 얼마나 많은 노력이 투입되었는지를 짐작할 수 있다. 그러나 사람들이 대체로 간과한 중요한 측면이 하나 있다. 내가 보기에는 이것이 결정적일 수 있다. 무엇보다 내가 이 연구 주제에 흥분하게 된 것은 이 때문이다. 2006년 여름에 나는 생명의 기원이 가진 편향성과 물질이 반물질보다 과다해진 기원 사이에 많은 유사점이 있다는 사실을 알아차렸다. 즉 우주론이 생물학과 만났다. 물질 과다가 초기 우주의 불안정한 환경에서 만들어진 것과 마찬가지로, 생명 이전의 화학 물질 수프도 초기 지구의 불안정한 환경에서 만들어졌다. 그에 따라서 우리 행성의 어린 시절에 일어난 일들이, 분자의 키랄성 선택 문제를 포함해서, 생명의 출현에 결정적 영향을 미쳤을 것이라고 추정하는 것이 합리적이다. 어린 지구의 활동적 환경은 생명의 기원에 어느 정도 큰 영향을 미쳤을까? 파스퇴르는 결정적이었을 것이라고 암시했고, 그로부터 1세기 후의 프랭크도 역시 마찬가지였다. 2005년에 노르딕 이론물리연구소의 악셀 브란덴부르크와 토머스 뮬타마키는 격변(turbulence)이 특정 키랄 방향의 증폭 메커니즘을 가속화했을 수 있다고 주장했다. 한편 웨이크 포레스트 대학교의 딜립 콘디푸디가 이끄는 연구 팀과 마드리드 대학교 출신의 크리스토발 비에드마는 흥미로운 현상을 관찰했다. 좌선성 결정과 우선성 결정이 모두 포함된 용액을 흔들어주면 단일 선성으로의 편향이 촉진되는 것이다. 좌든 우든 방향은 관계가 없었다. 용액의 최종 상태는 좌선성일 수도 있고, 그 반대일 수도 있었다. 그러나 순수하게 어느 한쪽 결정으로만 채워진 용액으로 변했다.

타임머신을 타고 초기 지구로 돌아갈 수도 없는 상황에서 어떻게 하면 당시의 환경적 사건들이 생명의 키랄성 선택에 미친 영향을 연구할 수 있을까? 초고속 컴퓨터를 여러 대 이용하면 해답에 접근할 수 있다. 컴퓨터를 실험실로 사용하는 것이다. 불안정한 환경에서 화학물질들이 상호반응하는 초기 지구의 모형을 시뮬레이션하는 것이다. 다트머스 대학에서 조엘 토래린슨과 세라 워커와 나는 프랭크의 것과 비슷한 계에서 외부 환경의 변화가 화학 반응에 어떤 영향을 미쳤을지를 알아볼 모형을 만들었다. 화학 반응은 온도의 요동과 반응 물질의 농도 변화에 매우 민감하다. 초기 지구에서 운석이 떨어지고 화산이 폭발하고 지진이 자주 일어나는 등의 외부 교란 요인들은 각기 다른 장소에서 일어나는 생명 이전 단계의 화학 반응에 막대한 영향을 미쳤을 것이다. 우리가 연구한 결과는 매우 극적이었다. 즉 환경의 영향은, 만일 충분히 강하기만 하다면, 기존에 어느 쪽 유형의 선성이 강했든지 간에 이를 모두 무산시킬 수 있었다. 달리 표현하면, 화학 반응이 잘 일어나서 좌선성 아미노산이 명백히 과다해지는 편향이 일어나고 있었더라도, 환경의 격변에 따라서 우선성이 과다해지는 쪽으로 반응 방향이 역전될 수 있었다.

이를 시각화하는 한 가지 방법은 평평한 고무판 위에 동전 수백 개를 올려놓는 상황을 생각하는 것이다. 동전은 분자 1개, 그 앞면과 뒷면은 좌선성과 우선성을 뜻한다고 하자. 고무판은 이곳저곳이 각기 다른 강도로 진동할 수 있다. 환경의 격변이 약한 경우는 약한 진동으로, 강한 경우는 강한 진동으로 생각하자. 이 상황에서 처음에는 모든 동전이 앞면을 보이는, 즉 좌선성 분자 상태에 있다고 가정해보자. 고무판의 진동이 약하면 동전이 뒤집히지 않겠지만 강하면 뒤집힐 수 있다. 진동이 특정한 문턱 값을 넘게 강해지면 이 계는 완전히 교란되어 동전이 뒤집힐 확률은 반반이 될 것이다. 격렬한 진동이 끝나면, 앞면이 나온 동전과 뒷면이 나온 동전이 절반씩일 것으로 예상할 수 있다. 모든 동전이 앞면을 보이던 초기 상태가 파괴된 것이다. 이때 그 계가 "임계점(臨界點, critical point)"을 넘어섰다고 표현한다. 이를 넘어서면 최초의 질서 있는 배열이 파괴된다. 동전을 분자로, 앞뒷면을 좌선성과 우선성으로 생각해보면, 초기에 어떤 선성으로 통일되어 있었든 이것이 환경의 영향으로 모두 백지화될 수 있음을 알 수 있다. 요약하자면, 격렬한 외부 사건이 있으면 그 계는 초기화되어서 좌선성과 우선성이 거의 같은 수가 된다. 그리고 나서 사태가 진정되면, 다시 반응이 시작된다. 어느 한쪽을 증폭시키는 방향으로 말이다.

우리는 초기 지구의 컴퓨터 시뮬레이션을 통해서 작은 "가상 연못"에 있는 분자들의 키랄성을 바꾸는 데에 필요한 환경적 영향의 임계 강도를 찾을 수 있었다. 그 결과, 적당한 가정 아래에서 그러한 사건은 일어날 가능성이 상당히 큰(많은 경우에 60퍼센트 이상) 것으로 나타났다. 따라서 초기에 특정 키랄성이 어느 정도로 우세했든지 간에, 이것이 백지화되는 일이 지구 역사에서 여러 차례 일어났을 수 있다. 다시 말해서 모든 격렬한 사건은 예전에 있었던 특정한 편향을 백지화시킬 힘이 있다. 그리고 과거에 대한 기록은 남지 않는다. 생명 이전 지구에 대한 우리의 지식은 결코 완벽할 수 없다. 지구 탄생 후에 얼마간의 시간이 지난 뒤, 약 38억 년 전에서 35억 년 전 사이의 어느 시기에 환경의 격변이 충분히 약해져서 생명 이전의 화학 반응이 특정한 키랄성이 우세해지는 방향으로 왕성하게 일어날 수 있게 되었다. 우리의 모형에 따르면, 지구 생명체의 단백질이 좌선성 아미노산으로 구성된 것은 우연에 불과하다. 우선성이라는 결과가 나올 수도 있었다.

우리의 모형은 또다른 사실도 강하게 예측한다. 즉 외계 생명체는 어느 쪽 키랄성이든 가질 수 있다. 그러므로 약한 상호작용이나 자외선으로 인한 편향 메커니즘과 달리, 만일 태양계 밖의 어딘가에서 아미노산을 찾을 수 있다면 그것은 좌선성일 수도 우선성일 수도 있을 것이다. 어느 쪽이 더 선호된다는 법은 없다는 말이다. 오늘날 외계의 아미노산은 이미 일부 운석에서 발견되었다. 특히 유명한 것이 앞서 언급한 머치슨 운석이다. 짐 크로닌, 샌드라 피자렐로를 비롯한 여러 사람들의 조사 결과, 좌선성 아미노산이 아주 조금(예를 들면 이소발린 표본의 경우에 최대 15.2퍼센트) 많았다. 이는 우리의 예측이 틀렸다는 증거, 다른 메커니즘들에서 예측한 대로 초기의 편향이 태양계 전체에 걸쳐서 작용했다는 증거일 수도 있다. 그러나 이것은 성급한 판단이다. 우선 한 가지 이유를 들자면, 좌선성 아미노산 과다가 지구에서처럼 완벽하지 않고 그것도 주로 이소발린에서만 나타난다는 점이다. 다른 아미노산들에서는 편향이 훨씬 적게 나타난다. 또다른 이유를 들자면, 현재의 연구 결과는 통계적인 것이어서 확증을 위해서는 많은 표본이 필요하다. 현재 우리가 가진 자료는 머치슨 운석과 머레이 운석에서 일부 좌선성 아미노산이 우선성보다 약간 더 많다는 것이다.* 이는 매우 중요한 증거이기는 하지만, 태양계에서 좌선성 아미노산이 압도적으로 많다고 주장하는 근거로 이용될 수는 없다. 편향의 정도가 매우 작은데다가 수많은 아미노산 중에서 극히 일부에서만 나타난다는 점과 별개로, 운석이 오염되었을 위험도 있다. 다시 말해서 지구상의 화학 과정

---

* 머레이 운석은 1950년 미국 켄터키 주의 캘로웨이 카운티에 떨어졌다.

이 운석 내의 아미노산을 변형시켰을 가능성이 있다는 말이다. 그러한 일이 없도록 많은 주의를 기울였지만, 혹시 모를 일이다. 매우 중요한 사항이 또 있는데, 그것은 이들 아미노산이 생명체에서 추출한 것이 아니라는 점이다. 키랄 편향은 생명체의 화학에만 관련된다는 것도 얼마든지 있을 수 있는 일이다. 그것이 어떤 것이든, 40억 년간 태양계를 가로질러 여행하던 암석에 생긴 화학 작용과는 관련이 없을 수 있다.

지구 생명체의 키랄성이 우연히 결정되었다는 우리의 예측이 맞는지의 여부를 어떻게 확인할 수 있을까? 만일 태양계 여기저기서 좌선성 아미노산이 정말 압도적으로 풍부하다는 증거가 더 많이 나온다면, 우리의 가설은 포기되어야 한다. 또한 어떤 편향 메커니즘이 태양계, 어쩌면 우주 전체에 미치고 있어서 국지적인 환경이 미치는 효과는 결코 이를 바꿀 정도의 힘을 미치지 못했음을 받아들여야 한다. 나는 여전히 그렇게 될 가능성을 회의적으로 본다. 설사 우리가 틀렸다고 하더라도, 우리는 생명이 출현하기 위한 조건에 대해서 무엇인가를 배우게 될 것이다. 과학은 이렇게 앞으로 나아간다. 즉 우리는 이길 때도 있고 질 때도 있다. 오직 자료만이 결정할 수 있는 문제이다. 우리는 우리가 측정할 수 있는 것을 알 뿐이다.

우리의 모형은 1970년대 초에 닐스 엘드리지와 스티븐 제이 굴드가 제기한 단속 평형(punctuated equilibrium) 가설을 떠올리게 한다. 거기에 영감을 받은 우리는 논문에 "단속 키랄성(Punctuated Chirality)"이라는 제목을 붙였다. 엘드리지와 굴드는 종(種)이 점진적으로 진화한다는 상식과는 반대되는 주장을 펼쳤다. 이들의 단속 평형 시나리오에 따르면 생명의 진화는 단속적으로, 즉 하다가 말다가의 방식으로 진행된다. 새로운 종이 많이 출현하지 않는 상대적으로 조용한 시기가 지속되다가 갑자기 종 분화가 급속도로 일어나는 시기로 바뀌는 것이다. 이 같은 변화가 일어나는 일반적인 이유는 운석 충돌이나 화산 분출과 같은 자연의 격변에 있다. 가장 유명한 사례는 6,500만 년 전에 지름 10킬로미터짜리 소행성이 지구와 충돌한 사건이다. 이 충돌은 공룡을 멸종시키고 (혹은 멸종에 크게 기여하고) 지구상 생명의 약 40퍼센트를 끝장냈다. 이 충돌은 지질학적으로 볼 때 백악기와 제3기의 경계에서 일어났고, 포유동물이 주류를 이루기 시작하던 시기와 일치한다.[20] 어떤 의미에서 우리는 단속 평형 가설을 생명 이전의 시기로 확장해서, 환경적 사건이 지구 생명의 키랄성을 결정하는 데에 핵심적 역할을 했다고 주장하는 것이다. 만일 우리가 옳다면, 지구의 역사와 생명의 역사가 깊은 관계를 맺기 시작한 것은 심지어 생명이 출현하기 이전부터였을 것이다.

47
우리는 모두 돌연변이이다

나처럼 옛날 공포영화를 좋아하는 독자라면, 인간이 늑대인간으로 변신하는 다양한 모습을 화면에서 많이 목격했을 것이다. 내가 가장 좋아하는 영화는 1941년에 나온 「늑대인간」이다. 보름달이 비치는 밤, 침울한 성격의 론 채니 2세는 송곳니와 털이 길어지기 시작하면서 점잖은 신사에서 사람을 죽이는 괴물로 변신한다.

물론 오늘날 영화의 컴퓨터 그래픽과 비교하면, 1940년대에 분장과 특수효과로 이룩한 이 영화의 업적은 우스꽝스럽게 보일 것이다. 오늘날의 10대들은 이러한 공포영화의 고전을 보면서, "아빠, 진짜 웃겨! 이런 걸 보고 겁에 질렸었다는 게 정말이세요?"라며 깔깔 웃는다. 하지만 영화의 수준을 판별하는 나의 기준은 인간에서 짐승으로 그리고 다시 인간으로 변신하는 장면의 사실성에 있다. 나에게 가장 무서운 영화는 그러한 변신이 가장 연속적이고 점진적인 영화이다.

일부 독자들은 제임스 본드 영화 「다이아몬드는 영원히」에 나오는 "고릴라 여성"이나 마블 코믹스의 만화 "괴물들"이 더 친숙할지도 모르겠다. 거기서는 야한 비키니를 입은(적어도 브라질에서는) 아름다운 소녀가 독자들의 눈앞에서 광포하게 으르렁거리는 유인원으로 서서히 변신한다.[21] 가장 무서운 장면은 변신이 점진적으로 진행되는, 가장 사실적인 장면이다. 픽션에서 거짓이 진실로 통하기 위해서는 그 거짓이 아주 그럴듯해야 한다.

심지어 선구적인 지질학자 찰스 라이엘이 활약한 1800년대 초반 이전에도 지질학을 이끌던 주요 개념은 균일설(uniformitarianism, 보통 동일과정설[同一過程說]로 번역되지만, 이 문맥에서는 균일설이 더 적절하다/역주)로도 불리는 점진적 변화론이었다. 지구는 인간이 상상할 수 없을 정도로 오랜 기간에 걸쳐서 서서히 점진적으로 변화하고 있다. 이 같은 변화의 기록을 찾아보려면, 우리는 암석에 의존해야 한다. 암석은 지구의 오랜 과거와 우리를 이어주는 고리이다.

젊은 찰스 다윈이 영국 해군의 비글 호(號)를 타고 세계 탐험을 시작했을 때, 그의 침대 머리맡에는 라이엘의 책이 있었다. 진화 사상이 무르익어감에 따라 다윈은 지구상의 생명의 역사와 지구 자체의 역사, 즉 지질학적 역사 사이에 깊은 관련이 있음을 깨달았다. 지질학자들이 지구의 역사를 재구성하기 위해서 암석을 관찰했듯이, 고생물학자는 하나의 종이 다른 종으로 점진적으로 바뀌는 증거를 찾기 위해서 화석을 들여다보았다. 이 같은 점진적 변이는 자연 선택이 작동한다는 신호가 될 것이다. 그러나 다윈이 『종의 기원』에서 인정했듯이, 세상은 그렇게 단순하지 않았다. 화석 기록에서는 "무한히 많은 변이의 고리들"이 있다는 증거를 전혀 찾을 수 없었다. 그는 지질학에서 지침을 찾아서, 거기에도 역시 틈새들이 있다고 주장했다. "그렇다면 모든 지질학적 구조와 모든 지층이 그러한 중간 고리들로 가득 차 있지 않은 이유는 무엇인가? 유기체가 점진적으로 변화해온 그 같은 상세한 사슬이 지질에서는 전혀 드러나지 않고 있는 것이 분명하다." 이어서 다윈은 대가답게 자신의 이론에 대한 비판을 미리 차단하기 위해서 지질학과 생명 사이의 관계를 원용했다. "지질학적 증거는 극도로 불완전하다. 그리고 이 사실은 우리가 어째서 중간 단계의 변종들을 찾을 수 없는지를 잘 설명해준다. 현존하는 생물 형태와 멸종된 생물 형태를 최고로 상세하고 점진적인 단계로 연결해주는 변종들 말이다. 지질 기록이 이러한 속성을 가졌다는 견해를 받아들이지 않는 사람이라면, 당연히 나의 이론 전체를 부인할 것이다." 다시 말해서, 한 지질학적 시기에서 다음 시기로 점진적으로 이행한 것을 보여주는 중간 단계의 모든 암석을 찾아낼 수 없다는 점으로 볼 때, 현존 생물과 멸종 생물 사이에 있는 중간 단계의 생물 형태를 모두 찾을 수 있다고 기대해서는 안 된다는 것이다. 설사 그렇다고 해도, 다윈은 고생물학자들이 "중간 고리들"을 찾아 틈을 메우기 위해서 가능한 최대로 노력해줄 것을 희망했다.

진화에 대한 다윈의 접근법은 옛날 공포영화의 변신과 대단히 흡사하다. 즉 인간이 늑대인간으로 변신하는 장면은 중간에 끊김이 가장 적은 것이 가장 훌륭하다. 변신의 중간 단계가 최대한 많이 있는 점진적 변신이 가장 나은 것이다. 다윈은, 예를 들면 공룡이 새로 진화하는 과정에 이처럼 "세분화된 점진적 단계"가 있었을 것이라고 믿었다. 점진적 변형은 점차 축적되어서 어느 시점을 지나면 어느 집단 내의 변형 개체들은 변형되지 않은 동료들과 짝짓기가 불가능해지는 일이 일어났을 것이다. 즉 새로운 종이 탄생했을 것이다. 하나의 종에서 다른 종으로 진화하는 경로는 점진적이고 완만했을 것이라고 여겨졌기 때문에, 원칙적으로 화석 기록은 이 같은 점진적 변화를 반영해야 마땅하다. 그러나 실제 화석 기록에는 필연적으로 틈새가 있을 수밖에 없다.[22]

이 같은 점진론에 반대하는 격변설 학파는 대격변이 지구의 역사, 따라서 지구상의 생명의 역사에 막대한 영향을 주었다고 주장한다. 대형 운석의 충돌, 일련의 격렬한 화산 분출, 급격한 기후 변화, 지진과 쓰나미 등은 생물의 느릿한 진화 속도를 교란시켰을 수 있다. 전통적인 지질학적 시간이 허용하는 것보다 훨씬 더 짧은 기간 내에 말이다. 수십 년간 활발히 논쟁을 벌이고 많은 연구와 자료 수집을 한 결과, 둘 사이의 견해를 통합하는 하나의 합의가 도출되었다. 즉 지구의 지질학적 역사는 느리고 점진적인 과정이고, 이따금 여기에 영향을 주는 격렬한 사건이 일어나는 것이 특징이다. 이러한 사건들이 생명의 초기 역사에 미치는 충격을 충분히 이해하게 된 것은 아주 최근이다.

우리는 이 두 가지 상황을 어떻게 구별할 수 있을까? 만일 화석 기록이 불완전하다는 것을 인정한다면, 점진주의가 작동함을 증명하기는 불가능할 것이다. 다시 말해서 엄격한 점진주의는 반증이 불가능하다. 타임머신을 타고 과거로 돌아가서 종 분화의 세부사항을 직접 관찰하지 못하는 한, 결코 점진주의가 정말 올바른 것이라고 주장할 수 없을 것이다. 우리는 우리가 측정할 수 있는 것을 알 뿐이다. 이 문제는 틀림없이 다윈과 그 추종자들을 지속적으로 괴롭혔을 것이다. 한편 만일 격변설과 점진설의 종합을 받아들인다면, 화석 기록이 불연속적일 것임을 예상해야 할 것이다. 이에 관한 가장 유명한 예는 당연히 백악기와 제3기의 경계에서 공룡이 갑자기 멸종한 사건이다.

다윈 진화론에 빠져 있는 핵심 요소는 종이 어떻게 변화하는가를 설명할 구체적 메커니즘이었다. 그는 유전자와 돌연변이, DNA 복제, 감수분열에 대해서 알지 못했다. 다윈의 진화론에 유전학을 추가하면 오늘날 "현대 신종합"이라고 부르는 것이 된다. 살아 있는 모든 생명체는 각자 고유한 유전 코드, 즉 유전자형(遺傳子型, genotype)을 가지고 있고, 이것은 그 생명체가 가진 신체적 특성을 분자 수준에서 나타낸 것, 즉 표현형(表現型, phenotype)을 상세하게 담고 있다(표현형은 유전자형이 환경의 영향을 받으며 드러난 것이다/역주). 유전자형은 특정한 생물을 만드는 상세한 조리법으로 생각할 수 있다. 번식 과정에서 이 설명서 세트는 분자들 간의 복잡한 일련의 상호작용을 통해서 후손을 만든다. 이 만들기가 100퍼센트 효율적이면 후손은 부모의 유전자를 그대로 물려받는다. 무성생식의 경우라면, 자식 세포는 부모 세포와 똑같은 유전 정보를 가지게 된다. 이는 통상적인 조직 증식에서 일어나는 일이다. 예를 들면 간 세포가 2개의 똑같은 세포로 분열하는 것이 그러한 예이다. 만일 간 세포가 분열해서 심장 세포를 낳는다면, 그것은 정말 심각한 사태일 것이다. 유성생식의 경우에는 부모의 유전자가 섞이게 된다. 유성생식이든 무성생식이든 자식을 만드는 과정에 결함이 있으면, 자식 세포의 유전자 서열은 부모의 것과 약간이라도 달라지게 된다. 후손을 만드는 과정이 유전적으로 불완전한 결과를 낳을 경우, 이를 변종(돌연변이)이라고 부른다.[23]

지구에서 생명이 진화함에 따라서 유전자 복제 과정은 점점 더 효율적이고 복잡해졌을 것임이 틀림없다. 최초의 생물 형태가 복제될 때는 더 쉽게 많은 실수들이 발생했을 것이다. 따라서 추측건대 적절한 종보다 변종이 더 많았을 것이다. 세월이 흐르고 생명이 지속되면서 복제 장치가 진화했다. 생명체들은 점점 더 환경에 적응하게 되었고, 그렇게 각기 다른 환경에 적응하면서 점점 더 서로 달라졌을 것이다. 일종의 미생물의 종 분화가 시작되었었다. 다윈이 갈라파고스 제도를 방문했을 때에 알아차렸듯이, 지리적 격리는 종 분화를 매우 빠르게 일어나게 만든다. 오늘날 다세포 유기체의 복잡한 세포들은 30억 년 전에 살았던 단순한 단세포 생명체와 크게 다른 것이 사실이지만, 그래도 많은 공통점이 있다. 우리의 단세포 선조들은 오늘날 모든 생명체에서 확인되는 유전적 언어를 개발했던 것이 틀림없다. 그 언어는 4개의 뉴클레오티드 염기와 20개의 아미노산으로 만들어진 단백질을 기본으로 한다. 약 30억 년 전에 하나의 단세포 유기체가 수많은 시행착오를 거친 후, 오늘날 우리가 보는 DNA 복제에 의한 번식을 달성했다고 상상해보자. 이 고대 생명체는 모든 생물의 최초의 공통 조상(the last universal common ancestor, LUCA라고도 불린다)이다. 이는 생명 계통수(系統樹)를 그린다면, 그 뿌리에 해당된다. "그렇게 단순한 시작으로부터, 가장 아름답고 놀라운 형태들이 끝없이 진화해나왔고 지금도 진화하고 있다." 다윈이 몰랐던 것은 공통 조상에서 인간에게까지 가지가 뻗게 된 것은 변종, 즉 돌연변이 때문이었다는 점이다.

DNA의 모습을 떠올리는 간단한 방법은 이빨이 맞물린 지퍼를 생각하는 것이다. 이빨, 즉 핵 염기는 네 종류밖에 없고 서로가 특정한 것끼리만 맞물린다. 아데닌(A)은 오직 티민(T)과, 구아닌(G)은 오직 시토신(C)과 결합한다. 그러므로 지퍼 한쪽이 A-C-A-T-G로 배열되어 있으면, 그 맞은편은 반드시

T-G-T-A-C로 배열되어 있어야 한다. 유전자는 단지 특정한 기능을 위한 지시문을 담고 있는 특정한 염기 서열일 뿐이다. 유전자가 다르면 하는 일도 다르다. 예를 들면 유전자는 헤모글로빈 등의 각기 다른 단백질을 만드는 지시문을 가지고 있을 수 있다. 한 생명체가 가진 모든 유전자의 완전한 세트를 게놈(genome, 유전체)이라고 부른다.

이 모든 개념을 알았으니, 이제 유전자 수준에서 돌연변이가 무엇인지 알아보자. 번식을 할 때 DNA 분자의 지퍼는 열려서 2개로 복제된다. 양쪽 면이 각기 하나의 지퍼가 되는 것이다. 이러한 일이 일어나기 위해서는 유전자가 올바른 순서로 읽혀야 한다. 하나의 유전자를 몇 개의 단어로 이루어진 하나의 문장이라고 생각하자. 만일 문장을 베끼는 타자수가 일부 단어의 위치를 뒤바꾼다면, 이 문장은 의미를 잃어버릴 것이다. 이와 마찬가지로 유전자를 서열화하는 데에 실수가 있으면, 후손들은 불완전한 유전자를 가지게 된다. 즉 돌연변이가 태어나는 것이다. 대부분의 돌연변이는 중립적이어서 생물의 생존에 아무런 영향을 미치지 못한다. 효과를 나타내는 돌연변이, 다시 말해서 자연 선택에 영향을 미치는 돌연변이는 개체에 크고 치명적인 손상을 입히는 경우가 흔하다. 일반적으로 오자(誤字)는 문장을 더 낫게 만들지 못한다. 예를 들면 돌연변이 폐 세포는 세포 조각의 비정상적 성장을 일으켜서 암을 유발할 수 있다. 그러나 돌연변이가 도움이 되고 개체를 생존 게임에서 유리해지도록 만드는 경우도 드물게 존재한다. 기린이 흔한 예로 꼽힌다. 낮은 가지의 잎을 모두 먹어치웠을 경우에 목이 가장 긴 기린만이 더 높은 가지의 잎을 먹을 수 있다. 이 돌연변이는 더 많이 먹고 더 튼튼해져서 더 효율적으로 짝짓기를 할 수 있다. 머지않아서 긴 목 유전자를 가진 그의 자손들이 늘어나고 기린 개체군은 서서히 짧은 목에서 긴 목으로 바뀐다. 돌연변이는 유전적 변이의 주된 원천이고 생명의 놀라운 다양성을 만드는 주된 원동력이다. 만일 번식이 완전했다면 종들은 돌연변이가 될 수 없었을 것이고, 세월의 경과에 따라서 이들이 직면해야 했던 장단기적 환경 변화를 견디고 살아남지 못했을 것이다. 달리 말해서 돌연변이가 없었다면 생명 계통수는 가지를 만들지 못했을 것이고 생명은 실패한 실험이 되었을 것이다.

우리가 존재하는 것은 유전자 복제가 불완전했던 덕분이다. 위대한 진화생물학자 에른스트 마이어가 분명하게 밝혔듯이, 우리는 선조들과 떨어져서 지리적으로 고립된 종이 왜 시간의 흐름에 따라서 변화하는지를 알 수 있다. 적응 돌연변이가 지리적으로 제한된 상태로 남아 있을 것이고 서서히 (혹은 처음에는 그리 느리지 않게) 종 전체를 바꾸어놓을 것이다. 얼마간의 시간이 흐른 뒤에 지리적 장벽이 사라지거나 어떻게 해서든 그것을 극복할 수 있게 되면(예를 들면 국지적이거나 세계적인 온난화 때문에 빙하가 녹는다거나, 침식 때문에 산봉우리에 통로가 생긴다거나, 동물들이 더 장거리의 이주를 견딜 수 있게 된다거나 하면) 돌연변이 종은 조상들이 있던 고향으로 되돌아갈 수 있다. 몇백만 년 후에 고생물학자가 두 종류의 표본을 모두 포함하는 하나의 화석 기록을 찾아낼 수도 있다. 둘 사이에 점진적 변화가 없는 기록 말이다.

세월이 흐르면서 (그리고 돌연변이 덕분에) 지난 수십억 년간 생명 계통수가 여러 방향으로 수많은 가지를 친 것은 사실이지만, 그래도 우리 유전자 속에는 우리가 기원한 뿌리가 있다. 모든 생물의 최초의 공통 조상까지 거슬러올라가는 뿌리 말이다. 지구 생명의 역사는 불완전성이 어떻게 창조와 다양성을 낳는지를 보여주는 강력한 사례이다. 생명 이전 수프 내의 단백질과 DNA의 키랄 뼈대에서부터 오늘날의 무수히 다양한 아름다운 생물 형태에 이르기까지, 우리가 존재하는 것은 유전자 복제의 작지만 핵심적인 역할을 하는 부정확성 때문이다. 만일 우리가 이런저런 세계를 만들어보는 신들처럼 역사를 되돌릴 수 있다면, 지구상의 생명은 다른 길을 걷게 될 것이 틀림없다.

돌연변이는 무작위로 일어난다. DNA 복제와 수준에서건, 자외선과 X선 복사와 같은 외부 요인에 의해서 유발된 것이건 간에 그렇다. 우리가 존재할 수 있었던 것은 일련의 매우 독특한 환경 조건 덕분에 일어날 수 있었던, 매우 독특한 일련의 돌연변이 덕분이다. 좀더 극적으로 표현하자면, 사건들이 일어나는 순서가 달랐다면 아마 우리는 존재하지 못했을 것이다. 만일 6,500만 년 전에 공룡을 멸종시킨 소행성 충돌이 없었다면, 과연 포유류가 지배적인 위치를 차지할 수 있었을까. 많은 사람들이 믿는 바와는 반대로, 시간이 충분히 주어진다고 해도 자연 선택이 지능이 높은 종의 출현을 보장하지는 못한다. 예를 들면 눈[眼]과 같은 진화상의 특질은 다양한 환경 조건하에서 재등장할 수 있지만 — 일부 생물학자들이 "수렴 진화"라고 부르는 현상 — 이는 적응 장치로서 눈이 유용하다는 사실을 반영하는 것일 뿐이다. 눈이 전자기 스펙트럼 중에서 노란색 영역을 주로 복사하는 항성에서의 삶을 편리하게 만드는 것은 분명하다. 지구에서 살아남으려면 시각을 갖출 필요가 있지만, 똑똑해야 할 필요는 없다. 자연 선택에는 미리 정해진 최종 목표 같은 것이 없다. 그저 특정한 환경에 대한 효과적 적응이 있을 뿐이다. 공룡은 1억 년 이상 우월한 존재로 군림했지만, 우리가 아는 한 대단히 멍청했다.

이러한 관점에서 보면, 우리가 존재한다는 사실 자체가 대단히 경이로운 일이다. 매우 독특한 행성의 역사가 매우 독특한 무작위 돌연변이와 결합되어서 자신의 기원과 위치에 의문을 품을 줄 아는 똑똑한 종을 탄생시켰다는 사실은 정말 그렇다. 여기서 우리에게는 두 가지 선택지가 있다. 즉 우리의 존재를 초자연적 존재가 행한 기적으로 보거나, 아니면 우리가 얼마나 연약한 존재이고 생명이 얼마나 연약한 것인지를 받아들이는 것이다.

현대 과학은 생명의 사슬이 심지어 별들도 태어나기 전, 원시 우주에서 물질이 반물질보다 우위에 서기 시작했을 때에 시작되었음을 보여주었다. 생명의 씨앗, 모든 단백질과 DNA 분자를 만드는 화학원소들은 죽어가는 별들의 중심부에서 만들어진 것이다. 우주의 광막함 속에 떠 있는 수천억 개의 은하들에 소속된 몇조 개의 몇조 배에 달하는 별들 속에서 말이다. 이러한 별들 중에서 많은, 어쩌면 대부분의 것들 주위에서 행성과 그 위성이 느리게 춤추며 움직이고 있다. 우주 전체에 걸쳐서 다른 세계가 무수히 존재한다는 것을 생각해 보면, 우리는 얼마나 초라해지는가. 그리고 만일 생명이 다른 곳에서도 진화했는지, 그랬다면 어느 정도까지 복잡해졌을지를 궁금해 하지 않기란 얼마나 어려운 일인가……. 설사 우리가 외계 생명체와 아직 접촉하지 못했다고 하더라도 그 가능성은 구미가 당기는 일이며 일부에게는 겁이 나는 일이다. 이에 대안이 되는 관점은, 우리는 우주적 고독을 선고받은 것이고 삶과 죽음의 문제를 숙고하는 것은 우주에 우리밖에 없다는 것이다. 이것의 의미는, 우리가 의지할 것은 우리 자신밖에 없으며 우리는 정말로 드물고 귀한 존재라는 것이다. 우리는 우주 내에서 우리의 역할을 수행할 준비가 되어 있는가? 외계 지능의 존재를 성찰하는 것은 인류를 거울 앞에 놓는 행위이다. 이 책의 마지막인 제5부에서는 이러한 질문들에 대해서 알아보자. 그동안 생명과 우주 그리고 지식의 추구에 있어서 우리의 한계에 대해서 배운 바를 토대로 접근해보는 것이다.

제5부
존재의 비대칭성

48
어둠에 대한 두려움 II

한 노인이 어둠 속에 앉아서 자신이 사랑하던 고인(故人)들에 대해서 생각한다. 밤이 빨리 왔고 매일 점점 더 빨리 왔다⋯⋯. 창밖을 내다보던 그의 눈에 멀리서 깜박이는 별이 하나 들어온다. "저 별이 고요히 반짝이면서, 저기 있기는 한 것일까?" 그는 알 수 없다. 누구도 알 수 없는 일이다. "저 바깥에는 얼마나 많은 세계들, 너무 멀고 너무 희미해서 보이지 않는 세계들이 있을까? 우리가 보는 것은 너무 적다. 우리가 아는 것은 너무 적다."

그는 사랑하던 고인들에 대해서 다시 생각한다. "그들은 저 위의 천국에서 아직도 날 사랑하고 있을까? 지금은 성진(星塵)이 되어서 우주 공간에 뿌려져 있는 것은 아닐까? 나는 무엇이 될까? 천사? 먼지?" 그는 평생토록 확실성을 꿈꾸었지만, 결국 아무것도 손에 넣지 못했다. 처음에 그는 신앙으로 상실감을 채울 수 있기를 바랐다. 다음에는 지식으로 같은 시도를 했다. 그는 모든 것에서 의미를 찾아보았다. 그리고 세상에는 단순한 해답, 최종적이고 통일성 있는 그림, 즉 창조의 원대한 계획은 없다는 것을 알게 되었다. 그는 지식에 한계가 있다는 것, 자신이 결코 모든 것을 알 수는 없다는 것을 받아들이지 않으려고 몸부림쳤다. 스스로가 작고 무능한 존재로 느껴졌다. "만일 내가 세상을 이해할 수 없다면, 나는 어떤 존재일까?" 그는 오랫동안 포기하기를 거부했다. 그는 알지 못한다는 것의 단순성을 포용할 수 없었다. 그러나 서서히 상황이 바뀌기 시작했다. 무거움이었던 것이 가벼움이 되었다. 잃은 것처럼 보였던 것이 새로운 길이 되었다. 원대한 계획의 일부가 아닌 존재가 된다는 것은 해방을 의미했다. 그는 언제든지 질문할 수 있었고, 자기 자신과 세계에 대해서 계속 배워나갈 수 있었다. 그는 마침내 중요한 것은 살아 있고, 기억되는 것임을 이해했다. 그것의 너머에는 어둠이 있을 뿐이다.

49
우주는 의식이 있는 존재인가?

"모든 철학의 기반은 단 두 가지, 호기심과 나쁜 시력이다……. 문제는 우리가 스스로 볼 수 있는 것보다 더 많은 것을 알고 싶어한다는 점이다." 베르나르 퐁트넬의 뛰어난 작품 『세계 다수(多數) 문답(*Conversations on the Plurality of Worlds*)』에서 철학자의 독백은 이렇게 시작된다. 이 책이 출간된 1686년은 아이작 뉴턴의 『프린키피아』가 나오기 1년 전이다. 우리는 세상에 호기심을 가지고 있고 큰 질문들에 대한 해답을 알고 싶어한다. 문제는 우리가 가진 도구로는 어느 정도까지밖에 알 수가 없다는 것이다. 우리는 용감하게도 스스로의 생각과 상상력을 타고, 측정할 수 있는 범위의 바깥, 미지의 영역까지 나아간다. 우리는 스스로가 보유한 두 가지 수단을 통해서 해답을 모색한다. 즉 신앙과 이성이 그것이다. 일부 사람들은 주로 신앙을 통해서 세상을 보는 것을 선택한다. 자연의 질서는 초자연적 존재가 간여한 결과라고 믿는 것이다. 물론 과학이 이들의 삶에 영향을 미칠 수는 있다. 이들은 항생제를 복용할 수 있고, 디지털 혁명이 원자에 대한 지식의 산물이라는 것을 이해할 수도 있다. 그럼에도 불구하고 우주의 기원이나 생명의 기원, 우리가 죽은 뒤에 어떻게 되는가 등의 큰 질문에 이르면, 이들에게 과학은 아무런 영향을 미치지 못한다. 이 집단에 속한 사람들을 "초자연론자(supernaturalist)"라고 부를 수 있다. 이와 달리, 오직 이성을 통해서만 세상을 보기로 선택한 사람들도 있다. 자연현상은 불변의 법칙에 굳건한 뿌리를 둔 원인이 일으키는 것이라고 믿는 사람들이다. 이들에게 과학적 방법은 그러한 법칙을 구하고, 이를 통해서 자연에 대한 이성적 토대를 세우기 위해서 실행할 수 있는 유일한 접근법이다. 이 두 번째 집단은 알지 못하는 것에 대한 초자연적 설명은 전혀 필요로하지 않는다. 우리는 이 집단의 구성원들을 "자연론자(naturalist, 통상 박물학자로 옮기지만 여기서는 적절하지 않다/역주)"라고 부를 수 있다. 그러나 심지어 여기에서조차도 이성과 신앙을 결합할 여지가 있다. "신앙"이란 무엇인가에 대한 증명되지 않은 믿음이라고, 조심스럽게 정의를 내리면 된다. 이 "무엇"이 초자연적인 대상이냐 자연적인 대상이냐의 여부로 초자연론자와 자연론자를 구별할 수 있다.

아인슈타인이라면, 신앙만으로도 이성만으로도 충분하지 않다고, 두 가지는 서로를 필요로 한다고 주장할 것이다. 그의 유명한 표현을 보라. "종교가 없는 과학은 절름발이고 과학이 없는 종교는 맹목이다." 하지만 그가 믿은 것은 설명할 수 없는 어떤 초자연적 원인이 아니라, 존재의 심장부에 숨겨져 있는 자연의 플라톤적 질서였다. 인간의 정신은 과학적 연구를 통해서 가끔 이 질서의 조각들을 밝힐 특권이 있다는 것이었다. 현대 이론물리학의 통일론 경향의 원조가 되는 아인슈타인은 다음과 같이 믿었다. 우리가 자연에서 발견하는 질서, 즉 물질적 대상의 운동과 상호작용을 기술하는 수학적으로 정확한 법칙은 더 깊은 질서를 가진 패턴이 존재함을 가리키고 있다고 말이다. "나는 존재하는 모든 것의 조화 속에서 스스로를 드러내는 스피노자의 하느님을 믿는다. 그러나 인간의 운명과 행동에 관계하는 하느님은 믿지 않는다."[1] 케플러와 마찬가지로, 아인슈타인은 조화를 추구했다.

우리는 의미를 찾는 존재이다. 세계가 왜 이러한 모습인지, 우리의 행동방식은 왜 이러한지를 이해하려고 애쓴다. 우리는 행동에 이유를 가져다 붙인다. 어떤 목적에 봉사하는 이유 말이다. 우리는 운동하고 일하고 사랑하고, 가능한 최선의 방식으로 우리의 삶을 살려고 애쓰며, 의무와 즐거움 사이에 균형을 맞추려고 한다. 혼란에 빠지거나 길을 잃는 것은 방향감각과 목적이 없는 것과 동일시된다. 거기서는 좋은 일이 생길 수가 없다. 자연이라고 이것과 다를까? 우리는 세계를 들여다보고 도처에서 의미를 파악한다. 우리는 계절의 순환을 보고, 이것이 식물의 성장과 동물의 행태에 어떤 영향을 미치는지를 안다. 우리는 천체의 규칙적인 운동을 보고, 우리의 수학 법칙이 세계의 그토록 많은 부분을 기술할 수 있는 놀라운 능력이 있다는 것을 깨닫는다. 이 법칙들은 우리에게 자연 또한 방향감각을 가지고 있다고 알려주는 것이 분명하지 않을까? 그렇다면 우리는 우주에 목적이 있다고 말할 수 있을까? 우주가 그 자체의 정신을 가지고 있고, 우리는 아무튼 이 같은 우주적 각본의 결과라고 말할 수 있을까? 위대한 물리학자 존 휠러가 즐겨 하는 표현대로, "존재는 어떻게 생겨났을까?" 물리학자이자 자연철학자인 폴 데이비스는 신작 『코스믹 잭팟(Cosmic Jackpot)』에서 휠러의 질문을 심사숙고한 뒤에 가능한 수많은 대답을 철저하고 설득력 있게 검토한다.[2] 거기서 논의된 내용들은 간략히 살펴볼 필요가 있다. 내가 어떤 점에서 그와 견해를 달리하며, 이 책이 해당 논의에 보탤 것과 관련해서 이 차이가 왜 결정적으로 중요한가를 알아보자.

흔히 "우연한 우주" 혹은 "부조리한 우주"라고 불리는 하나의 대중적 견해에 따르면, 우리 우주는 우연히 생겨난 것이고 생명 역시 마찬가지이다. 일어나는 어떤 일에도 목적이라고는 전혀 없다. 우리가 생각하고 질문을 제기할 수 있는 능력을 발전시켰다는 사실 역시 우연한 사건에 지나지 않는다. 여기서 내가 흥미롭게 느끼는 점이 있다. 특히 통일론자들 그리고 당연히 종교인들을 포함한 많은 사람들이 이 견해를 "책임 회피"로 해석한다는 점이다. 왜 그런지 모르겠지만, 우리는 자연에서 일어나는 물리적, 화학적 과정의 우연적 속성을 받아들이게 되면, 생명과 마음과 우주 간의 깊은 관계에 대한 탐구를 포기하는 것이 된다. "부조리한 우주"라는 이름은 이미 이 같은 견해(우연론/역주)에 대한 부정적 가치판단을 포함하고 있다. 이는 우주에 의미가 없다든지,

우리의 존재를 정당화할 자연의 숨겨진 코드 — 과학적이든 신이 창조한 것이든 — 가 없다든지 하는 것을 받아들이기가 얼마나 어려운 일인지를 보여준다.

이 견해를 비판하는 사람들이 놓치고 있는 사실이 있다. 인류를 만든 무의미한 우주가 결코 인류에게 무의미하지는 않다는 사실이다(혹시 우주에 인류 이외의 다른 지적 존재가 있다면 그런 존재에게도 이는 마찬가지이다). 목적 없는 우주 속에 존재하는 것은, 어떤 신비한 우주적 계획의 결과로서 존재하는 것보다 더욱 의미가 크다. 왜냐고? 생명과 마음의 출현을 어디에서나 일어나는 계획적인 사건이 아니라 희귀한 사건으로 높게 보는 것이기 때문이다. 지난 수천 년간 우리는 다음과 같이 믿어왔다. 신(혹은 신들)이 우리를 멸종으로부터 보호했고, 우리는 이곳에 존재하도록 선택받은 존재이며, 따라서 궁극적인 파괴로부터 안전하다고 말이다. 이런 식으로 위안하는 것은 스스로의 생존 의무를 박탈하고 초자연적 수호자(혹은 수호자들)에게 편리하게 떠넘기는 짓이다. 과학에서, 우주는 목적의식이 있으며 생명은 그에 따라서 미리 계획된 자연적 사건의 결과로 생성된 것이라고 제안할 때에는 이와 유사한 안전판 메커니즘이 작동하는 것이다. 즉 만일 생명이 이곳에서 실패한다고 해도, 다른 어딘가에서는 번영할 것이다. 그러므로 우리는 생명을 보존하기 위해서 노력할 필요가 전혀 없다. 나는 이와 반대되는 주장을 하고자 한다. 우리가 연약하고 우주 내에서 고독하다는 것을 받아들이지 않는 한, 우리는 결코 스스로가 가진 것을 보호하기 위한 조치를 취하지 않을 것이다.

한편 통일론자들은 웅대한 계획, 즉 모든 것의 배후에 존재하는 수학적 상부 구조를 신봉한다. 이 계획 속에는 우주의 기원 그리고 기본 입자들의 모든 속성에 관한 설명이 존재한다. 자연의 모든 것은 만물의 이론이라고 불리는 단일한 공식으로부터 유도되어 나온다. 이 견해에는 급진적 견해와 온건적 견해가 존재한다. 급진적 견해에 따르면, 단 하나의 이론이 존재하고 그것으로부터 모든 것이 뒤따라 나온다. 이 경우에 우주와 물질의 모든 속성은 이 공식에 들어 있고, 선택해야 할 자유 상수(free parameter)는 존재하지 않는다. 즉 이론은 최고의 대칭성을 반영하는 엄격한 수학적 관계를 기반으로 구축된다. 온건적 견해에 따르면, 많은 통일 이론이 존재할 수 있다. 이들 이론은 다중우주의 일부로서 각각 완비된 실재를 기술한다. 그리고 우리는 단지 우리가 사는 우주를 설명하는 실재 속에 우연히 존재하게 되었을 뿐이다. 양쪽 견해 모두가 생명의 출현에 대해서는 전혀 언급이 없으며, 관심의 초점을 실재의 무생명적 측면만으로 제한하고 있다. 그러나 노벨상을 수상한 입자물리학자이자 통일 이론의 급진적 견해를 신봉하는 (그리고 다중우주 주장을 단호히 배격하는) 데이비드 그로스는 나에게, 생명과 지적 생명체는 우주 도처에 존재해야 한다고 말한 일이 있다. 만일 우리 우주에 대한 원대한 계획이 있고 우리가 그 속에서 출현한 것이라면, 우리는 특별하지 않아야 한다는 말이 될 것이다. 지구와 유사한 조건을 갖춘 어디에서든 지각이 있는 존재들이 발생해야 마땅하다. 이 견해는 "평범 원칙"이라는 이름이 붙어서 원칙의 지위에까지 올랐다. 이 원칙은 나의 동료 알렉스 빌렌킨이 코페르니쿠스의 원칙을 확장해서 이론화한 것이다. 간단히 설명하자면, 지구는 예외적인 행성이 아니며 "인류 문명은 우주 전체에 흩어진 수많은 문명들 중의 하나에 불과할 뿐"이라는 것이다.[3] 그러나 지구와 태양계(그리고 오늘날 천문학자들이 관찰하고 있는 일부 항성계)의 생명의 역사에 대해서 우리가 알고 있는 지식을 감안하면, 지구가 예외가 아니라는 것은 동의하기가 매우 힘들며 우주에 수없이 많은 문명이 있다는 것은 더더욱 믿기가 어렵다. 나는 그러한 순진한 믿음이 우주 생물학 연구에서 나오는 다량의 정보를 무시하고 있다는 점과는 별도로, 매우 부정적인 철학적이고 정치적인 함축도 가질 수도 있다는 점을 주장하고자 한다.

앞에서 설명했듯이, 다중우주 모형에 따르면 우리 우주는 많은, 아마도 무한히 많을지도 모를 다른 우주들 중의 하나이다. 끈 경치와 관련된 버전을 비롯한 일부 버전에 따르면, 각기 다른 우주는 완전히 다른 속성을 가질 수 있다. 일부 우주에서는 전자의 전하와 질량이 다를 수 있고, 아예 전자가 존재하지 않는 우주들도 있을 수 있다. 대부분의 우주들은 황량해서 어떤 종류의 생명도 부양할 능력이 없을 것이다. 우리 우주는 의식 있는 존재들이 물리 법칙에 따라서 생물학적 제한을 뚫고 출현할 수 있도록 사태가 딱 맞게 굴러간 우주였고 이는 우연이었다. 통일 이론과 다중우주를 동시에 신봉하는 사람들은 모종의 선택 원칙을 통해서 수없이 다양한 우주가능태(宇宙可能態, cosmoid)들로부터 우리 우주에 대응하는 우주를 골라낼 수 있기를 희망한다. 예컨대 끈 경치 속에 있는 하나하나의 계곡은 하나하나의 가능한 우주일 것이고, 단 하나의 계곡만이 우리 우주일 것이다. 다중우주 아이디어의 심각한 난점은 검증하기가 매우 어렵다는 점이다. 계획안은 저기에 있지만 설득력이 없는 상태가 지속되고 있다고 할까. 그 안에서는 무엇이든지 가능하다는 속성을 가진 어떤 체계가 있다면, 이를 통해서 정말로 이해할 수 있는 것은 아무것도 없게 된다. 서로 경쟁하는 가설들이 오류로 판명될 수 없는 구조라면 특히 그렇다. 이러한 극단적인 예가 물리학자 막스 테그마크가 제안한, 다중우주의 플라톤적인 황홀경 버전이다. 여기서는 모종의 가설적인 수학적 환상의 나라에 상상할 수 있는 모든 세계가 존재한다.[4]

우리 우주에 생명이 존재하는 것은 우연이 아니라고 믿는 사람들도 역시 존재한다. 대단히 중요한 모종의 "생명 원리(life principle)"가 존재한다는 것이다. 이것은 오늘날 우리가 자연세계를 묘사하기 위해서 이용하는 물리 법칙을 넘어서서 작동한다. 언젠가 이 원리가 발견될 수도 있다. 어떻게 발견할 수 있을지에 대해서는 당연히 전혀 단서가 없지만 말이다. 오늘날 우리가 알고 있는 물리 법칙과 화학 법칙은 생명의 출현에 대해서 발언할 만한 것을 가지고 있지 못하다. 폴 데이비스가 『코스믹 잭팟』에서 언급했듯이, 생명 원리라는 개념은 목적론적이라는 흠을 안고 있다. 생명을 최종 목적, 의도된 우주적 전략이라고 설명하는 것이다. 그와 같은 우주적 목적의 최고봉은 물론 인간의 정신일 것이다. 여기서도 우리는 "선택된" 존재이다. 이것은 위험한 제안이다. 생명 원리는 우리의 존재를 어떤 설명 불가능한 신성한 행위의 탓으로 돌리는 것과 다르지 않다. 과학적 주장으로 뒷받침되지 않는 상황에서 이를 파악하기는 매우 어렵다. 한편 과학사에서 수많은 사례들이 보여주듯이, 오늘날의 시각에서 비현실적이거나 심지어 초자연적으로 보이는 것도 언젠가는 과학으로 설명될 수도 있다. 생명의 출현을 물리적, 화학적 원인과 연결시키는 원리를 찾는 장정은 사실 아주 훌륭한 연구 주제이다. 물론 질문은 여전히 그대로일 것이다. 왜 혹은 무슨 목적으로 우주가 생명과 정신을 창조하고 싶어했는가와 관련된 질문들이다. 우리는 "우리는 왜 여기에 존재할까?"라는 의문 대신에 "우주는 왜 여기에 존재할까?"라는 의문을 품게 될 것이다. 우주가 스스로에 대해서 알아보기 위해서 우리를 창조한 것일 수도 있을까? "신의 마음" 대신에 "우주의 마음"을 논하는 주장들은 전일성 개념에 대한 우리의 집착을 계속 유지되게 만든다.

1970년대 천체물리학자 브랜든 카터는 소위 인본 원리(anthropic principle)를 제안했다. 지적 관찰자들은 우주의 구조에 장착된 특정한 물리적 속성들의 결과라는 것이다. 이 원리의 강한 버전에 따르면, 우주는 관찰자를 낳았다. 또다시 신비한 목적론을 반영하는 이론이 아닐 수 없다. 데이비스가 썼듯이, "어떻게 해서든 우주는 스스로의 자기 인식을 만들어냈다." (따라서 "신의 마음"이 "우주의 마음"으로 바뀐다.) 어떤 의미에서 우주 자체가 살아 있다. 우주에 대해서 숙고할 능력을 가진 피조물을 낳을 능력이 있는 창조적인 존재인 것이다. 이 이론에 신에 대한 언급은 전혀 없다. 그렇지만 내가 보기에는, 생명과 마음을 창조할 능력을 가지고 스스로를 인식할 능력을 갖춘 우주라는 것은 시간을 초월해서 존재할 능력을 가진 전지적인 신과 마찬가지이다. 생명과 마음은 정말 중요하지만, 내가 보기에 그것이 이유가 될 수는 없다.

인본 원리의 약한 버전에서 우주 관찰자는 통계적인 의미로만 등장한다. 즉 다중우주 가설에 의하면, 가능한 우주 형태 중에서 특정한 부분집합 안에 생명과 마음의 출현을 가능하게 하는 수동적 선택 메커니즘이 존재한다. 당연히 그 속에는 인류가 포함된다. 얕은 수준에서 보면, 인본 원리는 뻔한 내용을 담고 있다. 우리가 여기 존재하는 것은 그렇게 될 만한 속성을 우주가 갖추고 있기 때문이라는 것이다. 깊은 수준에서 보면, 이 원리는 우주 내의 암흑 에너지의 양과 같은 중요한 우주 상수들에 적절한 범위를 설정하는 데에 이용될 수 있다. 이는 1970년대에 스티븐 와인버그가 선도했으며, 더 근래에는 알렉스 빌렌킨, 자우메 가리가, 안드레이 린데 등의 우주론자들이 제시한 이론이다. 그러나 설사 상수 값이 취할 수 있는 범위를 알아냈다고 해도, 어떤 심오한 것이나 새로운 것을 배우게 된 것은 아니라는 느낌을 피할 수 없다.

50
의미와 경외감

이 주제에 대한 의견이 크게 갈리고 있다는 점은 분명하다. 그러나 소위 "부조리한 우주"를 빼고는 모두가 이런저런 방식으로 전일성 관념에 전적으로 의존하고 있다. 통일 이론이 존재한다든지, 모든 것을 포괄하는 다중 우주가 존재한다든지 혹은 자의식을 가지고 생명과 마음을 창조하는 우주가 존재한다든지 하는 것들이 모두 그렇다. 심지어는 이 모두를 합쳐서, 통일을 명백하게 보여주는, 자의식을 가진 다중우주가 존재한다고 말할 수도 있다. 그것이 놀랄 만한 일이 되어야 할까? 나는 이 책에서, 현대 과학이 단 하나의 극히 중요한 설명을 추구하는 것은 일신론 사상에 뿌리를 두고 있으며, 초자연적 신 개념의 이성적 대리인 역할을 하고 있다고 주장해왔다. 통일 이론, 생명 원리, 자의식을 가진 우주 등의 개념은 그 모두가, 우리는 누구인가라는 의문과 우리가 사는 세계와의 연관성을 찾으려는 우리의 욕구의 표현이다. 나는 인간과 우주 사이의 연관성을 이해하는 것이 극히 중요하다는 점을 의심하지 않는다. 그러나 이 연관성이 모든 것을 통일시키는 원리에서 도출되어야만 하는 것인지는 정말로 의심스럽다.

발견할 최종 진리라는 것은 없으며, 우리가 정말로 일련의 우연의 산물이라는 것이 사실일 수 있을까? 통상적인 견해에서는, 만일 이것이 사실이라면 모든 것을 상실하게 될 것이다. 즉 우주가 요행의 산물이라면 우리의 목적 관념, 의미 탐구의 방향이 없어지게 된다는 것이다. 나는 이러한 견해에 전적으로 반대한다. 오히려 "유일무이한", "최종적인" 설명을 찾으려는 우리의 고집이야말로, 진정한 의미 탐구를 지연시키고 있는 범인이라고 생각한다. 우리가 전일성을 더 심원하게 추구할수록, 우리는 자연으로부터 그리고 오늘날의 절박한 문제들로부터 점점 더 멀어진다. 더욱 나쁜 것은, 탐구 전체가 하나의 도피, 칼 마르크스의 경구를 바꾸어 표현하자면 "마음의 아편"이 될 수 있다는 점이다. 지금 생각나는 것은 케플러의 고뇌에 찬 표현, 그가 개인적으로나 정치적으로나 혼란을 겪던 시기에 마치 기도처럼 내뱉은 말들이다. "폭풍우가 몰아치고 배가 난파될 위험이 닥칠 때에 우리가 할 수 있는 가장 고귀한 일은 영원의 대지에 평화적 연구의 닻을 내리는 것이다."[5] 키케로가 썼듯이, 소크라테스가 자기 이전 시대의 전일성 탐구에 지친 나머지, "철학을 하늘로부터 불러내린 것"은 놀랄 일이 아니다. 이제는 현실의 대지에 평화로운 연구의 닻을 내릴 때이다.

무엇인가를 이해하려는 우리의 욕구 속에는 자연세계의 아름다움과 드라마에 대한 깊은 숭배, 창조의 원대함에서 느끼는 경외감이 내재하고 있다. 그토록 많은 사람들이 수천 년간 믿어왔던 것과는 반대로 이 같은 경외감과 "조화에 대한 갈망", 즉 세상 모든 것에 대한 최종 설명의 탐구 사이에는 선험적인 관련이 없다. 우리로 하여금 의미를 탐구하게 만드는 것은 경외감이며, 이것을 모든 것이 하나라는 낡은 관념과 연관지어야 할 필요는 없다. 우리는 신화적인 보물을 찾아야 한다는 의무 없이도 대양을 탐사할 수 있다. 자연세계의 미스터리 모두가 어떤 최종 진리, 자연의 숨겨진 코드에서 나오는 것이라고 믿지 않아도, 우리는 그 미스터리를 탐사할 수 있다. 모두는 많다는 뜻이지 하나라는 뜻이 아니다. 변화가 어떻게 형태를 낳으며 비대칭성이 어떻게 우리 주위의 계에서 볼 수 있는 구조를 창조하는지를 보여주는 사례는 무수히 많다. 그 정점에 있는 것이 엄청난 다양성을 가진 생명이다. 생명은 분자의 비대칭성과 유전적 돌연변이의 산물이다. 인류는 생명과 정신을 신과 비슷한 위치로 격상시키지 않고서도 이를 찬양하는 법을 배울 수 있을까? 나는 그렇기를 희망한다. 목적의식을 가진 우주가 생명을 창조했다고 말하는 것은 생명에 우리의 행동이나 선택과 무관한 유사종교적인 책임 면제권을 부여하는 짓이다. 내가 볼 때, 그것은 중대한 실수이다. 생명의 중요성을 알고 있는 유일한(우리가 알기에는) 생명체로서 우리가 지고 있는 책무를 방기하게 만드는 것이기 때문이다. 이에 대해서 다음과 같이 주장하는 사람들이 많을 것이다. "만일 우주가 우리를 만들었다면, 마음을 가진 다른 존재들도 만들었을 것이 분명하다." 사실 우리는 그에 대한 사실 여부를 모른다. 그리고 앞으로 좀더 논의하겠지만, 설사 그럴지라도 우리는 매우 오랫동안 알고자 하지는 않을 것이다. 그러므로 무엇인가를 하고 신속하게 행동을 취해야 하는 것은 우리이다. 생명이 경외감을 주는 것은 그것이 드물고 연약하다는, 일련의 우연이 만든 귀중한 결과물이라는, 바로 그 이유 때문이다. 우리가 생명을 사랑하고 돌보지 않는다면, 우주 역시 그러할 것이다.

51
대칭과 통일을 넘어서서

과학과 종교가 오랫동안 서로 반목하게 된 주요한 쟁점 중의 하나는, 과 학자들을 향한 다음과 같은 비난이다. 과학자들은 사람들로부터 신을 빼앗아가고 대신에 아무것도 주지 않는다. 이것이 바로 이 책의 앞부분에서 소개했던 사례, 내가 공룡이 멸종한 이유를 과학적으로 설명하자 브라질 청중들 중의 한 사람이 나를 비난했던 취지이다. 만일 모든 것이 이성과 인과율이며 이성으로 모든 것을 설명할 수 있다면, 우리의 인간적 감정, 상실의 고통과 절망, 사랑을 할 수 있는 우리의 능력이 설 자리는 어디라는 말인가?

과학에 대한 부당한 비난 중에서 가장 중대한 것은 아마도 다음일 것이다. 자연주의자 — 초자연주의자의 반대라는 의미에서 — 가 존재를 기술하는 내용에는 마법과 경이가 없다. 칼 세이건, 에드워드 윌슨, 리처드 도킨스, 제이콥 브로노프스키를 비롯한 많은 뛰어난 과학자들이 이 점을 분명히 했다. 사실 과학은 사후의 삶이나 천국의 처녀들(virgins in Paradise, 이슬람교에서 천국에 들어가는 모든 남성에게 주어지는 최고의 미녀들을 의미한다/역주)을 약속하지 않는다. 윤회나 유령의 존재에 대해서도 마찬가지이다. 또한 만물의 기원에 대해서도 설명하지 않는다. 이러한 설명은 이론적 가정과 수학적 구성이라는 틀 없이는 작동할 수 없기 때문이다. 설사 나의 설명을 좋아하지 않는 과학자가 있을지라도, 다음의 사실은 분명히 알아야 한다. 즉 우주의 기원을 추측해서 "설명한다"는 모든 모형은 수많은 법칙과 가정을 토대로 구축되어 있는데,

그중에서 많은 것들이 증명할 수 없다는 속성을 가지고 있다. 앞서 내가 주장했듯이, 우리가 만물을 설명하는 이론, 즉 최종 이론을 구축할 수 있으리라는 생각 자체가 이치에 닿지 않는 것이다. 우리가 가진 도구들이 자연세계에 대한 우리 지식의 한계를 규정하는 법이고, 우리는 결코 측정해야 할 모든 것을 측정할 수는 없다. 그 결과, 이 같은 "최종 이론들"은 결코 최종일 수가 없다. 즉 항상 우리가 미처 주목하지 못한 무엇인가가 있을 수 있다. 과학의 한계를 인정한다는 것은 인간 지식의 한계를 인정하는 것이다. 설혹 우리가 인간보다 훨씬 뛰어난 지능을 가진 자기 유지적 기계를 만든다고 할지라도, 이 기계들 역시 스스로의 물질적 한계에 직면할 수밖에 없을 것이다. 그것들도 여전히 에너지원을 필요로 할 것이고 여전히 열역학 제2법칙을 따르는, 무질서를 향한 가차 없는 행진에 직면할 것이다. 어떤 의미에서 물질의 궁극적 한계는, 그것이 설사 의식을 가진 마음이라고 할지라도, 스스로를 초월할 수 없다는 점이다.

과학은 지식의 한 방편, 의미를 찾는 하나의 수단이다. 과학의 자양분은 성인들의 신심을 고취하고 현명한 이들의 업적에 영감을 주는 경외감과 동일한 것이다. 아인슈타인이 "우주적 종교 감정"이라고 표현한, 바로 그것이다. 우리는 알고 싶어하며, 알 수 있을 것임을 믿는다. 우리는 스스로가 이해할 수 있는 방식으로 자연의 놀라운 작용을 설명할 능력이 우리에게 있음을 신봉한다. 우리는 최종 이론을 얻을 수 있다는 모든 희망을 포기해야 한다. 심지어 초끈 이론들(혹은 미래에 나올 그 후속 이론들)을 기반으로 자연의 네 가지 힘을 통일한다고 해도, 그것은 결코 세계의 물질적 속성에 대한 최종 결론이 될 수는 없다. 내가 이렇게 말하는 것은 패배주의자라서가 아니다. 나는 "신의 마음"을 과학에서 배제하고자 하는 것이다. 우리는 스스로의 지식 탐구를 신성한 목적을 통해서 정당화할 필요가 없다. 설사 과학이 영원히 불완전하다고 해도 좋다. 그것은 사실 과학을 위해서는 더욱 좋은 일이다. 과학은 인간의 창조물이지 신성한 지식의 파편이 아니라는 점을 받아들일 때, 우리는 과학을 약화시키는 것이 아니라 강화시키는 것이다. 이는 또한 우리가 생각하는 존재이자 오류를 저지를 수 있는 존재임을 인정해서, 우리 정체성의 일부로 만드는 것이다.

대칭성을 향한 우리의 정열이 자연과학을 크게 진보시켰다는 점은 틀림없는 사실이다. 이것은 또한 커다란 놀라움으로도 이어졌다. 즉 완전함에 대한 우리의 기대는 스스로의 편견을 투사한 데에 불과하다는 점이 그렇다. 이는 자연이 우리에게 거듭해서 보여준 바이다. 실험이라는 대포의 차가운 겨냥이 없다면, 우리의 이론은 완전성이라는 바다에서 영원히 표류할 것이다. 이를 좋아하지 않는 이들도 있겠지만, 자연의 거울은 깨졌다. 즉 우주가 완전히 대칭적이라면, 물질이 합쳐져서 생물 형태를 만들지 않았을 것이다.

우리는 자연세계가 어떻게 작동하는지를 뛰어나게 잘 설명하는 모형을 만드는 데에 명수이다. 입자물리학의 표준모형이 그런 예이다. 우주론의 빅뱅 모델도 그러하다. 우리는 오컴의 면도날이 명하는 대로, 좀더 우수하고 단순한 모형을 찾기 위해서 노력해야 한다. 이는 분명한 사실이다. 과학자들이 탐구해야 할 근본적이고 실질적인 문제들은 매우 많다. 또한 아직까지 질문이 제기되지 않았으나 앞으로 제기될 것이 분명한 문제들도 많다. 내가 볼 때, 물리학의 종말이나 과학의 종말을 논하는 것은 완전히 난센스이다.[6] 이와 마찬가지로, 물리학에서 "최종 이론"을 찾는다는 목표를 없애면 남는 것은 오직 지루한 연구뿐일 것이라는 생각도 잘못된 믿음이다. 나는 응축된 물질이 (반물질보다/역주) 훨씬 더 많다는 사실이 물리학자들과 천체물리학자들로 하여금 그러한 믿음에 반대하게 만들 것이라고 확신한다. 더 깊은 의미에 대한 탐구, 경외심에 이끌린 탐구를 진전시키기 위해서 과학자들이 "신의 마음"을 신봉할 필요는 없다.

그럼에도 불구하고, 다음과 같은 특정한 방식으로 과학을 하는 것은 종식될 필요가 있다. 비대칭성과 불완전성이 가득한 세계에 신성 비슷한 질서와 대칭성을 투사하고 도입하는 과학, 궁극적인 통일적 설명을 추구하는 과학이 그것이다. 우리는 이를 "이오니아 학파의 꿈"의 종식이라고 부를 수 있을 것이다. 양자역학의 배후에 있는 대칭성을 밝혀낸 공로로 노벨상을 받은 유진 위그너의 발언을 보자. 그는 나의 선배 교수인 로버트 나우먼에게 불편한 어조로 이렇게 말한 일이 있다. "자네들이 말하는 조직 원리라는 것들은 그 자체가 아마도 근사치에 불과한 것일 걸세." 우리는 억지로 대칭성을 생각해내지만, 자연은 이를 파괴해버린다. 우리는 다음과 같은 사실에 만족해야 할 것이다. 이러한 대칭성들은 근사치이다. 우리는 궁극적 실재를 모형화하는 것이 아니라 우리가 측정할 수 있는 것과 세계가 그러하리라고 우리가 상상하는 것을 모형으로 만든다. 이것이 왜 그렇게 중요한가? 과학을 인간 수준으로 끌어내리고 완전성과 궁극적 진리라는 개념으로부터 해방시키기 때문이다.* 내가 말하고자 하는 핵심은, 발견되어야 할 최종 진리, 창조 뒤에 있는 원대한 계획 같은 것은 없다는 점이다. 과학은 새 이론이 옛 이론을 집어삼키거나 대체함에 따라서 발전한다. 과학의 발전은 대체로 누적적이지만 간간이 자연의 작동방식에 대한, 세계관을 뒤흔드는 예상 밖의 발견이 끼어든다. 그 대표적인 예가 양자역학 탄생 초기의 여러 해 동안에 벌어졌던 극적인 사건들이다. 양자 혁명이 일어난 것은 오로지 당시의 기성 이론들이 새로운 실험 결과를 설명할 수 없었기 때문이다. 더욱 최근의 일을 보자면, 우주의 가속 팽창의 발견 그리고 아직도 신비에 싸여 있는 암흑 에너지의 속성은 아마도 새로운 물리학 혁명의 서론이 될 것이다.

과학은 인간 정신의 창조물이지 어떤 신성한 계획(설사 은유적으로라도)을 좇는 것이 아니라는 점을 이해하면, 우리가 추구하는 지식의 초점을 형이상학

---

* 물론 자연과학의 진실은 여전히 유효하다. 즉 중력은 여전히 거리의 제곱에 반비례하고, 빛은 여전히 관측자의 상대속도에 상관없이 일정한 속도로 전진한다. 설사 과학적 의문을 추구하는 것이 그 과학이 발전한 문화적 맥락과 연관이 있다고 하더라도, 운동 법칙에 관한 한 문화 상대주의가 끼어들 여지는 없다. 만일 내 말을 믿지 못하겠거든 건물 지붕에서 뛰어내려보라. (그보다는 그냥 공을 아래로 떨어뜨려보는 편이 더 나을 것이다.)

적인 것에서 구체적인 것으로 옮길 수 있다. 과학은 폭넓은 자연현상을 멋지게 설명하고 있으며, 그 앞에 놓인 도전적 과제들도 많다. 이를 감안할 때, 우리는 앞길에 신나는 일이 많이 기다리고 있다는 데에 의견이 일치하지 않을 이유가 없지 않을까?

52
마릴린 먼로의 점 그리고 생명에 "꼭 맞는" 우주라는 오류

만일 불완전성이 추한 것이라고 생각한다면, 마릴린 먼로의 점을 상기하라. 그녀(그리고 그 점에서라면 신디 크로퍼드를 비롯해서 얼굴의 점을 자랑스럽게 드러내는 수많은 미남미녀)는 그 점이 없으면 매력이 더할까, 덜할까? 만일 그것이 얼굴의 완벽한 대칭성을 해치는 것이 분명하다면, 왜 "애교점"이라고 불릴까? 얼굴에 피어싱을 하는 것도 비슷한 기능을 한다. 코나 눈썹의 양쪽에 모두 피어싱을 한 사람은 찾아보기 힘들다.[7]

인지심리학자들의 최근 연구를 보면, 인간은 미세하게 비대칭인 얼굴을 더 매력적이라고 생각하며 더 좋아한다는 것을 알 수 있다.[8] 우리의 미학적 선택과 뇌 기능 및 인간 지각의 좌우 비대칭은 서로 관계가 있는 것 같다. (뇌는 기능적 비대칭성의 강력한 예이다. 대뇌의 양쪽 반구는 각기 매우 특정하고 서로 겹치지 않는 기능을 한다.) 우리는 컴퓨터 그래픽을 이용해서 얼굴의 이미지를 좌우로 쪼개서, 왼편이나 오른편만 가지고 완벽히 대칭적인 전체 얼굴을 만들 수 있다. 이러한 이미지들은 자연스럽게 비대칭인 얼굴만큼 매력적이지 않은 것 같다. 사실 나는 이 부분을 집필하다 말고 표준 애플 컴퓨터의 포토 부스 소프트웨어를 이용해서 잠깐 실험을 해보았다. 왼편으로만 합성한 마르셀로의 전체 얼굴 사진은 가족이나 친구에게 자랑스럽게 보일 만한 것이 되지 못했다. 나는 한쪽에 애교점이 있는 사람들의 얼굴에서 양쪽에 그 점이 나타나게 했을 때, 그 모습이 그 전만큼 좋아 보이지 않으리라고 확신한다. 미(美)의 비밀은 얼굴의 완벽한 좌우 대칭을 아주 약간 깨트리는 데에 있을지도 모른다.

얼굴(혹은 신체)의 점이 아름다움에 도움이 되기 위해서는 제대로 된 장소에 정확히 알맞은 크기로 있어야 한다(예를 들면 이마 한가운데의 커다란 검은 점은 매력적으로 보이지 않을 것이다). 즉 너무 크기가 작아도 눈에 띄지 않아서 쓸모가 없고, 너무 크기가 크면 그저 추할 따름이다. 사실 아름다움과 기괴함 사이의 경계에 속하는 점의 임계 크기는 직경 약 1센티미터이다. 마릴린 먼로와 신디 크로퍼드의 점은 "알맞은" 장소에 "알맞은" 크기로 있었고, 그래서 아름다운 것으로 여겨진다. 여기에는 좀더 탐구되기를 기다리는 비대칭의 미학이 있지만 여기까지만 하겠다. 지금껏 미용술 이야기를 한 것도 타당한 근거가 있었지만, 이제는 우주론으로 되돌아가야 할 시점이다.

우리는 물리학의 두 가지 표준모형, 즉 물질의 기본 입자를 다루는 모형과 빅뱅을 다루는 모형이 상당히 큰 숫자(약 30개)의 자유 상수('매개 변수'라는 해석은 이것이 변수가 아니라 상수라는 점에서 옳지 않다. '자유 상수'라는 표현을 쓴 것은 그 값이 측정을 통해서 정해지기는 하지만 모형의 수식 자체에서 제한받는 부분은 없다는 의미에서이다/역주)에 의존하고 있음을 안다. 자유 상수에는 전자와 쿼크의 질량과 전하, 힉스 입자의 질량, 우주 내의 암흑 물질과 암흑 에너지의 양, 물질과 반물질의 비대칭의 양 등이 포함된다. 여기에 우리는 자연의 기본 상수들을 더해주어야 한다. 빛의 속도, 중력 상호작용의 값을 정하는 중력 상수 그리고 양자 효과의 크기를 정해주는 플랑크 상수(Planck's constant) h 등이 그것이다.[9] 이와 같은 자연의 기본 상수들은 어떤 의미에서 물리학의 알파벳이다. 물리 현상에 대한 수학적 표현에는 명시적으로든 묵시적으로든 언제나 하나 이상의 기본 상수가 포함되어 있다. 자연 법칙은 자연과학의 문법에, 모형의 자유 상수와 자연의 기본 상수들은 알파벳에, 수학은 언어에 해당한다고 말할 수 있다. 예를 들면 수소 원자 내의 전자에 허용된 궤도는 전자의 질량과 전하 그리고 플랑크 상수 h에 의해서 좌우된다.[10] 낭연한 이야기일 수도 있지만, 상수들은 모두 실험실에서 주의 깊게 측정해서 얻은 값이다. 이는 극히 중요한 사실이다. 이들은 우리가 설명할 방법을 알지 못하는 것으로서, 우주 어디에서나 나타나는 것들을 대표한다. 천문학자들이 먼 곳에 있는 항성들의 스펙트럼을 조사할 때, 거기서 보이는 전자의 궤도는 수소와 염소를 비롯해서 지구에 있는 모든 화학원소들의 전자가 취할 수 있는 궤도와 똑같은 것이다. 이것이 뜻하는 바는 그 항성에 있는 전자가 지구에서와 동일한 질량과 전하를 가졌다는 의미이다(상대성 이론에 따른 약간의 보정은 별도로 치자. 이러한 보정이 필요한 이유는 잘 알려져 있다). 만일 그렇지 않았다면, 다시 말해서 기본 상수와 모형의 자유 상수들이 우주 내의 지역에 따라서 혹은 시간에 따라서 달랐다면, 자연에 대한 의미 있는 이론을 구축하기는 매우 어려웠을 것이다.

　기본 상수의 값이 명백히 자의적이라는 사실은 많은 물리학자들을 불편하게 만들고 있는 부분이다. 예를 들면 빛의 속도는 왜 초속 10만 킬로미터가 아니라 초속 30만 킬로미터인가. (좀더 정확히 하자면 초속 29만9972.458킬로미터이다.) 뛰어난 물리학자들 중에서 많은 이들이 그 이유를 설명할 수 있는 좀더 기본적인 이론을 도출하는 것이 가능해야 한다고 믿고 있다. 이 같은 꿈의 이론은 사실상 자연의 모든 기본 상수의 값과 모형의 모든 자유 상수의 값을 설명해야 한다. 우리가 알다시피, 바로 이것이 통일 이론의 목표이다. 조정 가능한 상수가 없는, 물리적 실재에 대한 궁극적 설명을 손에 넣는 것 말이다. 즉 기본 상수와 자유 상수의 모든 값은 그 하나하나가 이론에서 도출되어야 한다. 현재로서 최선의 후보인 초끈 이론에 따르면, 여분 공간 차원의 특정한 기하학적 형태가 실험실에서 측정된 기본 상수들의 값을 결정할 것이다. 기하학이 달라지면 상수 값도 달라질 것이다.

　간단히 말해서, 다음과 같다. 초끈 이론들은 우리에게 친숙한 3차원이 아니라 9차원에서 공식화할 때 더 나은 결과를 내놓는다. 오늘날의 실험으로는 여분의 6차원이 있다는 증거를 볼 수 없기 때문에 이들은 우리 눈에 보이지 않을 정도로 작아야 한다. (당연한 이야기이지만, 아예 존재하지 않을 수도 있다.)[11] 아주 먼 거리에 있는 호스를 볼 때에도 이와 똑같은 일이 일어난다. 즉 그것은 선(그래서 길이만을 가진 1차원)으로 보인다. 하지만 가까이에서 보면 그것은 매우 기다란 관(그래서 길이와 폭을 가진 2차원)이다. 초끈 모델들에서 여분의 6차원은 각각의 위상 기하학에 따라 수없이 다양한 형태를 취할 수 있다. 간단한 예로 구멍이 여기저기 뚫려 있는 공을 생각해보자. 구멍의 개수가 서로 다른 공은 서로 다른 위상 기하학에 대응한다. 즉 하나를 다른 하나로 연속적으로 변형할 수 없다. 끈 이론에서 여분의 6차원은 뚫린 구멍의 개수가 각기 다른 공들처럼, 각기 다른 위상 기하학을 취할 수 있다. 그리고 끈 이론에서 여분 차원의 기하학은 자연의 기본 상수의 값들과 연결되어 있기 때문에 각각의 위상 기하학은 입자들의 속성과 상호작용이 각기 다른, 각각의 세계에 대응할 것이다. 이 같은 견해에 따르면 물질 입자들의 질량과 "전하"를 포함한 모든 속성 값들은 여분 차원의 특정한 위상 기하학에 따라서 달라진다.

끈 이론에서 여분 차원은 눈에 보이지는 않지만, 우리가 살고 있는 실재 세계의 본질을 규정한다. 끈 경치의 이론 틀에서 보면, 이를 기하학적으로 구현할 수 있는 10^{500}개의 모델은 그와 동일한 숫자의 물리 상수 세트, 그러므로 우리 우주와는 매우 다른 물리학을 가진 우주에 해당한다. 오늘날의 초끈 모델들이 직면한 최대의 시련은 이 같은 혼란에서 우리 우주를 끄집어낼 수 있는 적절한 기준을 찾아내는 것이다. 혹은 좀더 야심적으로 하자면(내가 보기에는 설득력이 없지만) 단 하나의 이론만이 존재한다는 것을 보여주는 것이다. 이 같은 다중우주 끈 모델에 따른 중대한 결론 중의 하나는 자연의 기본 상수 값은 돌에 새겨진 것이 아닐 수 있다는 것이다. 이것은 우주에 따라서 각기 다를 수 있다. 심지어 우리의 관측과 동떨어져 있기는 하지만, 우리 우주 내에서도 장소에 따라서 다를 수 있다.

당연히 이러한 아이디어들은 매우 사변적인 것이고 완전히 틀릴 수도 있다. 우리에게는 아무런 단서가 없다. 초끈 이론들이 결국 작동할 것인지, 끈 경치 아이디어가 결국 우세를 차지하게 될 것인지에 대한 단서 말이다. 오직 더 연구해봐야만 판단할 수 있는 문제인데다가 그때에 가서도 이 이론들이 실험과의 접촉점을 가질 경우에만 판단이 가능하다. 그렇지 않을 경우에 이들 이론은 "이론적 이론"으로만 남게 될 것이다. 그러나 기본 상수들이 취할 수 있는 변이의 폭에 대해서 물리학자들이 숙고하기 시작함에 따라서(초끈 이론보다 훨씬 더 오래된 아이디어이다), 하나의 주장이 제시되었다. 이는 널리 인기가 있기는 하지만, 내가 보기에는 오도된 주장이다. 수많은 과학 논문과 서적들이 다음과 같은 내용이나 이와 극히 유사한 내용을 담고 있다. "기본 상수들의 값은 우주가 작동하는 방식을 규정한다[진실]. 그 값이 아주 조금만 달랐더라면, 예를 들면 전하 값이 20퍼센트 더 컸거나 현재는 중성자 질량이 양성자보다 0.13퍼센트 더 무겁지만 이것이 조금만 더 가벼웠더라면, 모든 것이 달라졌을 것이다. 구체적으로 말하자면, 별이 빛나지 않거나 심지어 존재하지도 않았을 것이고 생명은 불가능했을 것이다[진실]. 자연 상수들의 값이 심지어 아주 조금만 달랐더라도, 우리는 이곳에 존재할 수 없었을 것이다[진실]. 우리 우주는 얼마나 생명에 '꼭 맞게' 되어 있는가![오류]." 이 주장은 적어도 두 가지 점에서 오류이다. 첫째 매우 중요한 (그리고 명백한) 사실을 무시하고 있다. 과학자들은 과거부터 지금까지 자연의 상수를 수백 차례의 실험과 관찰을 통해서 측정했다. 여기에는 우연("꼭 맞다")이나 숨겨진 비밀 같은 것이 전혀 없다. 적어도 이 우주에서는 상수들이 다른 값을 가질 수 없다. 기본 상수의 존재는 우리가 자연현상에 대해서 설명을 구축하는 방식에 달려 있다. 이 설명은 점점 더 복잡하고 포괄적인 과학적 담론을 향해서 나아간다. 기본 상수와 자유 상수들의 목록이 갈수록 길어지고 있으며, 앞으로도 거의 틀림없이 계속 길어지리라는 것은 놀라운 일이 아니다. 예를 들면 지난 10년간만 해도 우리는 암흑 에너지와 (아직도 알려지지 않은) 중성미자의 질량 값을 추가해야 했다. 자연에 대해서 더 깊은 곳까지 탐구하고 새로운 현상을 발견함에 따라서 우리는 새로운 기본 상수들에 입각한 새로운 종류의 설명들이 필요하게 될 것이다.

둘째, 이제부터 상세히 설명하겠지만, 우리 우주가 생명에 적합하다는 증거는 전혀 없다. 사실 우리 손에 있는 모든 증거는 그 반대 방향을 가리키고 있다. 생명은 우주의 가혹함과 무관심에도 불구하고 존재하고 있다.

우주가 생명에 "꼭 맞다"고 말하는 사람은, 우리가 이곳에 존재할 수 있도록 우주가 지금과 같은 모습을 띠고 있다는 아주 특정한 어젠다를 받아들이고 있는 것이다. 이 같은 입장이 시사하는 바에 따르면, 생명 그리고 더 필수적으로 (인간 혹은 다른 존재의) 마음은 우주적으로 중요하다. 당연히 우리는 이렇게 생각하는 방향으로 속을 수 있다. 우리가 물질의 속성을 측정한다. 우리가 우주에 대해서 생각하면, 우주도 스스로에 대해서 깊이 생각한다. 이것이 우연일 수 없음은 분명하지 않을까? 우리가 이곳에 존재하는 궁극적 이유는 아마도 우리가 우주의 의식이 되는 것을 우주가 희망했기 때문이 아닐까?

이러한 아이디어들은 인류에게 고무적이다. 하지만 그렇다는 것뿐, 관찰에 의한 지지는 전혀 받지 못하고 있다. 나는 이러한 아이디어들이 해롭기까지 하다는 것을 주장하려고 한다.

이를 다음과 같이 표현해보자. 어떤 사람이 도서관에 걸어 들어온다. 이 사람은 영어밖에 할 줄 모른다. 그녀는 도서관의 책을 찾아보다가 모든 책이 영어로 되어 있다는 사실을 발견한다. "여기에 있는 모든 책이 영어로 되어 있다니 경이로운 일이야. 만일 다른 언어로 쓰여 있었다면, 아니 a자와 e자만 일본어로 쓰여 있었다고 해도, 이 모든 책들은 내게 아무런 의미도 없었을 텐데. 이 도서관은 이 모든 문학작품을 즐길 수 있도록 내게 '꼭 맞게' 만들어진 게 분명해! 나는 정말 중요한 존재인 게 분명하다고." 인본 원리의 강한 버전에 따르면, 이 사람은 다음과 같은 결론을 내릴 것이다. 이 도서관은 그녀를 비롯해서 영어를 쓰는 사람들만을 위해서 만들어진 것이 틀림없다고 말이다.

인본 원리의 약한 버전에 따르면, 이 사람은 영어로 된 책을 소장한 도서관들이 존재한다는 데에 놀라지 않을 것이다. 영어밖에 모르는 사람이 일부 있다는 사실을 감안할 때, 일부 도서관은 영어로 된 책들을 비치하고 있을 것이다. 같은 도서관에 다른 많은 언어로 된 책들도 있을 수 있다. 다만 영어로 된 책만이 그녀를 포함해서 영어만 쓰는 사람들에게 "꼭 맞는" 것이다. 다른 언어들로 쓰여진 책은 같은 도서관에 자주 들르는 다른 "전형적" 독자(문자를 해득하는)에게 도움이 될 것이다. (따라서 이 비유에 따르면, 그 도서관은 우리 우주에 해당하고, 독자는 지구인과 외계의 "전형적" 관찰자에 해당한다.) 이외에도 의미라고는 전혀 없는 도서, 예를 들면 글자들이 무작위로 배열된 책을 비치한 도서관들도 존재한다. 혹은 똑같은 글자 패턴이 무한히 되풀이되거나 아예 내용이 백지로 되어 있는 책들을 갖춘 도서관도 있다. 그 사람은 그러한 도서관들에 "전형적" 관찰자가 없을 것이라고 결론지을 것이다. 인본 원리에 대한 이 같은 비유에 따르면 "읽을 수 없는" 책들을 보유한 도서관들은 실패한 우주, 다시 말해서 전형적 관찰자와 그들에게 의미 있는 책을 품을 수 없는 우주에 대응할 것이다. 다중우주는 호르헤 루이스 보르헤스의 『바벨의 도서관(Library of Babel)』을 닮았을 것이다. 무한한 책을 갖춘 이 도서관에는 있을 수 있는 모든 책들이 있지만 의미가 통하는 것은 몇 권 되지 않는다. 인본 원리의 강한 버전은 구제불능으로 자기중심적이다. 이 책은 나를 위해서 만들어진 거야! 약한 버전은 평범하다. 글을 읽을 줄 아는 고객들이 자주 방문하는 도서관에는 그 이용객들의 언어로 쓰여진 책들이 존재해야 해. 무의미한 책을 소장한 도서관은 이용객이 없을 테니까. 인본 원리의 두 가지 버전은 책 자체보다 그 책을 읽는 사람들에 대해서 훨씬 더 많은 것을 가르쳐준다.

영리한 물고기의 입장에서, 물은 자기가 헤엄치기에 "꼭 맞다." 너무 차가웠다면 얼어버렸을 것이고 너무 뜨거웠다면 익어버렸을 것이다. 물고기가 존재할 수 있으려면 물의 온도가 꼭 맞아야 하는 것은 확실하다. 물고기는 자랑스럽게 "나는 매우 중요해. 내 존재가 우연일 리 없어"라고 결론지을 것이다. 글쎄, 그 물고기는 그렇게 중요하지 않다. 단지 영리한 물고기일 뿐이다. 바닷물의 온도는 그 물고기가 존재할 수 있게 하려는 목적으로 조절되고 있는 것이 아니다. 오히려 반대로, 그 물고기는 연약하다. 온도가 갑자기 혹은 서서히 오르락내리락 하면 물고기는 죽을 것이다. 이는 송어 낚시꾼이라면 누구나 알고 있는 사실이다. 이와 마찬가지로 우리는 의미 있는 연관을 너무나 갈망하는 나머지, 그것이 존재하지 않을 때조차 존재하는 것처럼 여긴다.[12]

우리는 황량한 우주에 사는 혼이 담긴 존재이다. 우리가 저지를 수 있는 가장 큰 실수는 우주가 우리를 위한 계획을 가지고 있다고, 우주의 시각에서 볼 때 어쨌든 우리가 특별하다고 생각하는 것이다. 우리는 정말로 특별하지만, 그 이유는 우주가 우리를 위한 계획을 가지고 있다거나 우주가 생명에 꼭 맞아서가 아니다. 사실 우주는 우리에게 이보다 더 관심이 없을 수가 없다. 우리 은하 한 군데만 보더라도 수십억 개, 어쩌면 수조 개에 이르는 불모의 세계가 존재한다는 점을 생각해보라. 그토록 많은 죽은 세계에서, 나는 생명에 "꼭 맞다"는 메시지를 읽을 수가 없다. 만일 우주가 인류를 위한, 그리고 우주의 지능을 갖춘 존재 일반을 위한 계획들을 가지고 있었다면, 이 계획들은 정말 극도로 허술하게 시행되었을 것이다. 우리 우주는 올라프 스태플든의 뛰어난 소설 『별을 만드는 자(The Star Maker)』에 나오는 아이 신과 비슷하다. 아이는 완전히 무관심하게 세계들을 창조하고 파괴하면서 휘청거리며 나아간다. "그런 식으로 그는 장난감 우주를 하나하나 만들고 또 만들었다."[13]

자연의 상수들이 그렇게 생명에 꼭 맞았다면, 우주에서 생명을 찾는 것이 왜 그렇게 힘이 들까? 우리가 특별한 것은 희귀한 존재이기 때문이고, 살아 있기 때문이며, 그 사실을 의식하고 있기 때문이다. 우리가 구축해야 하는 교감은 훨씬 더 직접적이고 시급한 종류의 것이다. 즉 우리의 행성, 그 행성에서 급속도로 줄어들고 있는 생물 형태 그리고 자원과의 교감이다. 우리의 임무는 선택받은 자의 웅대한 정신으로 채워져 있다. 하지만 그 이유는 우리가 의도를 가진 우주와 신화적으로 연결되어 있기 때문이 아니다. 그것이 아니라 우리가 우리의 행성, 우리가 아는 유일한 생명의 서식처와 극적이고도 돌이킬 수 없게 연결되어 있기 때문이다.

53
희귀한 지구, 희귀한 생명?

나의 주장을 강화하려면, 제4부의 분석을 확대할 필요가 있다. 우주에 생명이 얼마나 드문가, 더구나 지적인 생명은 얼마나 더 드문가에 대해서 논의하기 위해서이다.

생명의 기원과 진화에 대한 연구 결과, 생명이 출현하고 다양화되려면 화학적 복잡성의 극적인 증대를 비롯한 일련의 여러 가지 요소들이 반드시 존재해야 한다는 점이 분명해졌다. 가장 중요한 단계를 일부 꼽아보자면 다음과 같다. 1. 비유기적 화학 → 2. 유기 화학 → 3. 생화학 → 4. 최초의 생명 → 5. 원핵세포 → 6. 진핵세포 → 7. 다세포 생명체 → 8. 복잡한 다세포 생명체 → 9. 지능이 있는 생명체.

좀더 상세하게 말하자면 다음과 같다.

1. 생명은 탄소, 산소, 수소, 질소 등등의 원료가 될 화학원소를 필요로 한다. 설사 외계에 매우 이상한 종류의 생명체가 존재한다고 할지라도 그것이 이용하는 기본적 화학물질은 아마도 우리가 사용하는 것과 아주 크게 다르지는 않을 것이다. 좋은 소식은 초신성의 폭발 덕분에 이러한 화학물질들이 우주에 널리 퍼져 있다는 점이다.

2. 원료 화학물질들은 물(H_2O), 암모니아(NH_3), 이산화탄소(CO_2)등의 분자로 결합된 다음, 메탄(CH_4)을 비롯한 유기 분자로 다시 결합되어야 한다. 또다

시 좋은 소식이 있다. 천문학자들은 심지어 차가운 성간우주에서도 아주 많은 종류의 유기 분자들을 발견했으며 그중에서 많은 수가 생명에 결정적으로 중요한 것들이다.

3. 이러한 유기 분자들이 결합해서 생명체의 구성요소인 생체 분자가 되기 위해서는 적당한 환경이 있어야 한다. 서로 반응을 일으켜서 점점 더 복잡해지는 단계를 밟을 수 있는 환경 말이다. 사태가 복잡해지기 시작하는 것은 이 지점부터이다. 전에 논의했듯이, 생명이 존재하기 위해서는 물이 핵심 성분인 것으로 보인다. 물론 물이 필요 없는 기괴한 생화학이 가능할지도 모를 확률을 결코 과소평가해서는 안 된다. 그러나 그러한 것이 가능하다는 증거가 없는 이상, 우리는 스스로가 이해할 수 있고 신뢰성 있게 측정할 수 있는 것에 논의를 집중할 수밖에 없다. 물이 풍부한 환경이 필요하다는 점은 어떤 천체가 생명의 서식처가 될 수 있는지 아닌지를 심각하게 제한한다. 행성은 항성과의 거리 영역이 생명이 살 수 있을 만큼 적당한 위치에 있어야 한다. 물론 뜨거운 금성과 건조한 화성이 보여주듯이, 이 같은 조건만으로는 충분하지 않을지도 모르지만 말이다. 한편 그것이 위성이라면 거주가 가능한 영역 밖의 더 추운 지역에 있을 수도 있다. 하지만 물이 액체 상태로 존재할 수 있으려면, 조석력에 의해서 충분한 열을 유지할 수 있어야 한다. 목성의 위성 유로파가 그러한 경우에 해당된다. 밀러-유리 실험에 따르면, 생명을 향한 연쇄의 첫 단계인 아미노산 형성이 일어나는 것은 매우 쉬울 수도 있다. 행성의 표면과 대기가 적절한 조건만 갖추고 있으면 된다. 그렇지만 액체 상태의 물과 화학물질만으로는 충분하지 않다. 반응이 일어나려면, 화학물질의 농도가 충분히 높아야 한다. 행성은 상대적으로 고요할 필요가 있다. 다시 말해서 소행성의 대폭격을 받고 있어서는 안 된다. 행성의 표면도 어느 정도 안정적이어야 한다. 조석력에 의한 변형이 너무 크거나 대규모 화산 폭발이 있거나 해서는 안 된다.

4. 이 모든 조건을 전제로 다음 단계의 일이 일어나야 하는데, 우리의 지식이 가

장 부족한 것이 바로 이 단계이다. 어떻게 해서든 무생물 화학이 생물 화학으로 진화했다. 다시 말해서 주위 환경으로부터 에너지를 흡수할 능력과 스스로를 복제하는 능력을 갖춘 자기 유지적 화학 반응이 출현했다. 이와 함께 생명을 구성하는 기본적 건축 벽돌의 편향성이 진화했다.

5. 이 같은 "단순한" 시작에서 최초의 원핵세포의 복잡한 단백질과 핵산으로 이어지는 과정 역시 모호하다. 지질 분자로 된 방어막이 반응하는 화학물질들을 둘러싸서, 이들을 외부 환경으로부터 고립시켰다. 이 막은 에너지와 영양소를 받아들이고 쓰레기를 배출하는 효율을 점점 높여갔다. 그동안 원형세포 내부의 유전 물질은 스스로를 복제해서 급속히 다양해졌다. 이것이 원생 동물 문(門)의 세계였다.

6. 우리는 생명이 복잡해져가는 다음 단계, 즉 원핵세포에서 진핵세포가 출현하는 과정에 대해서 거의 아는 바가 없다. 아는 것이라고는 이 과정이 20억 년 가까이 걸렸다는 것뿐이다. 이에 관해서는 생물학자 린 마굴리스가 제시한 견해가 가장 널리 받아들여지고 있다. 진핵생물은 원핵생물들의 공생적인 연맹에 의해서 발전되어 나왔다는 것이다. 예를 들면 오늘날 세포 내의 작은 엔진에 해당하는 미토콘드리아는 먼 옛날 별도의 유기체였던 것이 다른 세포에 먹히거나 흡수된 것으로 여겨지고 있다.[14]

7. 이어서 지금까지에 못지않게 중요하고 어려운 단계가 진행된다. 현재까지 알려진 생명체의 최초의 흔적이 있던 시기로부터 약 30억 년 이후에 단세포 생물에서 다세포 생물로의 변천이 있었다. 원핵세포에서 진핵세포로의 이행이 그랬듯이, 다세포 유기체 역시 아마도 공생의 시행착오 과정을 거쳐서 진화했을 것이다. 각기 다른 종류의 단세포 생물들이 서로 연결되어서 (혹은 서로를 먹어서) 형태와 기능이 다원화되었을 것이다. 그러나 어떻게 서로 다른 유형의 DNA가 합쳐져서 단일한 게놈이 될 수 있었는지는 이해하기 어렵다. 이에 대한 대안으로 군집 이론이 있다. 단세포 생물들이 군집을 이룬 뒤에 서서히 다

세포 생물로 진화했다는 것이다. 이에 관한 논쟁은 아직 진행되는 중이지만 군집 이론의 지지자는 계속 늘어나고 있다.

8. 이어서 복잡한 다세포 유기체들이 급속도로 다양해지는 현상이 일어났다. 그 정점은 약 5억 5,000만 년 전, 소위 캄브리아기 대폭발이라고 불리는 시대이다. 많은 과학자들이 이를 촉발한 주된 원인으로 지구 환경의 변화를 꼽는다. 이 가운데에 주요한 것은 산소의 이용 가능성이 크게 늘어난 것과 지구에 판 구조가 출현해서 지표와 해양의 화학물질이 다시 섞이게 된 것이다. 판 구조는 지구의 온도조절 장치처럼 작동한다. 화학물질을 재순환시켜서 대기 중의 이산화탄소 함량의 조절에 도움을 주고 지구의 기온을 안정적으로 유지해주는 것이다. 이것이 없었더라면 지표면의 물이 수십억 년간 액체 상태로 남아있는 것이 불가능했을 것이고 생명체, 특히 복잡한 생명체는 극복할 수 없는 장애와 마주쳤을 것이다.

9. 다세포 유기체가 약 5억 년간 진화하는 동안, 심각한 대량 멸종과 기후 변화도 많았다. 그 후 호모 속(屬)에 속하는 최초의 구성원이 약 250만 년 전에 아프리카에서 출현했다. 우리가 아는 지능을 갖춘 존재가 탄생한 지는 약 100만 년도 채 지나지 않았다. 이는 지구 역사에서 약 0.02퍼센트에도 채 미치지 못하는 기간이다.

이 모든 단계를 하나하나 밟아가는 것이 얼마나 어려운지를 이해하는 사람과 우리 태양계의 황량함을 들여다본 사람이라면, 자신 있게 다음과 같이 말할 수는 없을 것이다. 우주 어느 곳에나 생명이 보편적으로 존재해야 마땅하다거나 혹은 좀더 핵심을 말하자면 우리 우주가 생명에 "꼭 맞다"고 말이다. 우리가 지구 비슷한 행성을 찾아보아야 하는 것은 물론이다. NASA의 케플러 탐사선이 현재 그 일을 하고 있고, 가까운 장래에 유럽 연합의 다윈 탐사선 역시 같은 일을 할 예정이다. 놀랍게도 천문학자들은 머지않아서 지구 비슷한 행성들의 화학적 조성을 추출할 수 있을 예정이다. 생명의 존재 가능성을 알려주는 징후를 찾아보는 것이다. 즉 물, 산소, 오존, 메탄, 심지어 어쩌면 엽록소가 나타날지도 모른다. 모두들 생명의 징후가 마침내 발견되리라는 기대를 하고 있으며, 나 역시 이를 열렬히 기대하는 사람들 가운데에 하나이다. 문제는 어떤 형태의 생명이냐는 것이다.

여기서 의견이 갈라진다. 피터 워드와 도널드 브라운리는 『희귀한 지구 : 우주에 복잡한 생명체가 흔하지 않은 이유(*Rare Earth : Why Complex Life Is Uncommon in the Universe*)』라는 용감한 책을 냈다. 이들은 다음과 같은 주장을 설득력 있게 제시했다. 우주에 생명은 드물지 않을지 모르나, 가장 단순한 형태로만 존재할 가능성이 크다. 즉 외계의 지구 비슷한 행성은 외계 미생물을 부양할 수 있겠지만 그 이상의 일은 별로 많이 할 수 없다. 복잡한 다세포 생명체는 흔히 존재할 수 있기에는 너무나 많은 제약 요소가 있다. 심지어 화학적 장애를 모두 해결했다고 해도 그렇다. 지금까지 내가 언급하지 않았던 한 가지 요소는 대형 위성의 존재이다. 수성을 예외로 하면, 태양계의 모든 행성은 약간 기울어진 특정한 각도로, 비틀거리는 팽이처럼 자전하고 있다. 만일 지구에 상대적으로 무거운 달이라는 위성 동반자가 없었더라면, 지구의 자전축은 현재처럼 수직에서 약 23.4도 기울어진 상태가 아니라 해를 거듭하면서 혼란스럽게 달라졌을 것이다. 이 경우에 복잡한 생명체는 재앙적인 피해를 입었을 것이다. 행성이 기울어진 각도는 계절과 계절이 지속되는 기간을 결정한다. 기울어진 각도가 계속 바뀌면 지구에 생명이 살 수 있는 가능성은 거의 사라진다. 이는 1980년대에 펜실베이니아 주립대학교의 제임스 캐스팅이 강조했던 부분이다. 예컨대 규칙적인 계절의 순환이 없었을 것이고 지표면에는 오랜 기간 동안 액체 상태의 물이 지속적으로 존재할 수 없었을 것이다. 또다른 중요한 요소는 우주에서 쏟아지는 치명적인 방사선을 막아주는 지구의 자기장이다. 이것이 없었다면 바깥 우주와 우리의 태양으로부터 오는 복사선은 지구의 대기를 서서히 날려버렸을 것이고 지구의 표면(과 생명체들)은 그대로 노출되었을 것이다. 이것이 바로 화성에서 일어났던 일이다. 먼 옛날의 화성에는 생명체가 얼마든지 살 수 있었을지 모르지만, 지금은 그럴 가능성이 희박해 보인다. 만일 화성에 생명체가 존재한다면 매우 잘 숨어 있는 것이다. (혹은 우리가 이를 어떻게 확인해야 하는지 모르는 것일 수도 있다.) 화성의 표면과 그 아래를 계속 탐사할 경우에만 확인할 수 있다. 아마도 해로운 우주 복사파를 막아주는 지표면 아래에는 단순한 원생동물이 생존할 수 있을지도 모른다. 혹은 NASA의 화성 전문가 크리스토퍼 매케이의 믿음처럼, 얼음을 이용할 수 있는 극지의 동토에 동면 능력이 있는 미생물들이 살고 있을지도 모른다. 이것은 지구의 남극에서 일어나고 있는 일이다. 맥머도 드라이 밸리의 얼어붙은 호수 밑바닥에서 미생물들이 발견되었다. 만일 이 같은 생명체가 있다면 공상과학 소설에 등장하는 녹색 난쟁이와는 큰 차이가 있을 것이 분명하지만, 그래도 분명히 외계 생명체인 것은 사실일 것이다.

화성에서 어떤 종류이든 생명체를 찾는다면 그에 따른 잠재적 수익은 어마어마해서 탐사에 들어간 모든 노력을 정당화하고도 남을 것이다. 혹시 1996년의 흥분을 기억하는 독자가 있을지도 모르겠다. 과학자들이 남극에서 발견된 ALH84001이라는 이름의 화성 운석이 외계 생명체의 흔적을 보유하고 있는지도 모른다고 주장했던 사건 말이다.* 이 바위는 기원전 1만1000년쯤 지구에 떨어졌고, 1984년에 발견될 때까지 얼음 속에 묻혀 있었다. 오랜 기간 NASA의 행정 책임자를 맡고 있던 대니얼 골딘은 주장했다. "NASA는 30억여 년 전 화성에 원시적 형태의 미생물이 존재했을 가능성을 시사하는 놀라운 발견을 했

---

* 지구에서 어떻게 화성의 암석이 발견될 수 있을까? 그 해답은 운석 충돌에 있다. 소행성이나 혜성이 행성 표면에 격렬하게 충돌하면 막대한 양의 잔해가 매우 높은 고도로 튕겨나간다. 그 중 일부는 우주로 탈출할 수 있고, 한동안 떠돌아다니다가 인근 행성의 중력장에 포획되어서 떨어질 수 있다. 지구의 암석 역시 화성까지 여행할 수 있다. 다만 지구의 질량이 더 무겁기(따라서 중력도 더 크기) 때문에 그럴 가능성이 낮을 뿐이다.

다."[15] 골딘은 신중한 표현을 사용했지만, 언론의 열광이 뒤따랐다. 심지어 클린턴 대통령도 1996년 8월 7일에 백악관에서 성명을 발표했다.

우리가 어떻게 이러한 발견의 순간에 이르게 되었는지를 숙고해볼 가치가 있습니다. 이 암석은 40억여 년 전 화성 지각의 일부로서 형성된 것입니다. 그로부터 수십억 년 후에 이것은 표면에서 떨어져나와서 1,600만 년에 걸쳐서 우주 공간을 여행한 끝에 지구에 도착했습니다. 1만3,000년 전 지구에 내렸던 유성우와 함께였습니다. 그리고 1984년에 남극에서 운석을 찾는 미국 정부의 연례 사업에 참여한 미국인 과학자가 이것을 발견하고 연구를 위해서 가지고 왔습니다. 그 해에 수집한 첫 암석이라서 암석 번호 84001이라는 숫자가 할당되었습니다.

오늘, 암석 84001은 수십억 년에 걸친 기간과 수백만 킬로미터를 넘어서 우리에게 말합니다. 그것은 생명의 존재 가능성에 대해서 말합니다. 만일 이 발견이 사실로 확인된다면, 지금까지 과학이 발견한 것들 중에서 우리 우주에 대한 가장 충격적인 통찰 중의 하나가 될 것입니다. 그 함의는 상상할 수 있는 가장 큰 영향을 미치고 경외감을 일으킬 것입니다. 이 운석은 인류의 가장 오래된 질문 중의 일부에 대한 해답을 약속하는 바로 그 순간에, 그보다 더욱 근본적인 질문을 제기합니다.

우리는 인류 자체만큼이나 오래되었지만 우리의 미래에 핵심적 중요성을 가진 문제들에 대한 해답과 지식을 계속 추구할 것입니다. 이와 함께 우리는 이 암석이 말해야 하는 바에 계속 귀를 기울일 것입니다.

이 글을 쓰는 지금(2009년 가을) 대부분의(전부는 아니지만) 과학자들은 ALH 84001에서 발견된 생명의 흔적은 사실이 아니라고 생각한다. 운석 표본에서 생체 활동을 찾는 방법 중의 하나는 암석에 내포된 "생명 비슷한" 구조를 확인하는 것이다. 문제는 생명과 관계없는 지질학적 과정에서 박테리아 활동과 매우 유사한 흔적이 만들어질 수 있다는 데에 있다. 또한 그 구조는 매우 작아서 지구 박테리아의 10분의 1이나 100분의 1 크기였다. 물론 언제라도, 화성 생명체는 지구상의 그것과는 아마 크게 다를 것이라고 주장할 수는 있지만, 더 많은 증거가 필요한 것은 분명하다. 이 문제가 완전히 종결된 것은 아니지만, ALH84001는 우리가 희망하던 외계 생명의 증거는 아니다. 우리가 아는 한 인류는 우주 내에서 알려진, 생명의 유일한 사례로 남아 있다.

나는 2009년 3월에 한 학회에서 브라운리를 만난 김에, 지난 9년 동안에 혹시 생각이 바뀌었느냐고 물었다(『희귀한 지구』는 2000년에 출간되었다). 그의 생각은 바뀌지 않았다. 만일 내가 믿는 대로, 워드와 브라운리가 옳다면, 그에 따른 결과는 대단히 심각할 것이다. 원시적 생물 형태는 크게 드물지 않을지 모르지만, 지구 비슷한 행성은 드물기 때문이다. 그리고 만일 지구 비슷한 행성이 드물다면 복잡한 생명체 역시 매우 드물 것이다. 그렇다면 의식을 갖춘 생명체, 다시 말해서 스스로의 존재에 대해서 심사숙고할 능력을 갖춘 생명체는 더더욱 드물 것이고, 심지어 우리 은하 내에 하나밖에 없을 가능성도 있다는 말이 된다. 우리는 우주가 생명에 "꼭 맞다" — 생명이 우주에 널리 퍼져 있다는 것을 시사한다 — 고 서술하는 대신, 우주의 척박한 환경에도 불구하고 생명이 존재한다는 사실에 감탄해야 마땅하다. 그러면 우리는 우주에 홀로 존재하는 것일까? 아니면 우주는 지능을 갖춘 존재들로 가득 차 있는 것일까? 이제 우주에 지능을 갖춘 생명체가 존재할 가능성을 살펴보고, 이것을 우리가 배운 지식에 비추어 검토해볼 필요가 있다.

54
우리와 그들

이제목은 내가 다트머스 대학에서 가끔 가르치는 비교문학 강좌의 이름에서 빌려온 것이다. 이 강좌에서는 17세기 이래로 서구 문화에서 외계인, 특히 외계 지능에 대한 생각이 어떻게 바뀌어왔는가를 검토한다.[16] "그들"이란 우리의 두려움과 희망을 투사한 것으로 인간성의 최선과 최악에 대한 거울 이미지이다. 대부분의 소설들이나 영화들에 나타나는 외계인의 외모와 외계 기계의 모습은 그 당시의 과학기술 수준과 직접적인 관계가 있다. 19세기 말에 H. G. 웰즈는 『우주 전쟁(*War of the Worlds*)』에서 화성인이 대포탄이나 미사일을 닮은 강력한 폭발물을 이용해서 지구로 오는 것으로 묘사했다. 머지않아 인간의 비행술이 발달하면서 외계인 역시 비행을 하기 시작했다. 유전공학과 핵물리학의 발달에 따라서는 돌연변이와 핵무기가 등장했다 1950년대 이래로 컴퓨터에 관해서도 똑같은 일이 일어났다. 많은 이야기들에서 외계인들은 우리가 상상만 할 수 있는 일을 실제로 수행할 수 있다. 아서 클라크의 걸작 『2001 : 스페이스 오디세이(*2001 : A Space Odyssey*)』에서 외계인들은 신들과 구별하기 어려운, "물질의 압제로부터 마침내 자유를 얻은, 복사파로 이루어진 존재"[17]였다. 만일 코페르니쿠스 시대의 사람에게 랩톱 컴퓨터나 아이폰을 보여주면 어떻게 생각할지 상상해보라. 심지어 1927년생이신 나의 아버지조차도, (만일 살아계셨다면) 자신이 본 것을 쉽사리 믿지 못하셨을 것이다. 이미 1980년대에 비디오 카세트 녹화기를 미심쩍게 생각하셨던 양반이다.

외계 생명체가 존재할 가능성은 기대를 부추기는 일이다. 심지어 외계 미생물을 단 하나만 찾아내더라도 아마 과학 역사상 가장 위대한 발견이 될 것이다. 그 이후의 세계는 결코 그 이전과 같아질 수 없다. 만일 우리에게 외계 어딘가에서 생명이 독자적으로 출현했다는 결정적 증거가 있다면, 생명체가 우주 전체에 퍼져 있어야 한다는 가정은 큰 힘을 받게 될 것이다. 생명체는 지구상에만 존재하는 예외가 아니게 될 것이다. 물리 법칙은 우주 어디에서나 적용되고 다른 성계들에서도 지구와 똑같은 화학원소들이 발견되고 있다는 점을 생각하자. 이로 비추어볼 때, 만일 우주의 우리 이웃 지역에 있는 다른 행성들이나 위성들 중에서 최소한 한 곳에서라도 원시적 생명체를 발견한다면, 이는 우리가 정말로 우주 전체에 생명이 퍼져 있다고 생각해야 마땅하다는 이야기가 된다. 즉 적어도 생명의 존재에 관한 한, 평범 원칙이 지지를 얻게 될 것이다. 우주는 정말 생명 친화적일 수 있을 것이고, 생명과 우주 간에 깊은 관련이 있을 가능성도 진지하게 받아들여지게 될 것이다. 폴 데이비스가 우아하게 표현했듯이, "만일 생명체가 수프로부터 인과관계에 의존해서 생겨난다면, 자연 법칙에는 숨겨진 의미가 암호로 쓰여 있는 것이다. 이는 우주에 대해서 '생명을 만들라!'고 말하는 명령문이다. ……이것은 대자연에 대한 놀라운 비전이다. 자연의 위풍당당한 행태는 장대하고도 정신을 고양시키는 것일 터이다. 나는 이것이 옳기를 희망한다. 만일 이것이 옳다면 멋진 일이 될 것이다."[18] 우주와의 동반자 관계에 대한 갈망은 조화에 대한 갈망과 합쳐진다.

생명을 향한 "우주적 명령"의 증거가 있다면, 생명과 관련된 과정에 어떤 결정론도 인정하지 않는 진화론의 통설은 큰 타격을 입을 것이다. 진화론에 따르면 생명을 향한 목적이나 계획 같은 것은 존재하지 않는다. 존재의 드라마는 생명체들이 힘든 환경 속에서 생존을 위해서 투쟁하는 과정에서 펼쳐진다. 이에 따라서 생명을 향한 "우주적 명령"을 일종의 목적의식, 생명에 우호적인 (혹은 생명을 창조하는) 신성한 우주적 특징의 존재와 동일시하려는 유혹이 생길 수밖에 없다. 여기에 저항하는 것은 매우 힘들 것이다. 한편 외계에서 생명이 발견된다면 인류의 정체성 감정이 크게 달라지기는 하겠지만, 그렇다고 이 같은 발견을 내밀한 종교적 관념과 동일시할 필요는 없다. 그러한 논리라면, 도처에 별이 존재한다는 점을 볼 때 별을 향한 우주적 명령이 존재한다는 주장도 똑같이 타당할 수 있는 셈이다. 하지만 우리는 별이 생기는 과정을 알고 있다. 수소 가스로 된 구름이 중력으로 뭉친 것이다. 이는 잘 알려진 물리적 과정이고 적당한 조건하에서는 의도적 목적 없이도 우주 어디에서나 재현될 수 있는 일이다. 다시 말해서 설사 우주에서 원시적 생명체가 발견되어서 우주에는 생명이 매우 흔하다는 결론을 내리게 된다고 할지라도, 과학의 범위 내에서 그 존재를 충분히 설명할 수 있다는 사실에는 변함이 없다.

그러나 만일 외계 생명체가 다세포 생물이라면 상황은 상당히 달라질 것이다. 외계 아메바를 발견하는 것과 복잡한 외계 생물 형태를 발견하는 것에는 큰 차이가 있다. 복잡하다는 것은 전문화된 대사와 운동 기능을 하는, 각기 구별되는 기관들을 갖추고 있다는 의미이다. 지구상의 극한 미생물(제4부 참조)의 놀라운 강인성을 감안하면, 나는 우주에 미생물 생명체가 크게 드물지는 않을 것이라고 확신한다. 하지만 복잡한 다세포 생명체가 그만큼 흔할지에 대해서는 회의적이다. 흔하기는커녕 그 반대일 것이다. 지구 생명체가 복잡한 다세포 생물로 진화하는 과정에서 극복해야 했던 장애는 얼마나 엄청난 것이었던가. 그리고 우리 태양계는 (매우 아름답기는 하지만) 전반적으로 생명의 불모지가 아닌가. 이를 감안할 때, 우주에 복잡한 생명체가 얼마나 많으리라고 기대할 수 있겠는가? 물론 우리는 해답을 모른다. 지금 할 수 있는 일은 추측뿐이다. 그러나 현재까지 파악한 사실로 볼 때, 그 확률이 매우 높지 않을 것은 분명하다.

생명체는 복잡하면 할수록 더욱더 연약하다. 복잡한 생물은 대규모의 온도 요동을 견딜 수 없으며, 일부 박테리아처럼 극한의 온도나 환경에서는 살 수가 없다. 이러한 생명체가 사는 행성은 매우 안정적인 온도조절 장치를 갖추고 있어야만 한다. 우리가 위에서 보았듯이, 이는 그 행성이 갖추어야 할 지질과 대기의 조건이 매우 제한적임을 의미한다. 또한 이러한 생물체는 덩치가 크면 클수록 공격에 더 취약하고 생존을 위해서 더 많은 에너지를 필요로 하며 급격한 환경 변화에 적응하기가 더 힘들어질 것이다. 그리고 지구상이든 우주 어디에서든 다세포 생물이 수백만 년 동안 진화한 다음이 아니라면, 지능체가 출현하리라고 상상하기 어렵다는 점을 고려하자. 따라서 외계에서 다세포 생명체가 발견된다면 이는 외계에 지능이 높은 생명체가 존재한다는 믿음에 큰 힘이 될 것이다. 그렇다고 하더라도 인간의 지능이 우연한 우주적, 진화적 사건들의 부산물로서 출현했다는 점을 기억해두는 것은 중요하다. 즉 지능은 진화의 최종 목표가 아니다. 이는 1억5,000만 년에 걸친 공룡의 역사가 보여주는 바이다. 그러나 나는 만일 복잡한 외계 생명체가 발견된다면, 이는 정말로 혁명적인 일일 것이라는 데에 앞장서서 동의한다.

1960년에 전파천문학자 프랭크 드레이크는 우리 은하에 지능을 갖춘 생명체가 살고 있을 가능성을 계량적으로 평가하는 방법을 찾아냈다. 드레이크 방정식으로 알려진 그의 전략은 본질적으로 다음과 같다. 한 성계(星界)에 지능을 갖춘 생물이 존재하기 위해서 필요한 다양한 요소들을 곱해나가는 것이다. 이 방정식과 그 현대판(예컨대 『희귀한 지구』에서 검토했던 것)의 장점은 한 행성에서 지능체가 출현하려면 무엇이 필요한가에 대한 우리의 이해를 돕는다는 것이다. 단점은 우리가 방정식상의 조건을 타당한 정확도로 추정할 방법을 모른다는 것이다. 심지어 어떤 조건을 포함시켜야 할지조차도 모른다. 예를 들면 우리는 은하수 내에 있는 별들의 숫자를 알고 있지만(2,000억-4,000억 개), 그중에서 생명의 거주가 가능한 구역(모성과 너무 가깝거나 멀어서는 안 된다는 뜻이다/역주)에 행성을 가지고 있는 별은 얼마나 되는지, 그런 행성들 중에서 얼마나 많은 수에 생명체가 존재하는지, 복잡한 생명체나 최종적으로 지능을 갖춘 생명체를 품고 있는 행성이 얼마나 되는지는 모른다. 그뿐만이 아니다. 방정식에서 행성이 갖추어야 할 조건에 대형 위성, 지각 판 구조, 방사선 차단 자기장을 포함시킨다면 몇 퍼센트를 그런 조건을 갖춘 것으로 계량화해야 할지도 문제이다. 예를 들면 칼 세이건이 내놓은 초기 추정치에 따르면, 은하수 내에 전파 통신을 할 수 있는 문명은 약 100만 개 정도이다. 어떤 사람들은 단 하나 ─ 우리 ─ 라고 주장한다.

만일 우리가 지능을 갖춘 외계 생명체가 존재할 가능성을 심각하게 받아들인다면, 그에 따라서 어떤 결과가 생길지를 검토해야만 한다. 가장 대표적인 것이 엔리코 페르미가 1950년에 이미 검토했던 문제, "모두들 어디에 있는가?"이다. 우리 은하의 나이는 약 130억 년으로 우리 태양의 2배쯤 된다. 예를 들면 다른 성계에서 우리보다 수백만 년이라는 아주 짧은 기간을 앞서서 생명체가 진화했다고 상상해보자. 그 진화 과정에서 복잡한 존재가 지능을 갖춘 단계에 이르렀다고 하자. 그렇다면 이러한 외계 생명체 중의 일부는 기술을 놀라운 수준으로 발전시킬 만한 시간이 충분했을 것이다. 현대 과학의 400년 역사를 통해서 우리가 달성한 업적을 고려하면, 이러한 외계인들의 기술은 우리에게 마술처럼 보일 것이다. 만일 그들도 인간들처럼 방랑벽에 시달린다면(외계인의 정신세계에 대해서 우리가 아는 것이 무엇인가?), 그들은 우리 은하를 수없이 여러 차례 탐사할 수단과 시간이 있었을 것이다. 하지만 적어도 우리가 아는 한 그들은 은하계에 식민지를 건설하거나 지구를 방문하지 않았다. 그렇다면 그들은 모두들 어디에 있는가? 이 이슈는 페르미의 역설이라고 불리기도 한다.[19]

하나의 대답은 그들이 지구에 왔었고 흔적을 남기지 않고 떠났다는 것이다. (외계인이 방문했다는 증기로서는 큰 쓸모가 없는 주장이다.) 또다른 대답은 그들이 오래 전에 와서 지구에 생명을 이식했다는 것이다. 즉 지구는 외계인의 동물원, 진화생물학 실험실이다. 우리에게나, 큐브릭 감독의 「2001 : 스페이스 오디세이」에 나오는 지구인들에게, 이들 외계인은 신과 구별되지 않는다. 페르미의 역설에 대한 또다른 대답은 우리의 삶이 가상의 삶이라는 것이다. 영화 「매트릭스」에 나오는 것처럼 우리는 모두가 죄수이고, 극도로 복잡하게 시뮬레이션된, 우리가 생명이라고 부르는 환상의 희생자이다. 또다른 대답은 그들은 이곳에 있지만 은폐장치 때문에 볼 수 없다는 것이다. (이 또한 외계인이 방문했다는 증거로서는 큰 쓸모가 없는 주장이다.) 이보다 좀더 진지한 주장도 있는데, 이는 냉전의 산물임이 분명하다. 핵무기의 시대를 지나서까지 생존할 수 있는 기술 문명은 없다는 것이다. 고전적 SF 영화 「지구가 멈추는 날」에서 보듯이, 우리처럼 어린 지능체는 그러한 힘을 다루기에는 도덕적으로 너무나 미성숙하다. 이와 마찬가지로 대부분의(모든?) 외계 지능은 너무나 미성숙해서 자기를 파괴할 수 있는 힘을 다룰 수 없다. 그들이 보이지 않는 이유는 그들이 존재하지 않기 때문이다. 이 주장은 매력적이기는 하지만 너무 극적이다. 즉 행성에서 생명을 완전히 말소할 정도로 파괴적인 힘을 갖춘 문명을 마음속에 그리기는 어렵다. (물론 「스타 트렉」에서처럼, 어떤 문명이 "붉은 물질"이나 그 비슷한 것을 사용해서 행성 전체를 내파시킬 방법을 찾아냈을 가능성도 배제할 수 없다. 그러나 나는 현재 우리가 생각하기에 타당한 선을 고수하겠다.) 심지어 그러한 끔찍한 격변이 있은 뒤에라도 일부 생명체는 살아남을 것이고 그중에는 지능을 갖춘 존재도 포함될 것이다. 모든 생명체는 모종의 생존 본능을 갖춘 채 출현한다. 만일 그들이 우리 같은 존재라면 그들은 다시 출발해서 다시 건설할 것이고 바라건대 보다 평화로운 길을 따라서 그렇게 할 것이다. 물론 파괴의 정도가 코맥 매카시가 『로드(The Road)』에서 묘사한 것처럼 희망 없는 수준에 이르지 않았어야 한다. 이 소설에서는 극소수의 인간을 제외하면, 문자 그대로 지구가 죽었다.

사실을 말하자면, 만약 "그들"이 외계에 있다고 해도, 우리가 결코 그것을 알 수 없을 가능성도 있다. 사실상 우리는 혼자이다. 진상이 이와 다르다는 것을 알게 되기 전까지 그러하고, 그것을 알게 되기까지 얼마나 오랜 기간이 걸릴지도 모르는 일이다. 그리고 이 같은 자각을 한다면 우리는 스스로에 대해서 그리고 우리가 살고 있는 세계에 대해서 생각하는 방식을 바꾸어야 마땅하다.

55
우주적 고독

지능을 갖춘 외계인과 UFO가 야기했던 흥분에도 불구하고 현재의 과학이 말하는 바에 따르면, 우리가 전부이다. 아마도 오랫동안 그러할 것이다. 외계지능탐사(Search for Extra Terrestrial Intelligence, SETI)에 종사하는 전파천문학자들이 외계에 생명체가 존재한다는 논란의 여지가 없는 증거를 찾아내기 전까지 — 그럴 가능성은 희박해 보인다 — 우리는 사실상 혼자이다. 우리는 지금껏 생명은 희귀하며 지능을 갖춘 복잡한 생명체는 더욱 그러함을 시사하는 주장들을 살펴보았다. 그 모든 지리학적이고 생물학적인 장애와는 별도로 그러한 생명체들이 설사 존재한다고 하더라도, 우리는 우주의 머나먼 공간 속에서 그들을 찾을 길이 없다. 별 사이를 여행하는 것이 얼마나 힘든지를 보여주는 예가 있다. 태양에서 가장 가까운 항성인 알파 센터우리까지 여행하려면, 인류의 가장 빠른 우주선으로도 약 10만 년이 걸린다. 가장 가까운 이웃에 가는 데에 그러한 세월이 걸리는 것이다! 만약 우리가 광속의 10분의 1에 해당하는 속도로 여행하는 방법을 찾아낸다고 해도, 이 여행에는 45년이 소요될 것이다. 물론 다른 태양계에 도달할 때까지 수천 세대에 걸쳐서 생명이 지속될 수 있도록 충분히 많은 인간과 지구의 동식물을 갖춘 자기 유지적 생물권을 건설하는 것을 상상할 수는 있다. 그렇다고 하더라도 인간의 짧은 수명이라는 관점에서 볼 때, 외계인과의 물리적 접촉 가능성은 매우 희박해 보인다.

물론 나는 SETI 열광자들의 생각에 전적으로 공감한다. 찾기만 한다면, 우리에게는 지능을 갖춘 외계 생명체를 발견할 기회가 있다. 신호는 전파로 올수 있다. 또한 외계 우주의 잔해에서 올 수도 있고, 심지어 (외계인의/역주) 방대한 천문 공학 프로젝트로부터 올 수도 있다. (외계인이 이미 지구에 와 있다거나 자주 방문한다고 믿는 사람들에게는 미안한 말이지만, "그들"의 방문을 생각하는 것은 거의 불가능하다.) 우리 태양계 내에서 생명의 신호를 찾는 문제로 말하자면, 외계 지능의 증거를 찾는 데에 따르는 보상은 매우 막대하기 때문에 이는 추구할 가치가 있다. 만일 SETI가 성공한다면, 정말로 신나는 일이 될 것이다. 세계는 결코 그 이전과 같아질 수 없을 것이다. 이는 칼 세이건의 소설 『콘택트』에 멋지게 표현되었다. 우리가 우주에서 혼자가 아님을, 외계에서 다른 마음들도 존재의 미스터리를 숙고하고 있음을 알게 되는 것이다. 그래도 이들과 통신을 할 수 있으리라는 희망을 가지기는 어렵다. 우리는 광속의 한계 때문에 대화를 유지할 수 없을 것이다. 알파 센터우리 주위를 도는 행성에 똑똑한 생명체가 살고 있다고 상상해보자. 설령 적당한 통신 채널이나 언어(『콘택트』에서의 수학, 스필버그의 영화 「미지와의 조우」에서의 음악)를 구축할 수 있다고 해도, 대화는 그리 생생하지 못할 것이다. 하나의 메시지가 가고 그 답변이 오는 데에 9년씩 걸릴 것이다. 희망적으로 말하자면, 그들이 보내는 최초의 메시지가 너무 길고 복잡해서 다음 메시지가 올 때까지 이를 해독하느라고 계속 바쁜 상황이 바람직할 것이다. 정직하게 말해서, SETI를 시작한 지 50년이 경과했고 인류가 문명을 건설한 지도 1만 년이 지났지만, 우리 손에 들어온 것은 우주의 완전한 침묵뿐이다. 외계인이 방문했다는 믿을 만한 증거는 전혀 없다. 태양계에는 활동적인 생명체의 뚜렷한 형태가 없다. 다른 항성계는 멀리 있고, 아마도 우리의 태양계와는 매우 다를 것이다. 설령 우리 은하 어딘가에 지능을 갖춘 생명 형태가 실제로 존재한다고 해도, 우리는 그들로부터 무엇인가를 듣거나 그들의 존재를 확인할 수 없을지 모른다. 설사 우리가 혼자가 아니라도, 혼자라고 느낄 것이 분명하다.

56
인류의 새로운 사명

인류는 지난 5,000년에 걸쳐서 종교적인 것이든 과학적인 것이든, 만물에 대한 모종의 궁극적인 설명이 존재하기를 희망하며 이를 열성적으로 찾아왔다. 이제 이러한 것에서 벗어날 때가 되었다. 물론 이 같은 탐구 덕분에 우리는 자연의 가장 깊숙한 비밀들 가운데에 일부를 밝혀냈으며 지식의 새로운 영역을 개척한 것도 사실이다. 우리는 서로를 향한 열망 그리고 지식을 향한 갈망을 표현하기 위해서 상상력의 나래를 펴고 위대한 음악, 문학, 미술 작품들을 창조했다. 최초의 인간은 존재의 신비에 매료된 상태로 죽었다. 최후의 인간 역시 그러할 것이다. 우리는 탐구와 창조를 계속할 것이다. 그러나 그 초점은 달라져야 한다. 과학은 우리에게 다음과 같은 사실을 분명히 보여주었다. 즉 발견을 향한 열정으로 무장한 이성은 자연세계에 대한 질문에 해답을 줄 수 있는 가장 강력한 도구라는 것이다. 기원에 대한 우리의 사색이 최초로 출현한 형태는 신화였다. 이 점을 감안하면, 이와 똑같은 신화적 갈망이 과학의 근원에 자리잡고 있다는 사실은 놀랄 일이 아니다. 하지만 자연이 우리에게 말하는 것은 이와 다르다.

조화를 향한 우리의 갈망에도 불구하고, 자연은 다음과 같이 말한다. 자연의 창조력은 극히 작은 것에서부터 극히 거대한 것에 이르는, 세계의 모든 영역에 쓰여 있는 비대칭성으로부터 나온다고 말이다. 우리는 완벽한 대칭성을 바라고 이를 표현하기 위해서 강력한 방정식을 써나가지만, 거기에서 나온 해답이 불완전한 실재의 근삿값에 지나지 않는다는 사실을 알게 된다. 그렇게 되어야만 한다. 비대칭성으로부터 불균형이, 불균형으로부터 변화가, 그리고 변화에서 생성이 나온다. 즉 구조가 출현하는 것이다. 물질이 존재할 수 있으려면, 입자물리학의 근본 대칭성 중에서 일부가 깨져야만 한다. 우리 우주 전체는 많은 우주들이 공존하는 일종의 무시간적 영역에서 일어난 양자 요동 때문에 출현했을 수도 있다. 즉 존재의 씨앗은 우연한 행운 덕분에 생겨난 것이다. 무질서에서 출발한 우주는 진화해서 가장 가벼운 화학원소들을 만들었다. 보이지 않는 암흑 물질 속에 은폐된 수소 구름들은 자체 중력으로 붕괴해서 최초의 별과 은하들을 형성했다. 그로부터 수십억 년 후에 하나의 별 주위에 있는, 물이 풍부한 어느 행성에 생명이 출현하게 만들 수 있는 물질들이 모였다. 격렬한 뒤섞임과 파국적인 충돌이 많이 발생한 뒤에, 이 행성은 고요해졌다. 그리고 태고의 진흙 속에서 점차 커지고 서로 결합한 분자들이 합체해서 최초의 생명체가 되었다. 그로부터 수십억 년 후에 우리의 선조들은 창조에 대해서 숙고하기 시작했다. 외로운 존재였던 그들은 두려움과 경외심에 찬 시선으로 하늘을 바라보았다.

우리는 자신이 어디에서 왔고 무엇으로 만들어졌는지에 대해서 많은 것들을 배웠다. 놀라운 도구들 덕분에 세계와 그 너머의 우주를 보는 시야를 크게 넓힐 수 있었다. 우리가 할 수 있는 일의 범위는 넓지만 또한 제한되어 있다. 자연은 우리의 허황된 생각에 스스로를 맞출 필요가 없다. 과학이 우리에게 가르쳐주는 것은 자연이 어떻게 작동하는가이지 어떻게 작동해야 하는가가 아니다. 우리는 우리 행성 밖의 태양계 이곳저곳에 탐사기를 보냈고 그 결과에 충격을 받았다. 이들 세계는 우리와 어찌나 다른지, 어찌나 장엄하고 황량한지, 어찌나 생명에 무관심한지. 우리는 너무나 오랫동안 조화를 갈망해왔다. 우리는 우주의 동반자 — 신성한 것이든 외계의 것이든 — 를 너무나 오랫동안 갈망해왔다. 우리는 인정해야 한다. 우주에는 우리밖에 없다. 우리는 측정할 수 있는 범위 밖에 무엇이 있는지 결코 확신할 수 없으므로, 절대적 의미에서는 아닐지라도 적어도 현실적인 의미에서는 이를 인정해야 한다. 이것은 우리를 정말로 특별한 존재로 만든다. 그리고 이에 따라서 인류에게는 새로운 목적이 생기게 된다.

이를 두고 내가 모종의 인류 중심적(인간 중심적이라고 하는 것이 나의 논지에는 더 잘 맞는다) 관점을 부활시키려고 한다고 비난하는 사람이 있을 수도 있다. 그들이 옳다. 다만 나의 인류 중심주의를 코페르니쿠스 이전 시대의 그것과 연관시키려고 하는 것은 옳지 않다. 나는 우리가 유일무이하며, 중요한 존재라고 말하는 중이다. 하지만 그 이유는 우리가 어떤 신에 의해서 창조되었다거나 목적을 가진 우주의 명령이 만든 결과라거나 해서가 아니다. 우리가 유일무이하고 중요한 것은 우리가 살아 있고 자의식을 갖추고 있기 때문이다. 우리가 아는 모든 지식에 따르면 그리고 아마도 앞으로 오랜 기간 동안 알게 될 지식에 따르더라도, 우리는 질문을 제기하는 유일한 존재이다. 만물의 척도는 아닐지 몰라도 측정을 할 수 있는 유일한 존재이다. 우주에 우리밖에 없다는 것을 수용하는 것은 새로운 의식을 가지고 깨어나라는 모닝콜이다. 인간들이여! 깨어나서 모든 힘을 다해 생명을 보존하라! 생명은 희귀하다. 소중히 여기고 경배하고 존속하게 만들고, 우주 전체에 퍼트려라. 이것이 우주의 마음으로서의 우리의 지상 과제이다.

이 같은 자각이 지금처럼 시급한 때는 없었다. 빠른 속도의 진보, 부와 더 나은 생활에 대한 약속 때문에, 우리는 스스로가 이 행성에 끼치는 피해를 깨닫지 못하고 있다. 그렇다. 우리는 살아남고 재배하고 건축하고 지구의 자원을 탐사해야 한다. 하지만 지금과 같은 속도로 이를 지속할 수는 없다. 우리 행성과 그것이 품고 있는 소중한 생명에 우리가 끼치고 있는 막대한 피해에 무관심한 채로는 말이다.[20]

기후는 변화하며 생물들은 대략 매년 3만 종이라는 엄청난 속도로 죽어간다. 우리는 6,500만 년 전 공룡의 종말 이후로 사상 최대의 대량 멸종을 목격하는 중이다. 당시와 다른 점은 물리적 원인 때문이 아니라 인간이 가해자라는 데에 있다. 이는 역사상 처음 있는 일이다. 우리는 서식지를 파괴하고 강을 오염시키며 산과 숲을 난도질하고 계곡을 수몰시키며 아무 계획 없이 외래종을 도입하고 멸종 위기의 종들을 죽이며 어획하고 사냥하면서 아무런 처벌도 받지 않는다. 광란에 빠진 우리는 지구의 자원과 회복력이 제한되어 있음을 잊는다. 과거 5차례의 대량 멸종 후에 생명이 회복될 수 있었던 것은 물리적 원인이 결국 작동을 멈추었던 덕분이었다. 만일 우리가 사태를 제대로 파악하고 하나의 종(種)으로서 합심해서 조치를 취하지 않는다면, 우리는 스스로를 파멸로 이끄는 길을 개척하는 처지가 될 수 있다. 이 연푸른색 점(pale blue dot, 1990년에 보이저 1호가 태양계 끝에서 촬영한 사진에 나타난 지구의 모습이다. 기존의 '창백한 푸른 점'이라는 표현은 오역으로 보인다. 만일 그런 뜻이었다면 'pale, blue dot'이어야 한다. 게다가 사진 속의 지구는 거의 흰색이다. 칼 세이건이 이러한 표현을 한 맥락과도 맞지 않는다/역주)에 있는 우리의 상황은 얼마나 소중하며, 또한 얼마나 위태로운 지경인가. 이를 진정으로 이해할 때에 비로소 우리는 행성의 긍정적인 변화를 유발할 수 있을 것이다. 불행하게도 멸종과 기후 변화가 일어나는 시간은 인간의 수명 안에서 파악하기에는 너무나 길다. 우리는 위협적인 효과를 충분히 빨리 "보지" 못하기 때문에 두려움을 느끼지 못할 뿐이다. 우리의 머리에 총구를 겨누고 있는 것이 아니니 대응에 나서지 않는다. 우리는 우리 행성의 붕괴가 얼마나 임박해야 스스로의 행태를 수정할 만큼의 두려움을 느끼게 될 것인가? 우리는 변화가 필요하다는 확신이 들 때까지 얼마나 더 기다리려고 하는가?

내가 최후의 심판을 말하는 선지자 같은 인상을 준다는 것을 안다. 하지만 그것을 좋아하는 것은 아니다. 나는 과학과 계시록적 예언 사이의 연관을 밝히기 위해서 온전히 한 권의 책을 썼다.[21] 이러한 이야기들을 어깨를 으쓱한 뒤에 무시하고 원래 하던 일을 계속할 사람들도 있을 것이다. 그러나 나는 너무 많은 사람들이 그러지는 않기를 바란다. 나는 일단 사람들이 다음과 같은 사실을 자각하고, 생존이라는 대의를 기꺼이 받아들이기를 희망한다. 지구는 얼마나 희귀한 천체인가, 복잡한 생명체는 얼마나 희귀한가, 우리의 존재는 얼마나 위태롭고 얼마나 소중한가. 우리에게는 새로운 도덕률이 필요하다. 이곳에서 생명을 보존하고 아마도 언젠가는 우주 전체에 생명을 퍼뜨릴 것을 목표로 하는 도덕률 말이다. 그러나 우리들에게 이 과업은 각자의 집 뒷마당에서 시작되는 것이다.

존재에 관한 가장 경탄스러운 사실은, 우리가 존재를 의식한다는 점이다. 가장 정신이 번쩍 들게 하는 사실은, 우리가 창조에 대해서 숙고하는 동안에도 우리는 여전히 혼자라는 점이다. 물론 우리 조상들의 상황도 이와 마찬가지였다. 비극이기는 하지만, 문명의 여명기 이래로 언제나 국민들을 단결시키는 것은 오직 전쟁과 공통의 적밖에 없었다. 자, 이제 하나의 종으로 뭉쳐서 생명 보존을 위한 전쟁을 시작하자. 그러나 과거나 현재의 전쟁과 달리, 이번 것은 영토나 신조 때문에 하는 전쟁이 아니다. 이것은 우리의 과거와 미래 사이의 전쟁이다. 그리고 싸울 수 있는 것은 오직 현재뿐이다.

맺는 말 : 환희의 정원

어린 시절에 나는 황홀한 정원에서 자주 머물렀다. 그곳에 항상 있을 수 있었던 것은 아니다. 그 정원은 브라질 리우데자네이루 외곽의 산악지대에 있는 할아버지의 집에 딸린 것이었으니까. 여름이 오면, 나는 또다시 배낭을 꾸릴 때가 왔다는 것을 알았다. 테리조폴리스에서 머무는 3개월은 모든 것이 더 편안했다. 낡고 커다란 그 집에서 어둠은 적이 아니라 친구였다. 우리 집과는 달리 그림자 속에 숨어 있는 괴물도, 내 목을 꿰뚫으려는 날카로운 이빨도 없었다. 밤이 되면 나는 사촌들과 집 밖으로 나가서 누가 별을 더 많이 세는지 내기하려고 잔디밭에 눕곤 했다. 구름 낀 밤이면 기다란 대나무 막대기를 찾아서 박쥐 사냥에 나섰다. 공중에 막대기를 흔들면, 이 불쌍한 동물은 그 움직임을 추적하려다가 결국 막대기에 부딪쳤다. 나는 뱀파이어의 가까운 친구인 박쥐(그리고 일부 흡혈 박쥐)를 가까이에서 보고 싶었다.

어느 날 밤, 나는 어찌어찌해서 박쥐 두 마리를 잡았는데 그중 한 마리는 살아 있었다. 소년들은 대개 잔인하기 마련이다. 그러나 당시 여덟 살인가 아홉 살이던 나는 낯선 세계를 탐구하느라고 바빴다. 그곳은 리우에 있는 우리 아파트에서는 결코 볼 수 없는 온갖 종류의 생물이 가득한, 살아 있는 세계였다. 할아버지 댁에 가는 것은 마치 평행우주, 씩씩하고 호기심 많은 새로운 마르셀로가 사는 우주에 들어가는 것 같았다. 나는 박쥐들을 커다란 통 속에 넣고, 이번에는 개구리 잡이에 나서서 스스로의 운을 시험했다. 잠시 후, 나는 박쥐들을 검사했다. 살아 있는 박쥐는 죽은 박쥐에 올라타서 그 목 뒤에 이빨을 깊게 박고 있었다. 그 흡혈 박쥐는 자기가 아는 유일한 방법으로 생존을 시도하고 있었던 것이다. 나는 그 장면에 매혹되었다. 흥분한 나는 할머니에게 달려가서 내가 잡은 것을 보여드렸다. 할머니는 우크라이나 출신이셨는데, 그것을 보고 자지러지셨다. 나에게는 자연의 무시무시함(그리고 나의 용감함)을 뚜렷이 보여주는 증거였던 것이 할머니에게는 혐오스러운 장면에 불과했다. 나는 박쥐를 집 밖으로 가지고 나가서 죽은 놈은 묻어주고 산 놈은 숲에 풀어주었다. 그 이후로 나는 나의 수확물을 혼자만 간직했다.

그곳에서는 낮도 밤만큼이나 매혹적이었다. 적도 지방에서 성장기를 보내는 것은 자연세계를 향한 행복한 문으로 들어가는 것과 같다. 그곳은 모든 형태와 크기의 생명체로 넘쳐났다. 가장 작은 거미에서부터 무지갯빛 청색을 띤 거대한 나비에 이르기까지, 수없이 많은 종의 난초, 히아신스, 히비스커스(무궁화속에 속하며, 화려한 색의 큰 꽃이 피는 열대성 식물이다/역주), 거대 양치류에서부터 모든 색깔의 새들에 이르기까지, 수많은 생명이 있었다. 나는 돋보기를 들고 정원을 어슬렁거리면서, 움직이는 것만 있으면 멈추어 검사했다. 그곳의 생명체들은 정말 질척질척했다! 하지만 나는 벌레들을 으깨버리기만 하지는 않았다. 대신에 벌레들을 채집했다. 내 침실 바닥에는 벌레 표본을 알코올에 담은 10여 개의 유리병들이 벽을 따라 죽 늘어서 있었다. 거미, 개미, 딱정벌레, 벌, 말벌, 노래기, 어마어마한 사마귀, 희귀한 대벌레 등이었다. 나는 새로운 종을 발견할 때마다 책에서 찾아보고 분류를 시도했고, 유리병에 조심스럽게 이름표를 붙였다. 나는 자연이 내 삶의 일부가 되기를 바랐다. 먼 곳에 보관해두고 이따금 감탄하며 들여다보는 단순한 액세서리를 원한 것이 아니었다. 나에게 이 정원보다 행복한 장소는 없었다. 나는 대도시로 돌아가야 할 때마다 눈물을 흘렸다. (리우는 멋진 해안이 있는 아름다운 도시라는 명성을 가질 자격이 충분하지만, 약 1,000만 명이 거주하는 대도시라는 것이 문제이다.)

그 오래된 집이 팔리던 날, 내 안에 있던 무엇인가가 죽었다. 그 평행우주의 마술적 생활이 이제는 추억 속에만 존재하게 되다니. 내가 어떻게 그것을 받아들일 수 있단 말인가? 그로부터 몇 년이 지나지 않아서 나의 부모님이 테리조폴리스에 다른 집을 샀다. 그 집도 멋지기는 했지만, 결코 옛날과 같지는 않았다. 설상가상으로 새집에 가려면 차를 타고 옛집 앞을 지나쳐야 했다. 그리고 그 집을 지나칠 때마다 나는 조금씩 사라지는 것들을 알아차렸다. 제일 먼저 정원이 없어졌다. 그 다음은 목련나무들, 다음에는 풀밭이 사라졌다. 나는 그 집이 신학교로 바뀌었다는 말을 들었다. 성경을 공부하는 학생들은 지상의 것들을 보살필 성향도, 시간도 없는 것이 분명했다. 에드거 앨런 포의 소설 『어셔 가의 몰락(*The Fall of the House of Usher*)』에서처럼 옛집은 죽어버렸다.

내가 이 이야기를 하는 이유는 이것이 낙원의 상실이라는 감정을 짙게 전달해주기 때문이다. 앞으로 몇십 년간 우리가 겪게 될지 모를 상실도 이와 다르지 않을 것이다. 우리에게는 사태의 흐름을 바꿀 기회, 우리가 자라면서 사랑했던 세계를 구원할 기회가 남아 있다. 일부 사람들은 다가오는 폭풍이 얼마나 맹렬한 것인지를 의심하기도 하지만, 그래도 폭풍은 닥칠 것이다. 첫 빗방울이 이미 떨어지고 있다.

우리는 자녀들의 장래를 가지고 도박을 해서는 안 된다. 나에게는 4명의 자식들이 있다. 나는 언젠가 이 녀석들의 아이들이 돋보기를 손에 들고 내 정원을 어슬렁거리는 것을 보고 싶다. 생명체가 불가사의하게 질척질척하다는 것에 경외감을 느끼며 행복해하는 장면을 말이다.

주

제1부 전일성(全一性)

1. 이는 정지한 심장에 전기 충격을 가해서 다시 뛰게 만드는 방식으로 작동한다. 하지만 어째서 어떤 심장은 다시 살아나고 어떤 심장은 다시 뛰기를 거부하는가에 대한 의문은 해결되지 않고 있다. 만일 의사들이 그 이유를 안다면, 결국 뛰지 않을 심장을 위해서 그렇게 많은 감정적, 육체적 에너지를 투자하지는 않을 것이다. 삶과 죽음을 가르는 경계는 아직도 불분명하다.

2. http://religions.pewforum.org

3. http://www.adherents.com/largecom/com_atheist.html

4. http://www.astarte.com.au/html/pella_s_canaanite_temple.html; http://cogweb.ucla.edu/Culture/Monotheism.html.

5. Gerald Holton, "Einstein and the Goal of Science," in *Einstein, History, and Other Passions* (Cambridge, Mass.: Harvard University Press, 1996), p. 161.

6. Isaiah Berlin, "Logical Translation," in *Concepts and Categories* (New York: Viking, 1979).

7. 피타고라스 신화의 기원과 영속성에 관심이 있는 독자는 다음을 보라. Charles Kahn's *Pythagoras and the Pythagoreans: A Brief History* (Indianapolis, Indiana: Hackett, 2001).

8. 이 책과 이를 읽은 사람들을 다룬 매혹적인 역사는 다음을 보라. Owen Gingerich's *The Book Nobody Read* (New York: Walker, 2004).

9. 매스틀린의 진정한 의도는 자신보다 더 과격한 동료 교수들로부터 케플러를 보호하려는 데에 있었을지도 모른다. 진실은 결코 알 수 없을 것이다.

10. 그 세부사항은 매우 복잡하다. 하지만 대체로 이 기구는 오차 5퍼센트 이내의 정확도로 작동한다. 관심 있는 독자들은 1981년에 E. J. 에이튼이 Abaris Books, New York에서 출간한 *Mysterium* 영역본의 서문을 참조하라.

11. Holton, *Einstein, History, and Other Passions*, p. 160.

제2부 시간의 비대칭성

1. 빅뱅 모델의 역사는 졸저 *The Dancing Universe*를 비롯한 많은 책에 상세히 나와 있다.

그중에서 몇 권을 참고 문헌에 올려놓았다.

2. 펜지어스와 윌슨은 1965년에 극초단파 우주 배경복사를 발견한 공로로 1978년에 노벨 상을 받았다. 가모브는 이를 축하할 기회도 가지지 못하고 1968년에 사망했다. 가슴 아픈 일이다. 나는 2005년에 앨퍼를 만났다. 그는 은퇴해서 플로리다의 탬파에서 지내고 있었다. 그의 태도는 점잖았지만 자신의 업적이 사실상 잊혀진 데에 크게 실망하고 있다는 것이 느껴졌다. 2007년 6월 27일에 그는 조지 W. 부시 대통령에게서 미국에서 가장 권위 있는 과학상인 National Medal of Science를 받았다. 시상식에는 아들이 대신 참석 했고, 그는 16일 후에 사망했다.

3. 사람들은 여전히 자신들의 신 때문에 죽고 죽이는 일을 계속하고 있다. 이는 수천 년간 되풀이 되어온 비극이다. 그들의 모토도 예나 지금이나 똑같다. "우리는 (우리의) 신을 믿는다."

4. 나는 *The Prophet and the Astronomer: A Scientific Journey to the End of Time*에서 여러 단계에 걸친 별의 삶을 상세히 설명했다. 참고 문헌에 다른 책들의 목록도 올렸다.

5. 원자번호 93번 넵투늄(핵에 있는 양성자 93개가 원자번호에 해당한다)과 원자번호 94번 플루토늄은 극소량이기는 하지만, 우라늄 광석에서 발견되었다. 원자번호 95번 아메리 슘을 비롯해서 그보다 번호가 큰 원자들은 실험실에서 인공적으로 만들어졌다.

6. 엄격히 말하자면, 양성자는 특정한 반경을 가진 공이 아니다. 그렇지만 그 크기의 규모 를 콤프턴 주파수와 연관지을 수 있다. 그 길이는 1.3×10^{-13}센티미터, 즉 1센티미터의 1 조 분의 1의 0.13배이다.

7. 끈 경치에 관심이 있는 독자는 다음 책을 보라. Leonard Susskind, *The Cosmic Landscape: String Theory and the Illusion of Intelligent Design* (New York: Little, Brown, 2006).

8. 서로 경쟁하는 양자 중력 이론들에 대한 설명은 다음을 보라. Lee Smolin, *Three Roads to Quantum Gravity* (New York: Basic Books, 2001).

9. 어째서 그냥 140억 광년이 아닌가? 만일 우주가 팽창하고 있지 않다면 그랬을 것이다. 우주는 실제로 팽창하고 있기 때문에 광자는 뒤에서 확장하는 공간으로 인해서 속도가 빨라진다. 파도를 타고 이동하는 서퍼와 마찬가지의 상황이다. 광자의 경우에 최대 3배 까지 빨라지는 것을 볼 수 있다.

10. 지수적 성장은 매우 빠르다. 30센티미터 자를 생각해보자. 만일 이 자가 시간의 경과 에 따라 지수적으로 늘어난다면 1초 만에 2.72배로, 10초 만에 2만2,026배로 길어질 것이다. 60초가 지나면 자의 길이는 약 $100 \times$ 1조 $\times$ 1조 배가 된다(정확하게는 1.14×10^{26}배이다). 인플레이션 이론은 앨런 구스의 뛰어난 책에 상세히 설명되어 있다. *The Inflationary Universe: The Quest for a New Theory of Cosmic Origins* (Reading, Mass.: Addison-Wesley, 1997). 좀더 최근에 나온 참고서로는 Alex Vilenkin의 *Many Worlds in One: The Search for Other Universes* (New York: Hill & Wang, 2008)가 있 다. 이것도 구스의 책처럼 쉽게 읽을 수 있다.

11. 이러한 관점으로 보면, 물리 이론을 검토하기가 쉽다. 뉴턴의 역학은 빛에 가까운 속도와 원자 크기의 거리에서는 맞지 않는다. 다윈의 진화론은 이와 대조된다. 언제 맞지 않게 될지 상상하기가 어렵다.

12. 음의 압력이라는 표현은 수학적으로 정확하기는 하지만, 혼동을 주기 쉽다는 것이 문제이다. 어쨌든 양의 압력은 공을 팽창하게 만들지 않는가. 음의 압력은 무엇인가를 붕괴시킨다는 인상을 준다. 그러나 이는 우주론에서 사용되는 개념과는 정반대이다. 압력이 작을수록 팽창 속도가 빨라진다는 점을 염두에 두자. 압력을 "질량"에 비유했으니, 인플레이션을 만드는 비결은 음의 압력, 마치 "음의 질량"을 가진 것 같은 모종의 물질을 찾아내는 데에 있다. 이와 대조적으로 정상 물질은 0이나 그 이상의 압력을 가지고 있고, 자체 중력 때문에 자기 자신 속으로 붕괴하는 경향이 있다. 하지만 인플레이션을 만드는 물질은 공간을 초고속으로 팽창하게, 가능한 최대 속도로 늘어나게 만든다. 오해를 유발하는 데도 불구하고, 일부 저자들은 이를 반(反)중력이라고 표현하기를 좋아한다. 하지만 중력이 완전히 인력인 것은 변함이 없다. 밀어내는 힘, 척력은 오로지 공간의 기하학에만 적용된다.

13. 이 글을 쓰고 있는 동안에 2008년의 노벨상 수상자가 발표되었다. 수상자 3명은 난부 요이치로, 고바야시 마코토, 마스카와 도시히데이다. 온도와 에너지 수준이 달라지면 물질 입자의 속성과 행태가 달라질지도 모른다는 바로 그 개념을 선도한 사람들이다. 특히 난부의 착상은 정상 물질의 상전이와 정확히 같은 개념이다. 물이나 금속 합금의 온도가 특정한 문턱 값을 지나서 올라가거나 내려가게 되면, 이들 물질의 속성에 질적인 변화가 일어나는 현상 말이다.

14. 인플레이션 이론에 기여한 사람은 그 이론의 초창기에도 많았다. 일부 인명을 빠트리는 위험을 무릅쓰고(그에 대해서 미리 변명하는 바이다), 1980년대 초기의 핵심적 인물들을 여기에 소개한다. 현재의 소속을 보면 안드레이 린데는 스탠퍼드 대학교에, 안드레아스 알브레히트는 캘리포니아 대학교의 데이비스 캠퍼스에, 폴 스타인하르트는 프린스턴 대학교에, 알렉세이 스타로빈스키는 모스크바의 란다우 협회에 있다. 스티븐 호킹은 캠브리지 대학교 출신이다. 우주론과 인플레이션 이론은 참고 문헌을 참조하라.

15. 2006년에 나는 본래의 인플레이션 시나리오를 살려내려는 시도를 했다. 그러나 1개의 스칼라장이 아니라 2개를 이용하는 나의 모형 역시 상당히 임시적인 것이었다. 많은 나의 동료들이 시도한 좀더 주목할 만한 이론들도 같은 문제를 안고 있다. 인플레이션은 현재 아이디어의 수준으로, 설득력 있는 모형을 찾고 있는 중이다.

16. 위성들도 역시 모행성에 반사되는 항성 불빛의 조명을 조금 받는다. 행성광(planetshine)이라는 현상이다. 우리가 초승달에서 가끔 어두운 원반 모양을 "볼" 수 있는 것은 이 때문이다. 이 같은 설명을 처음 제시한 것은 레오나르도 다 빈치이다.

17. 사례 http://www.spacetelescope.org/images/html/heic9910b.html.

18. Geoff Brumiel, "A Constant Problem," *Nature* 448 (2007): 245-48.

제3부 물질의 비대칭성

1. Steven Weinberg, *Dreams of a Final Theory* (New York: Pantheon, 1998), p. 148. 이와 똑같은 아이디어가 프랭크 윌첵의 다음 책에 표현되어 있다. *The Lightness of Being* (New York: Basic Books, 2008), p. 136. 윌첵은 영화 「아마데우스」에 나왔던, 모차르트의 음악에 대한 살리에리의 평가를 인용했다. "음표 하나만 바꾸어도 곡이 약해질 것이고, 한 소절을 바꾸면 구조가 무너질 것이다."

2. 이것은 완전히 이상적인 사례의 경우에만 사실이다. 다시 말해서 외부 장, 전자의 자전이나 공전에 따른 상대론적 보정을 비롯한 여러 요소를 완전히 배제하는 것으로 상정한 이야기이다.

3. 독자들은 만일 대칭성이 정확하다면, 모든 물질과 모든 반물질이 왜 서로를 완전히 없애버리지 않는지에 대해서 의문을 품을 수 있다. 그 이유는 우주의 팽창으로 거슬러올라간다. 우주가 팽창하고 커지는 과정에서 모든 입자와 반입자가 서로를 만나서 없애버릴 수 있는 것은 아니다. 한 무리의 떠돌이들이 남는다. 이 같은 우주론적 과정을 몰아내기(freeze-out)라고 한다. 이 과정에서 초기 우주 잔존물의 상대적인 양이 결정된다.

4. 참고 문헌에 여러 목록을 올려놓았다.

5. M. Gell-Mann, "A Schematic Model of Baryons and Mesons," *Physics Letters* 8 (1964): 214.

6. David Lindley, *The End of Physics: The Myth of a Unified Theory* (New York: Basic Books, 1993).

7. 선박으로 세계 일주를 최초로 완료한 것은 1522년이었다. 페르디난드 마젤란의 뒤를 이어서 항해를 지휘한 후안 세바스티안 엘카노의 업적이었다. 그렇지만 지구가 둥글다는 것은 중세와 르네상스 시대를 통틀어서 언제나 상식이었다. 사실 이는 고대 그리스 로마 시절부터 상식이었다. 그 증명은 기원전 240년경에 이루어졌다. 유명한 알렉산드리아 도서관의 제3사서였던 에라토스테네스의 업적이다.

8. 자기홀극에 대해서는 제2부에서 설명했다.

9. 사실 파울리는 이들 입자에 중성자(neutron)라는 이름을 붙였다. 1932년에 채드윅이 소위 중성자를 발견하자, 페르미가 그 이름을 작은 중성자라는 의미에서 중성미자(neutrino)로 하자고 제안했다. 이탈리아식의 멋진 명명법이다.

10. 전문적인 관심이 있는 독자들을 위한 보충설명은 다음과 같다. 표준모형에서 렙톤 수 보존에 약간의 깨짐이 일어날 수 있다. 소위 키랄 변칙(chiral anomaly)이라고 불리는 순수한 양자 효과 때문이다.

11. 다시 말해서 독자에게 좌우 바뀜(situs inversus)이라고 불리는 희귀한 증상이 없는 경우에 그렇다. 이 증상은 심장을 비롯한 주요 장기의 위치가 거울처럼 바뀐 것이다. 즉 심장과 위가 오른쪽에, 간과 맹장이 왼쪽에 있다. 보통 사람들은 그 반대의 위치에 장기가 있다.

12. 정확히 말하자면 입자의 스핀은 $\hbar/2$의 정수배로 주어진다. $\hbar$는 플랑크 상수 h를 2π로

나눈 값이다. 플랑크 상수는 매우 작은 숫자인데, 양자역학적 효과의 규모를 정한다. 양자계는 쿼크와 렙톤이 두 가지 상태를 가질 수 있는 것처럼, 몇 가지 상태로밖에 존재할 수 없다. 한 상태에서 다른 상태로 점프하는 것은 극적인 사건이다. 예를 들면 팽이 같은 고전적 계는 취할 수 있는 상태의 수가 너무나 많아서 연속적인 것처럼 보인다. 공이 계단을 굴러떨어지는 장면(덜컥거리는 불연속 운동)이나 경사로를 구르는 장면(불연속 운동)을 생각해보라.

13. 바리온 수(B)를 정의하는 적절한 방법은 경입자 내의 쿼크의 숫자와 관련된다. B = (쿼크 숫자 – 반쿼크 숫자)/3. 그러므로 중간자의 바리온 수는 0이다(쿼크 1개와 반쿼크 1개). 이에 비해서 양성자와 중성자의 바리온 수는 +1이다(쿼크 3개와 반쿼크 0개).

14. 댄 후퍼는 *Nature's Blueprint* (New York: HarperCollins, 2008)에서 초대칭을 소개하고 이를 상세하게 설명했다. 그리고 이것이 그토록 많은 사람들을 매혹시킨 이유를 설명했다.

15. 이 글을 쓰는 2009년 가을, 현재 체계화된 표준모형 속에 중성미자의 질량을 포함시키는 설득력 있는 방법은 없다. 많은 사람들이 이것을 표준모형이 불완전하다는 표시라고 본다. 불완전한 것은 분명하다. 이 모형을 완전하게 만드는 방법이 무엇인지 혹은 완전하게 만들 수는 있는지의 문제는 여전히 미해결로 남아 있다.

16. Vadim A. Kuzmin, Valery A. Rubakov, and Mikhail E. Shaposhnikov, "On anomalous electroweak baryon-number non-conservation in the early universe," *Physics Letters* 155B (1985): 36.

17. 좀더 전문적인 관심을 가진 독자들을 위해서 설명한다면, 전자기 약작용 이론에는 2개의 결합 상수가 있다. 즉 하나는 약력(g)와 관련된 대칭(집단)에, 다른 하나는 전자기력(g')과 관련된 대칭(집단)에 관한 것이다. 예컨대 우리가 말하는 전하란 이 두 가지를 합친 것이다. $e = gg'/ (g^2 + g'^2)^{1/2}$. 통일의 정신과는 달리, 언제나 2개의 대칭 집단(그리고 이들 집단의 결합 상수)이 있다. 이 이론의 두 가지 상호작용을 아우르는 단 하나의 대칭 집단은 없다.

제4부 생명의 비대칭성

1. 하지만 이러한 실험들은 토머스 에디슨이 연출한 코끼리 공개 처형과 비교하면 약과이다. 톱시라는 이름의 암코끼리가 자신을 학대한 사육사를 포함해서 3명을 살해한 죄로 전기 처형을 당했다. 코끼리는 6,600볼트의 교류전기로 충격을 가하자 몇 초 만에 죽었다. 에디슨이 이러한 이벤트를 마련한 것은 사람들이 교류전기를 두려워해서 멀리하게 만들기 위해서였다. 교류는 자신이 선택한 직류전기의 라이벌이었기 때문이다. 그는 이 같은 처형을 "웨스팅하우스 되었다"고 표현했다. 니콜라 테슬라와 함께 교류를 발명한 조지 웨스팅하우스를 지칭한 표현이다.

2. 전기의 치유력에 대한 초기의 설명은 1759년에 존 웨슬리 목사가 펴낸 뛰어난 저작 *The Desideratum, or Electricity Made Plain and Useful*에 나타난다. 그는 이 새로운 "치료

법"에 대한 자신의 믿음을 전혀 숨기지 않았다. "금세기 말까지 이 요법 한 가지만으로 1
년 내에 치료되는 사람들의 숫자가 영국의 모든 의약품에 의해서 치료되는 사람들의 숫자
보다 더 많아질 것이다." 다음을 보라. books.google.com/books?id=WX4DAAAAQAA
J&Pg=PA9&dq=electricity+and+the+soul.

3. 1381년 10월에 출간된 메리 셜리의 『프랑켄슈타인(*Frankenstein : Or, the Modern
   Prometheus*)』의 제3판 서문에서 인용했다.

4. 예를 들면 다음을 보라. www.snopes.com/religion/soulweight.asp and Mary Roach's
   Stiff: The Curious Lives of Human Cadavers (New York: Norton, 2003). 의사 맥두걸
   의 측정에서 영감을 받아 만들어진 영화가 2003년 할리우드의 히트작 「21 그램」이다. 숀
   펜이 병든 수학자 역을 맡았다.

5. 밀러-유리 실험에 대한 철저한 설명과 이것이 우주생물학에 미친 영향은 다음에 나와 있
   다. Christopher Willis and Jeffrey Bada, *The Spark of Life* (New York: Perseus, 2000).

6. 달의 기원에 대한 이 이론을 지지하는 증거는 많다. 지구와 달의 산소 동위원소 구성은
   매우 유사하다. 이는 달이 지구 부근에서 생성되었다는 것을 시사한다. 또한 달에는 철
   이 부족하다. 철은 지구에, 특히 핵 부근에 풍부하다. 이는 충돌이 비대칭적으로 일어나
   서 주로 지표면 근처의 물질을 뜯어냈다면 설명이 가능한 현상이다. 철이 풍부한 지구의
   핵은 고스란히 남은 것이다. 다른 이론들은 이 같은 발견을 설명하지 못하고 있다.

7. 캘리포니아 대학교 산타크루즈 캠퍼스의 데이비드 디머, 하버드 대학교의 잭 조스택을
   필두로 하는 많은 연구자들이, 존재할 수 있는 가장 간단한 세포의 속성에 대해서 뛰어
   난 연구를 많이 수행했다. 디머는 지질이 어떻게 유전 물질을 둘러싸는 경계를 이루는가
   를 조사하는 반면, 조스택은 존재 가능한 가장 단순한 세포 ─ 최소한의 유전 물질을 가
   졌지만 그래도 살아 있다고 평가할 수 있는 ─ 에 초점을 맞추려고 노력하는 중이다.

8. 달은 여전히 지구로부터 멀어지고 있다. 속도는 연간 3-4센티미터밖에 되지 않지만 말이
   다. 이에 따라서 조석 효과는 약해지고 있다.

9. 좀더 전문적으로 말하자면 디옥시리보스 ─ DNA의 탄수화물 뼈대 ─ 의 합성은 리보
   스 ─ RNA의 뼈대 ─ 를 통해서 일어난다. 이것은 어떤 의미에서 RNA가 DNA보다 더
   원시적인 물질임을 시사한다.

10. Tom Fenchel, *Origin and Early Evolution of Life* (Oxford: Oxford University Press,
    2002), p. 51.

11. Louis Pasteur, *Researches on the Molecular Asymmetry of Natural Organic Products*
    (Edinburgh: Alembic Club, 1905), p. 10.

12. 같은 책 p. 19. 파스퇴르는 비대칭 대신에 반면상(半面像)이라는 전문 용어를 사용했다.
    반면상 결정에는 완전 대칭이 되기 위해서 필요한 면의 절반밖에 없다.

13. 제약회사들이 잘 알고 있는 사실이지만, 키랄 비대칭성은 실질적으로 중대한 결과를 유
    발한다. 좌선성 화합물과 우선성 화합물은 약리 효과가 매우 다를 수 있다. 그 비극적인
    사례가 진정제 탈리도마이드이다. 키랄의 한 가지 형태는 임신부의 입덧에 효과적인 처

방이다. 다른 한 형태는 끔찍한 기형아의 원인이 된다. 1950년대와 1960년대에 세계 전역에서 많은 아이들이 심각한 기형으로 태어났다. 임신부가 잘못된 형태의 탈리도마이드를 먹었기 때문이다. 또다른 사례는 에탐부톨이다. 한 가지 형태는 결핵을 치료하지만, 다른 형태는 실명을 유발한다. 조금 가벼운 사례를 들자면, 루이스 캐럴이 1871년에 출간한 『거울 나라의 앨리스(*Through the Looking Glass*)』가 있다. 여기에 등장하는 앨리스는 키랄성이 잘못된 음식은 나쁜 영향을 미칠 수 있다는 점을 잘 알고 있다. "야옹아, 좌우가 바뀐 집에서 살면 어떨 것 같니? 그 집에서도 네게 우유를 줄지 모르겠구나. 좌우가 바뀐 우유는 몸에 해로울지도 몰라."

14. Pasteur, *Researches*, p. 42.

15. 같은 책 p. 40.

16. 플라슨과 그의 동료들은 (자가 촉매적이 아닌) 좌선성과 우선성 키랄 화합물을 혼합하고 초기에 약간의 키랄 왜곡이 있도록 했다. 프랭크 실험에서의 반응과 마찬가지로 이 조그만 왜곡은 성공적으로 증폭되었다. 용액 속에는 펩티드라고 불리는 키랄적으로 순수한 화합물의 작은 사슬들이 최종적으로 남게 되었다. 이 모형에서 흑백의 진주알들에는 껐다 켰다 할 수 있는 작은 전구가 달려 있다. 전구가 켜져 있으면 진주(아미노산)는 활성 상태, 다른 진주와 결합할 준비가 되어 있다는 뜻이다. 아미노산 활성화(전구의 불을 켜는 것)는 외부 에너지 원천에 의해서 결정된다. 이 원천은 통상 산화질소나 일산화탄소와 같은 화합물이다. 이들이 아미노산에 하는 역할은 에너지 바(에너지를 주는 음식)가 사람에게 하는 것과 마찬가지이다.

17. 매우 개략적으로 말해서, 만일 N개의 분자가 들어 있는 덩어리가 있다면, 어느 한쪽 키랄 유형이 √N개(변동하는 값이다) 정도 더 많을 것으로 예상할 수 있다. 예를 들면 10^{24}개의 분자가 있다면 좌선성이나 우선성 분자가 대략 10^{12}개, 즉 1조 개 정도 더 많을 것으로 예상할 수 있다. 이것은 큰 숫자로 보이지만, 사실은 그렇지 않다. 만일 N이 세계 인구수, 즉 70억 명이라면 √N은 8만4,000명에 불과하다.

18. Pasteur, *Researches*, p. 43.

19. 이 같은 연관은 핵심적으로 중요한 것인데, 아직도 제대로 이해하는 사람이 많지 않다. 애리조나 주립대학교의 샌드라 피자렐로와 SETI 연구소의 아더 웨버가 수행한 몇몇 실험 결과를 보자. 이들 실험은 좌선성 아미노산은 우선성 당의 생산에 촉매역할을 할 수 있다는 것을 시사한다. 이 글을 쓰는 요즘, 나는 세라 워커와 함께 이 효과의 모형화를 시도하고 있다. 현재 전망이 매우 밝다. 좌선성 아미노산 — 초기 지구에서 만들어졌든지 하늘에서 비처럼 내렸든지 간에 — 이 중합 반응이 시작되게 만들어서 우선성 당이 형성되는 편향을 유도했을 수 있다. 이 경우, 생명의 키랄 생화학이 계속 진행될 무대가 마련된다.

20. 이 매력적인 이야기는 내가 다음 글에서 논의했다. *The Prophet and the Astronomer: Apocalyptic Science and the End of the World*. 상세한 설명은 다음을 참조하라. Walter Alvarez, *T. Rex and the Crater of Doom* (Princeton, N. J. : Princeton University

Press, 1997).

21. 독자들은 소녀가 고릴라로 변형되는 짧은 비디오를 다음 주소에서 볼 수 있다. www. youtube.com/watch?v=KRlZvJhXefE. 젊은 독자들은 K. A. 애플게이트가 쓴 『애니모 프(*Animorphs*)』 시리즈에 더 친숙할지도 모른다. 동물로 변신하는 능력을 갖춘 청소년 들의 이야기를 그린 시리즈이다.

22. 아마도 놀랄 일이겠지만, 종의 정의가 무엇이냐 하는 문제는 아직도 논쟁의 대상이다. 번식 능력이 각기 다른 종을 실제로 구분짓는 경계이기는 하지만, 상황은 그리 간단하지 않다. 예를 들면 코요테와 늑대는 이종 교배를 하지만 각기 다른 종이다. 게다가 미생물 은 무성 생식을 한다. 미생물이 생명 계통수의 거의 90퍼센트를 차지한다는 점을 감안하 면, 종을 정의하는 문제를 신중히 생각해야 할 이유는 충분하다. 심지어 종이라는 개념 자체가 환상이라고까지 주장하는 생물학자들도 있다. 어떤 학자들은 분류에 생태학적 변수도 포함시켜야 한다고 생각한다. 미생물에 이를 적용하면, 특정한 온도와 산성도하 에서 사는 미생물은 이와 다른 온도와 산성도하에서 살아가는 것들과 다른 종으로 보 아야 한다는 뜻이 된다.

23. 실제로 이 과정은 좀더 복잡하다. DNA는 두 부분으로 나뉜다. 즉 유전 암호를 부여하 는 부분과 유전자와 유전자 사이에 자리잡은 비암호화 부분이다. 두 가지 모두가 중요 하다. 비암호화 부분은 동물이 난자와 정자에서 배(胚)를 거쳐서 성체가 되는 과정의 각 기 다른 시기에 어느 유전자가 발현될 것인가 하는 것을 선정한다. 이처럼 유전자 발현 스위치를 켜고 끄는 것은 본질적으로 동일한 유전자 세트에서 어떻게 그렇게 다양한 생 명체들이 나올 수 있는가에 대한 설명을 제시한다. 이러한 아이디어들은 최근 제시된 진 화 발생생물학, 즉 "이보디보(evo devo)"의 토대를 이룬다. 예를 들면 다음을 보라. Sean Carroll, *Endless Forms Most Beautiful* (New York: Norton, 2005).

제5부 존재의 비대칭성

1. 이 책에 있는 아인슈타인 인용문은 모두 다음의 책에서 가져왔다. *The Quotable Einstein*, collected and edited by Alice Calaprice (Princeton, N. J. : Princeton University Press, 1996).

2. Paul Davies, *Cosmic Jackpot: Why Our Universe Is Just Right for Life* (New York: Houghton Mifflin, 2007). 이 책의 영국판 제목은 다음과 같다. *The Goldilocks Enigma: Why Our Universe Is Just Right for Life* (London: Penguin, 2006).

3. Alex Vilenkin, *Many Worlds in One: The Search for Other Universes* (New York: Hill & Wang, 2006), p. 143. 빌렌킨은 이 이슈들 중에서 일부와 이들이 그 아래에 언급된 인 본 원리와 어떤 연관이 있는가를 대단히 명석하고도 철저하게 검토했다.

4. 이에 대한 설명은 다음 글에서 쉽게 찾을 수 있다. Max Tegmark, "Anything Goes," *New Scientist*, June 1998. 심지어 테그마크 본인도 이 글이 "괴짜[기고문]"라고 인정했다.

5. Johannes Kepler, letter to Jakob Bartsch, November 6, 1629.

6. 예를 들면 다음을 보라. John Horgan, *The End of Science: Facing the Limits of Knowlin the Twilight of the Scientific Age* (New York: Broadway, 1996). 호건은 우리의 과학이 다음과 같은 단계에 근접하고 있을지 모른다는 신념을 피력한다. "앞으로의 연구에서는 더 이상 위대한 계시나 혁명이 나올 수 없다. 점증적인, 수확체감적인 성과가 있을 뿐이다." 그러나 우리는 예상하지 못한 것이 발견될 수 있다는 열린 자세를 견지해야 하는 것이 아닌가. 나로서는 그의 인식이 위의 사실과 어떻게 조화를 이룰 수 있을지가 미스터리이다. 새로운 도구는 언제나 새로운 도전을 가져오기 마련이다. 다시는 어떠한 대규모의 변화나 과학 혁명이 일어나지 않을 것이라고 예측하기는 정말 불가능하다. 역사가 되풀이해서 보여주었듯이(예를 들면 호건의 책이 나온 지 불과 2년 후에 암흑 에너지가 발견된 것을 생각해보라!), 실험실 그리고 한없이 진화를 거듭하는 측정 도구는 세계관의 위대한 파괴자들이다.

7. 애교점은 18세기 유럽 궁정에서 크게 유행했고 그 이후에도 가끔씩 그랬다. 이것이 없다면, 얼굴에 점을 하나 그려넣는 것이었다. 이에 호기심이 이는 독자들은 밀로스 포먼 감독의 「아마데우스」와 스탠리 큐브릭 감독의 「배리 린든」과 같은 걸작 영화를 추천한다. 하지만 어떤 문화에서는 아름답다고 하는 것도 다른 문화에서는 추하다고 할 수 있다. 이는 일반적인 현상이다. 일본에서 애교점은 성격적 결함과 관련이 있다며 사람들이 눈살을 찌푸리는 대상이었다. 어쨌든 이 주제는 매우 인기가 높다. 2009년 7월 말 현재 구글에서 "애교점"의 검색 횟수는 7,900만 번이다.

8. 예를 들면 다음을 보라. Dahlia W Zaidel and Choi Deblieck, "Attractiveness of Natural Faces Compared to Computer Constructed Perfectly Symmetrical Faces," *International Journal of Neuroscience* 117 (2007): 423–31.

9. 기본 상수를 멋지게 검토한 책이 있다. 우리가 자연을 기술하는 데에 이들 상수가 얼마나 깊은 의미를 가지는가, 이들을 어떻게 측정하는가를 다루고 있다. Harald Fritzch, *Fundamental Constants in Physics: A Mystery of Physics* (Singapore: World Scientific, 2008). 좀더 전문적인 검토는 다음을 참조하라. Max Tegmark, Anthony Aguirre, Martin Rees, and Frank Wilczek, "Dimension Constants, Cosmology, and Other Dark Matters," *Physical Review* D 73 (2006): 023505.

10. 결벽주의자를 위해서 말하자면, 이것은 공간의 유전율(誘電率)에도 의존한다. 전자기학에서 유래한 이 상수는 빛의 속도와 연관된다.

11. 1999년에 리사 랜들과 라만 선드럼은 "막 이론(brane theory)"이라는 사변적인 이론을 제시했다. 이 이론은 소수의 여분 차원이 아니라 수많은 여분 차원이 있다는 가정에 의존하고 있다. 랜들의 인기 있는 설명은 다음을 참조하라. *Warped Passages: Unraveling the Mysteries of the Universe's Hidden Dimensions* (New York: HarperCollins, 2005). 이 책에서 나는 보다 "전통적인" 소수의 여분 차원만 고려하겠다.

12. 다음의 책에 믿음을 향한 우리의 욕구가 훌륭하게 조사되어 있다. Carl Sagan, *The Demon-Haunted World: Science as a Candle in the Dark* (New York: Ballantine,

1996). 또한 나는 레너드 서스킨드가 *Cosmic Landscape*에서 인본 원리를 옹호하는 주장을 펴기 위해서 "영리한 물고기" 비유를 이용하고 있다는 점을 언급하고자 한다. 재미있는 것은, 내가 이 사실을 발견한 것은 위의 글(본문)을 쓰고 난 다음이라는 점이다. 우리의 물고기는 각기 다른 방식으로 영리하다(그리고 바보 같다)는 것이 나의 추측이다.

13. Olaf Stapledon, *The Star Maker* (Middletown, Conn.: Wesleyan University Press, 2004), p. 234. 이 책은 고전이 된 1937년 판의 신판으로 프리먼 다이슨의 서문이 붙어 있다.

14. 내공생(內共生)과 관련한 린 마굴리스의 업적은 그녀가 자신의 아들 도리언 세이건과 공저한 다음 책에 멋지게 설명되어 있다. *Microscosmos: Four Billion Years of Microbial Evolution* (Berkeley: University of California Press, 1997).

15. 이 인용문과 ALH84001 운석의 발견에 대한 생생한 이야기는 다음을 참조하라. Paul Davies, *The Fifth Miracle: The Search for the Origin and Meaning of Life* (New York: Simon & Schuster, 1999). 또한 이 책은 과학 그리고 외계 생명체 발견의 철학적 함의를 매혹적으로 검토하고 있다.

16. 케플러가 외계 생명에 대한 근대적 설명이라고 할 만한 것을 최초로 기록했다는 사실은 주목할 가치가 있다. 그의 단편 "꿈(The Dream)"은 많은 내부적 혼란이 있은 후, 그의 사후인 1634년에 출간되었다. 케플러는 지구와 매우 다른 환경에 적응한, 기괴한 달의 생명체를 묘사했다. 여기에는 자연 선택에 대한 불가사의한 선견지명이 들어 있다. 하지만 그의 주된 의도는 궤도를 돌고 있는 천체의 관점에서 천문학을 서술하고, 이를 통해서 지구도 궤도를 돌고 있을 수 있다는 근거를 제시하려는 데에 있었다.

17. Arthur C. Clarke, *2001 : A Space Odyssey* (New York: New American Library, 1968), p. 245.

18. Davies, *The Fifth Miracle*, p. 246.

19. 스티븐 웹은 이 같은 질문에 대해서 50개의 각기 다른 답을 다룬 매우 재미있는 책을 썼다. *If the Universe Is Teeming with Aliens . . . Where Is Everybody? Fifty Solutions to the Fermi Paradox and the Problem of Extraterrestrial Life* (New York: Copernicus, 2002).

20. 이 주제를 다룬 책과 논문은 많지만 참고 문헌에는 일부만 올렸다. 관심이 있는 독자에게는 미국 생명과학연구소가 운영하는 웹사이트 www.actionbioscience.org를 추천한다. 더 많은 참고 문헌, 광범위한 논문과 웹사이트를 찾을 수 있는 훌륭한 자료 창고이다.

21. *The Prophet and the Astronomer: Apocalyptic Science and the End of the World* (New York: Norton, 2003).

참고 문헌

Adams, Fred, *Our Living Multiverse: A Book of Genesis in 0 + 7 Chapters*. New York, NY: Pi Press, 2003.

Adams, Fred, and Laughlin, Greg, *The Five Ages of the Universe*. New York, NY: The Free Press, 1999.

Adler, Mortimer J. (ed.), *Great Books of the Western World*. Chicago, IL: Encyclopedia Britannica, 1990.

Alvarez, W., *T. Rex and the Crater of Doom*. Princeton, NJ: Princeton University Press, 1997.

Armstrong, Karen, *A History of God*. New York, NY: A. A. Knopf, 1993.

Barrow, John D., *Between Inner Space and Outer Space: Essays on Science, Art, and Philosophy*. Oxford, UK: Oxford University Press, 1999.

Barrow, John D., and Silk, Joseph, *The Left Hand of Creation: The Origin and Evolution of the Expanding Universe*. New York, NY: Basic Books, 1983.

Barrow, John D., and Tipler, Frank J., *The Anthropic Cosmological Principle*. NewYork, NY: Oxford University Press, 1996.

Berlin, Isaiah, *Concepts and Categories*. New York, NY: Viking Press, 1979.

Boorstin, Daniel J., *The Discoverers*. New York, NY: Vintage, 1985.

Burkert, Walter, *Lore and Science in Ancient Pythagorianism*, trans. Edwin L. Milnar, Jr. Cambridge, MA: Harvard University Press, 1972.

Carroll, Lewis, *Alice in Wonderland and Through the Looking Glass*. New York, NY: Grosset & Dunlap, 1946.

Carroll, Sean, *Endless Forms Most Beautiful*. New York, NY: W. W. Norton, 2005.

Clarke, Arthur C., *2001: A Space Odyssey*. New York, NY: New American Library, 1968.

Cole, K. C., *The Hole in the Universe*. New York, NY: Harcourt, 2001.

Crick, Francis, *Life Itself: Its Nature and Origin*. New York, NY: Simon & Schuster, 1981.

Davies, Paul, *The Mind of God*. New York, NY: Simon & Schuster, 1992.

Davies, Paul, *About Time. New York*, NY: Simon & Schuster, 1995.

Davies, Paul, *Are We Alone?* New York, NY: Basic Books, 1995.

Davies, Paul, *The Fifth Miracle: The Search for the Origin and Meaning of Life.* New York, NY: Simon and Schuster, 1999.

Davies, Paul, *Cosmic Jackpot: Why Our Universe is Just Right for Life.* New York, NY: Houghton Mifflin, 2007.

Dawkins, Richard, *The God Delusion.* New York, NY: Houghton Mifflin, 2006.

Dawkins, Richard, *The Greatest Show on Earth: The Evidence for Evolution.* New York, NY: Free Press, 2009.

De Fontenelle, Bernard Ie Bovier, *Conversations on the Plurality of Worlds* (1687). Berkeley, CA: University of California Press, 1990.

Dyson, Freeman, *Origins of Life* (1985). Princeton, NJ: Princeton University Press, 1999 (2nd ed.)

Dyson, Freeman, *The Sun, the Genome, and the Internet.* New York, NY: Oxford University Press, 1999.

Einstein, Albert, *The Quotable Einstein,* collected and edited by Alice Calaprice. Princeton, NJ: Princeton University Press, 1996.

Fenchel, Tom, *Origin and Early Evolution of Life.* Oxford, UK: Oxford University Press, 2002.

Frank, Adam, *The Constant Fire: Beyond the Science vs. Religion Debate.* Berkeley, CA: University of California Press, 2009.

Fritzch, Harald, *Fundamental Constants in Physics: A Mystery of Physics.* Singapore: World Scientific, 2008.

Gingerich, Owen, *The Book Nobody Read.* New York, NY: Walker & Sons, 2004.

Gleiser, Marcelo, *The Dancing Universe: From Creation Myths to the Big Bang.* New York, NY: Plume, 1998. [Hardcover edition: Dutton, 1997.]

Gleiser, Marcelo, *The Prophet and the Astronomer: A Scientific Journey to the End of Time.* New York, NY: W. W. Norton, 2002.

Goodenough, Ursula, *The Sacred Depths of Nature.* Oxford, UK: Oxford University Press, 1998.

Gould, Stephen J., *Dinosaur in a Haystack.* New York, NY: Harmony Books, 1995.

Greene, Brian, *The Elegant Universe: Superstrings, Hidden Dimensions, and the Quest for the Ultimate Theory.* New York, NY: W. W. Norton, 1999.

Grinspoon, David, *Lonely Planets: The Natural Philosophy of Alien Life.* New York, NY: Ecco, 2003.

Guth, Alan, *The Inflationary Universe: The Quest for a New Theory of Cosmic Origins.* Reading, MA: Addison-Wesley, 1997.

Hawking, Stephen, *A Brief History of Time: From the Big Bang to Black Holes*. New York, NY: Bantam Books, 1988.

Holton, Gerald, "Einstein and the Goal of Science," in *Einstein, History, and Other Passions*. Cambridge, MA: Harvard University Press, 1996.

Hooper, Dan, *Nature's Blueprint: Supersymmetry and the Search for a Unified Theory of Matter and Force*. New York, NY: HarperCollins, 2008.

Horgan, John, *The End of Science: Facing the Limits of Knowledge in the Twilight of the Scientific Age*. New York, NY: Broadway Books, 1996.

Kahn, Charles, *Pythagoras and the Pythagoreans: A Brief History*. Indianapolis, IN: Hackett, 2002.

Kauffman, Stuart, *At Home in the Universe*. Oxford, UK: Oxford University Press, 1995.

Kauffman, Stuart, *Reinventing the Sacred: A New View of Science, Reason, and Religion*. New York, NY: Basic Books, 2008.

Kepler, Johannes, *Mysterium Cosmographicum* (1596). New York, NY: Abaris Books, 1981.

Kirk, G. S., Raven, J. E., *The Presocratic Philosophers*. Cambridge: Cambridge University Press, 1971.

Kolb, Rocky, *Blind Watchers of the Sky: The People and Ideas that Shaped our View of the Universe*. New York, NY: Basic Books, 1997.

Krauss, Lawrence, *Quintessence: The Mystery of Missing Mass in the Universe*. New York, NY: Basic Books, 2000.

Lindley, David, *The End of Physics: The Myth of a Unified Theory*. New York, NY: Basic Books, 1993.

Livio, Mario, *The Accelerating Universe*. New York, NY: John Wiley & Sons, 2000.

Livio, Mario. *Is God a Mathematician?* New York, NY: Simon & Schuster, 2009.

Margulis, Lynn, and Sagan, Dorion, *Microscosmos: Four Billion Years of Microbial Evolution*. Berkeley, CA: University of California Press, 1997.

Mather, John C., & Boslough, J., *The Very First Light: The True Inside Story of the Scientific Journey Back to the Dawn of the Universe*. New York, NY: Basic Books, 1996.

Monod, Jacques, *Chance and Necessity*, trans. A. Wainhouse. London, UK: Collins, 1972.

Munitz, Milton K. (ed.), *Theories of the Universe: from Babylonian Myth to Modern Science*. Glencoe, IL: Free Press, 1957.

North, John, *The Norton History of Astronomy and Cosmology*. New York, NY: W.W. Norton, 1995.

Orgel, Leslie, *The Origins of Life: Molecules and Natural Selection*. New York, NY:

John Wiley & Sons, 1973.

Pasteur, Louis, *Researches on the Molecular Asymmetry of Natural Organic Products*. Edinburgh, UK: The Alembic Club, 1905.

Randall, Lisa, *Warped Passages: Unraveling the Mysteries of the Universes Hidden Dimensions*. New York, NY: HarperCollins, 2005.

Rees, Martin, *Before the Beginning: Our Universe and Others*. New York, NY: Perseus Books, 1997.

Rees, Martin, *Our Cosmic Habitat*. Princeton NJ: Princeton University Press, 2001.

Rees, Martin, *Our Final Hour: A Scientist's Warning How Terror, Error, and Environmental Disaster Threatens Humankind's Future in This Century−On Earth and Beyond*. New York, NY: Basic Books, 2003.

Roach, Mary, *Stiff: The Curious Lives of Human Cadavers*. New York, NY: W. W. Norton, 2003.

Sagan, Carl, *Pale Blue Dot: A Vision of the Human Future in Space*. New York, NY: Ballantine, 1994.

Sagan, Carl, *The Demon-Haunted World: Science as a Candle in the Dark*. New York, NY: Ballantine, 1997.

Sagan, Carl, *The Varieties of Scientific Experience: A Personal View of the Search for God*. New York, NY: Penguin Press, 2006.

Schrödinger, Erwin, *What Is Life?* (1958). Cambridge, UK: Cambridge University Press (Canto Edition), 1992.

Smolin, Lee, *Three Roads to Quantum Gravity*. New York, NY: Basic Books, 2001.

Smolin, Lee, *The Trouble with Physics: The Rise of String Theory, the Fall of a Science, and What Comes Next*. New York, NY: Houghton Mifflin Harcourt, 2006.

Smoot, George, and Davidson, Keay. *Wrinkles in Time*. New York, NY: W. Morrow, 1993.

Stapledon, Olaf, *The Star Maker*, Middletown, CT: Wesleyan University Press, 2004.

Stewart, Ian, *Why Beauty is Truth: A History of Symmetry*. New York, NY: Basic Books, 2007.

Sullivan, Woodruff T. III, and Baross, John A. (eds.), *Planets and Life: The Emerging Science of Astrobiology*. Cambridge, UK: Cambridge University Press, 2007.

Susskind, Leonard, *The Cosmic Landscape: String Theory and the Illusion of Intelligent Design*. New York, NY: Little, Brown and Company, 2006.

Vilenkin, Alex, *Many Worlds in One: The Search for Other Universes*. New York, NY: Hill & Wang, 2008.

Webb, Stephen, *Where is Everybody? Fifty Solutions to the Fermi Paradox and the*

Problem of Extraterrestrial Life. New York, NY: Copernicus Books, 2002.

Weinberg, Steven, *The First Three Minutes: A Modern View of the Origin of the Universe* (1979). New York, NY: Basic Books, 1993 (2nd edition).

Weinberg, Steven, *Dreams of a Final Theory: The Search for the Fundamental Laws of Nature.* New York, NY: Pantheon Books, 1993.

Weinstein, Steven, "Anthropic Reasoning and Typicality in Multiverse Cosmology and String Theory." *Classical and Quantum Gravity* 23 (2006) 4231–36.

Wilczek, Frank, *The Lightness of Being: Mass, Ether, and the Unification of Forces.* New York, NY: Basic Books, 2008.

Wilczek, Frank, and Devine, Betsy, *Longing for the Harmonies: Themes and Variations from Modern Physics.* New York, NY: W. W. Norton, 1988.

Willis, Christopher, and Bada, Jeffrey, *The Spark of Life: Darwin and the Primeval Soup.* New York, NY: Perseus Books, 2000.

Woit, Peter, *Not Even Wrong: The Failure of String Theory and the Continuing Challenge to Unify the Laws of Physics.* London, UK: Jonathan Cape, 2006.

감사의 말

많은 동료들과 친구들이 바쁜 스케줄에도 불구하고 기꺼이 원고를 읽을 시간을 내주고 귀중한 조언을 해주었다. 그런 점에서 나는 행운아이다. 만일 오류나 누락이 남아 있다면 이는 전적으로 나의 책임이다. 우선 애그네스 크럽에게 감사를 표하고자 한다. 하나의 아이디어였던 것을 책이 되게 해주었고, 그 뒤에는 많은 사람들이 책을 접할 수 있게 만들어주었다. 잉크웰 사(社)의 멋진 에이전트인 마이클 칼리슬과 그의 조수 이산 바소프는 내가 일을 순조롭게 할 수 있도록 비평과 조언을 아끼지 않으면서, 놀라울 정도로 업무를 잘해주었다. 프리프레스 사(社)의 편집자 힐러리 레드먼은 세상의 모든 찬사를 들을 만하다. 그녀의 열정적 지원과 아이디어 덕분에 책이 훨씬 더 좋아졌다. 그리고 귀중한 도움을 준 리처드 크리머, 마크 맥픽, 애덤 프랭크에게 감사한다. 특히 낸시 프랭크베리와 나의 형 루이즈와 세라 워커 그리고 스티브 와인스타인은 원고를 전부 읽고 뛰어난 제안을 해주었다. 또한 내가 재직 중인 다트머스 대학의 장학생 조교인 니콜 영거-할페른도 나의 원고를 전부 읽고 진정 전문가다운 비평을 해주었다. 끝으로 아내 캐리에게 감사를 표한다. 그녀는 직장에서 종일 많은 업무를 마친 뒤에도 시간과 노력을 들여서 나의 원고를 읽어주고 원고를 개선하는 데에 도움을 주었다. 마지막 감사의 말은 평생 나에게 영감을 주고 지원을 아끼지 않는 나의 형제들에게 전하고 싶다.

역자 후기

『최종 이론은 없다─거꾸로 보는 현대 물리학(*A Tear at the Edge of Creation*)』
은 서구 과학계를 2,500여 년간 지배해왔던 사상을 뒤엎고 있다. 그 사상이란,
자연이 겉보기에는 복잡한 것 같지만 그 이면에는 하나의 단순한 실체가 존재
한다는 믿음을 말한다. 오늘날 그와 같은 사상의 현대적 화신이 바로 만물의
이론, 즉 최종 이론이다. 현대 물리학은 모든 물리 현상을 설명할 수 있는 최
종 이론이 존재할 뿐만 아니라 가까운 시일 내에 이를 발견할 수 있다는 믿음
하에 용맹정진하고 있다. (최종 이론이란 자연에 존재하는 네 가지 기본 힘, 즉
중력, 전자기력, 약한 핵력, 강한 핵력을 하나로 통일해서 설명하는 단 하나의
이론 틀을 말한다. 오늘날 전자기력과 약한 핵력은 하나의 이론 틀로 통합되
어 '전약력'으로 불린다. 전약력과 강한 핵력을 통일하려는 시도가 소위 대통
일 이론이지만, 아직까지 검증되지 못했다. 여기에 중력을 더해서 모든 힘을 통
일하는 이론의 후보로 각광받는 것이 초끈 이론이다. 저자는 대통일 이론과
초끈 이론에 회의적이다. 실재를 반영하지 못하는 무리한 이론에 불과할 가능
성이 상당하다고 본다.)

   하지만 저자는 이러한 믿음이 사실과 증거에 기초한 것이 아니라 하나의 도
그마일 뿐이라고 지적한다. 자연의 실체를 반영하는 것이 아니라 우리의 희망
사항을 투사한 데에 불과하다는 것이다. 그리고 그 배후에는 일신론이 자리잡
고 있다고 지적한다. 저자는 유일신이 창조한 세상이라면 그 안의 모든 것은
하나로 연결되어 있어야 한다는, 전일성(全一性)에 대한 믿음이 과학을 왜곡

하고 있다고 본다. 자연의 진실이 수학적 대칭성을 가진, 단순하고 아름다운 이론으로 표현되어야만 하고 표현될 수 있다는 믿음을 버려야 한다는 것이다. 그에 따르면 모든 증거가 가리키는 시나리오는 다음과 같다. '만물을 출현하게 만든 근원은 근본적 불완전성, 물질과 시간의 원초적 비대칭성, 지구의 초기 생명체가 겪었던 격변적 사건들, 유전 코드의 복제 실수에 있다.' 불균형과 불완전성, 비대칭성은 이론에서 제거해야 할 장애물이 아니라 창조의 원동력 그 자체라는 것이다. 사실, 이들이 없었다면, 우주를 채우고 있는 것은 복사파 뿐이었을 것이다.

과학에 대한 저자의 태도는 명확하다. 우리가 도달해야 할 최종적 올바름 같은 것은 없다. 우리는 우리가 측정할 수 있는 것만을 알 뿐이며, 우리의 지식과 관측 장비가 발전할수록 측정해야 할 대상은 점점 더 많아진다. 우주론이 그 대표적인 분야이다. 1998년에 놀라운 사실이 새로 발견되었다. 우리 우주의 팽창 속도가 점점 더 빨라지고 있으며, 이러한 가속 팽창은 약 50억 년 전의 특정 시점에 시작된 것으로 보인다는 사실이다. 당시까지 우주는 등속 팽창한다고 생각되던 터였다. 우주를 빛보다 빠른 속도로 잡아 늘리고 있는 미지의 힘에는 암흑 에너지라는 이름이 붙었다. 우주를 구성하는 재료를 보면 암흑 에너지가 73퍼센트, 아직도 정체를 모르는 암흑 물질이 23퍼센트, 우리가 아는 일반적인 물질이 4퍼센트이다. 즉 현대 우주론이 밝혀낸 놀라운 사실은 우주의 96퍼센트가 미지의 물질과 에너지로 구성되어 있다는 점이다. 이러한 상황에서 무슨 최종 이론을 운운한다는 말인가.

저자는 새로운 '인간 중심주의' 시각으로 우주에서 우리가 차지하는 위치를 숙고할 것을 요구한다. 모든 생명, 특히 지능을 갖춘 생명은 희귀하고도 소중한 우연의 산물이다. 우리가 여기 존재하는 의미는 우리 바깥에서는 찾을 수 없다. 인류라는 복잡한 생물체는 사전 계획에 따라서 나타난 것이 아니지만, 거의 불가능한 확률을 뚫고 출현한 것이어서 더더욱 멋진 존재이다. 유일신이나 창조의 계획 같은 것이 없다고 하더라도 인간은 여전히 의미 있고 소중한 존재라는 것이 그의 결론이다. 이와 같은 주장은 과학계의 주류 사상 입장에서 보면 이단적이지만 실제적인 증거를 토대로 명쾌한 논의를 제기하고 있다는 점에서 혁명적인 파괴력이 있다.

이 책은 입자물리학과 우주론에서 생명의 탄생에 이르기까지 거의 모든 것의 역사를 다루고 있다. 덕분에 독자는 과학의 기초에서 첨단 분야에 이르는 길을 두루 산책하는 지적인 모험을 즐길 수 있다. 그 길에서 독자는 최종 이론을 꿈꾸는 통일론자였던 그가 통일 의심론자로 변하는 과정을 보게 된다. 변화하는 그의 과학적 여정은 생생하고 매혹적이어서 읽는 즐거움을 더해준다.

한국어로 옮기는 과정에서 가능한 한 사전이나 해당 전문 분야의 기존 용어를 따르려고 노력했다. baryogenesis를 '바리온/반바리온 대칭성 깨짐'이라고 옮긴 것이 대표적 예이다. 한국 물리학회에서 선택한 이 용어는 현상을 지칭하는 단어를 현상의 생성과정으로 장황하게 표현하는 우를 범했다. 마치 '흉터'라고 옮겨야 할 단어를 '상처가 아문 뒤에 남은 흔적'이라고 옮기는 격이라고 할까. 의미상 '태초의 바리온 생성' 정도로 표현하는 것이 바람직하겠지만 독자들의 혼란을 우려해서 기존 용어를 따랐다. 하지만 원서의 맥락과 다르거나 단어의 원래 의미를 반영하지 못한다고 생각되는 경우는 예외로 했다. 예컨대 parameter는 매개 변수, 또는 모수로 번역된다. 하지만 입자물리학 표준모형의 parameter는 그 어느 것과도 맞지 않아서 고심 끝에 '자유 상수'로 옮겼다. 또한 phlogiston은 사전에 연소(燃素), 열소(熱素)가 병기되어 있고 양자가 두루 쓰인다. 하지만 플로지스톤은 연소이지 열소일 수 없다. 플로지스톤 설을 부정한 것이 caloric(열소[熱素])설이기 때문이다. 사전과 용례를 바로잡아야 할 대목이다.

2010년 9월

역자

인명 색인

가리가 Garriga, Jaume 290

가모브 Gamow, George 38, 86-88, 96

가오 Gao, Y. 157

갈릴레이 Galilei, Galileo 57, 90-91

갈바니 Galvani, Luigi 212-214

겔만 Gell-Mann, Murray 162-164

골딘 Goldin, Daniel S. 313-314

구스 Guth, Alan 114-115, 123-124

굴드 Gould, Stephen Jay 268

그로스 Gross, David 164, 287

글래쇼 Glashow, Sheldon 165, 186, 190

글레이서 Gleiser, Luiz 227-228

나우먼 Naumann, Robert 297

나폴레옹 Napoleon 92-93

뉴턴 Newton, Isaac 14, 27, 66-67, 91-92, 94, 117, 283

니덤 Needham, John 248

(이래즈머스)다윈 Darwin, Erasmus 215, 234

(찰스)다윈 Darwin, Charles 117, 215, 227-228, 233-234, 238, 271-274

다이슨 Dyson, Freeman 243, 245

단테 Dante Al

gheri 60

대니켄 Danicken, Erich von 36

데넷 Dennett, Daniel 41

데모크리토스 Demokritos 150

데이비스 Davies, Paul 285, 288-289, 317

도킨스 Dawkins, Richard 41, 76, 294

뒤카 Dukas, Paul 258

드레이크 Drake, Frank 319

디랙 Dirac, Paul Adrian Maurice 82, 152, 155-156, 177

라모스 Ramos, Rudnei 196

라에르티오스 Laertios, Diogenes 47

라이엘 Lyell, Charles 271

라플라스 Laplace, Pierre Simon de 92-93, 95, 147

란셋 Lancet, Doron 243

러더퍼드 Rutherford, Ernest 151, 177

러셀 Russell, Bertrand 48

레디 Redi, Francesco 247

레우키푸스 Leukippos 150

루바코프 Rubakov, Valery 192-193

루벤스 Rubens, Peter Paul 142

루빈 Rubin, Vera 129

루터 Luther, Martin 56

리스 Riess, Adam 133

리정다오 李政道 180

린데 Linde, Andrei 290

린들리 Lindley, David 169

마굴리스 Margulis, Lynn 310
마르크스 Marx, Karl 43, 292
마이어 Mayr, Ernst 276
마이컬슨 Michelson, Albert 76, 169
매더 Mather, John 109
매스틀린 Maestlin, Michael 55-58, 60, 62
매카시 McCarthy, Cormac 321
매케이 McKay, Christopher 313
맥두걸 MacDougall, Duncan 218
맥스웰 Maxwell, James Clerk 80, 155, 176
먼로 Monroe, Marilyn 15, 299-300
멘델레예프 Mendeleev, Dmitrii 150-151, 162
모차르트 Mozart, Wolfgang Amadeus 56
몰리 Morley, Edward 76
뮬타마키 Multä
밀러 Miller, Stanley 219-220, 239, 258

바오로 3세 Paulus III 55
바이런 Byron, Lord 215
벌린 Berlin, Isaiah 48, 167
베르크 Berg, Alban 143
보르헤스 Borges, Jorge Luis 305
보어 Bohr, Niels 177
보이트 Woit, Peter 170
볼타 Volta, Alessandro 214
볼테르 Voltaire 91
브라운리 Brownlee, Donald 312, 315
브라헤 Brahe, Tycho 58, 65, 91, 144
브란덴부르크 Brandenburg, Axel 265
브로노프스키 Bronowski, Jacob 294
블레이크 Blake, William 74
비에드마 Viedma, Cristobal 265
비오 Biot, Jean-Baptiste 251-252
빌렌킨 Vilenkin, Alex 287, 290

사하로프 Sakharov, Andrei 184, 189, 193-194, 261
살람 Salam, Abdus 165, 190
살리에리 Salieri, Antonio 56
샤포슈니코프 Shaposhnikiv, Mikhail 192-193, 196
샤피로 Shapiro, Robert 243
서스킨드 Susskind, Leonard 135
세이건 Sagan, Carl 44, 294, 320, 324
(메리)셸리 Shelley, Mary 37, 215-217
(퍼시)셸리 Shelley, Percy 215
소아이 Soai, Kenso 259
소크라테스 Socrates 47, 174, 292
쇤베르크 Schoenberg, Arnold 143
쉐퍼 Shaffer, Peter 56
슈뢰딩거 Schrödinger, Erwin 14, 28, 152, 201
스몰린 Smolin, Lee 170
스무트 Smoot, George 109
스코프 Schopf, J. William 26
스태플든 Stapledon, Olaf 306
스테커 Stecker, Floyd 157
스토파드 Stoppard, Tom 27
스트라빈스키 Stravinsky, Igor 143
스팔란차니 Spallanzani, Lazzaro 248
스페우시포스 Speusippos 49
스필버그 Spielberg, Steven 324

아낙시만드로스 Anaximandros 143
아낙시메네스 Anaximenes 47
아리스타르코스 Aristarchos 52
아리스토텔레스 Aristoteles 28, 47, 51-54, 57, 60, 76, 134, 247
아시모프 Asimov, Isaac 38
아이겐 Eigen, Manfred 244
아인슈타인 Einstein, Albert 14, 27-28,

38, 44, 75-76, 81, 94, 100, 102, 109, 118, 128, 130, 137, 153, 168, 170, 173, 182, 198, 200, 284, 295

아케나텐 Akhenaten 40, 45-46

암스트롱 Armstrong, Neil 36, 128, 157

(칼)앤더슨 Anderson, Carl 152-153, 166

(필립)앤더슨 Anderson, Philip 235

앨퍼 Alpher, Ralph 88

양전닝 楊振寧 180

엘드리지 Eldredge, Niles 268

오겔 Orgel, Leslie 224, 244

오지안더 Osiander, Andreas 55

오컴 Ockham, William of 116-117, 128, 187, 296

오파린 Oparin, Alexander 243

오펜하이머 Oppenheimer, J. Robert 152

올드린 Aldrin, Buzz 36

와인버그 Weinberg, Steven 44, 73-74, 85, 96, 114, 144, 165, 167, 171, 190, 218, 290

왓슨 Watson, James 258

요제프 2세 Joseph II 56

우젠슝 吳健雄 180

워드 Ward, Peter 312, 315

워커 Walker, Sara 231, 265

웰즈 Wells, H. G. 316

위그너 Wigner, Eugene 297

(로버트)윌슨 Wilson, Robert 71, 88, 96, 109

(에드워드)윌슨 Wilson, Edward O. 294

윌첵 Wilczek, Frank 44, 164, 171-172

유리 Urey, Harold 219-220

유카와 湯川秀樹 161

인펠트 Infeld, Leopold 38

제퍼슨 Jefferson, Thomas 92

(제럴드)조이스 Joyce, Gerald 244

(제임스)조이스 Joyce, James 163

조자이 Georgi, Howard 186

채드윅 Chadwick, James 151, 177

츠바이크 Zweig, George 162

카르네이로 Carneiro, Gilson 73, 82, 218

카브레라 Cabrera, Blas 82-83

카우프만 Kauffman, Stuart 235

카터 Carter, Brandon 289

칸트 Kant, Immanuel 168

칼로프 Karloff, Boris 216

캐스팅 Kasting, James 312

케플러 Kepler, Johannes 14, 28, 38, 44, 55-68, 71, 91, 143-144, 169, 198, 200, 202, 284, 292

코페르니쿠스 Copernicus, Nicolaus 51-60, 71, 90, 287

콘디푸디 Kondepudi, Dilip 265

콜럼버스 Columbus, Christopher 128, 135

콜브 Kolb, Rocky 187

쿠즈민 Kuzmin, Vadim 192-193

큐브릭 Kubrick, Stanley 36, 320

(제임스)크로닌 Cronin, James 181

(짐)크로닌 Cronin, Jim 267

크로퍼드 Crawford, Cindy 299-300

크릭 Crick, Francis 258

크세노크라테스 Xenokrat□s 49

클라인 Cline, David 157

클라크 Clarke, Arthur C. 316

클린턴 Clinton, Bill 314

키츠 Keats, John 15, 145

키케로 Cicero, Marcus Tullius 292

탈레스 Thales 47-48, 161, 167, 198, 200

테그마크 Tegmark, Max 288
테일러 Taylor, John G. 201
토래린슨 Thorarinson, Joel 265
톰슨 Thomson, J. J. 150−151
트로든 Trodden, Mark 197
트위기 Twiggy 142

파스퇴르 Pasteur, Louis 247−256, 262−263, 265
파울리 Pauli, Wolfgang 177−179, 201
패러데이 Faraday, Michael 14, 78−80
펄머터 Perlmutter, Saul 133
페르미 Fermi, Enrico 320
펜지어스 Penzias, Arno 71, 88, 96, 109
펜첼 Fenchel, Tom 244−245
포 Poe, Edgar Allan 332
포드 Ford, W. K. 129
폴리처 Politzer, David 164
퐁트넬 Fontenelle, Bernard le Bovier de 283
풀먼 Pullman, Philip 131
프랭크 Frank, Frederick Charles 258−259, 261−262, 265
프랭클린 Franklin, Benjamin 91−92, 128, 212, 214
프로이트 Freud, Sigmund 46

프로타고라스 Protagoras 17
프리스틀리 Priestley, Joseph 212
프톨레마이오스 Ptolemaeos 51, 53−54
플라송 Plasson, Raphäel 259
플라톤 Platon 15, 48−49, 54, 64, 146−147
플랑크 Planck, Max 28
플로티노스 Plotinos 49
피자렐로 Pizzarello, Sandra 267
피치 Fitch, Val 181
피카소 Picasso, Pablo Ruiz y 143
피타고라스 Pythagoras 15, 28, 48−50, 61, 64

하이젠베르크 Heisenberg, Werner 14, 28, 95, 201
해리스 Harris, Sam 41
허먼 Hermann, Robert 88
허블 Hubble, Edwin 86, 98, 110, 128
헤라클레이데스 Heracleides Ponticos 52
호일 Hoyle, Fred 96
호킹 Hawking, Stephen 28
홀턴 Holton, Gerald 48, 65
휠러 Wheeler, John 285
히친스 Hitchens, Christopher 41
힉스 Higgs, Peter 122